드론
전쟁

How Drones Fight
by Lars Celander

Copyright ⓒ 2024 Lars Celander
All rights reserved.
Korean translation copyright © 2025 Planet Media Publishing Co.
Korean translation rights are arranged with Casemate Publishers and Book Distributors LLC
through AMO Agency.

이 책의 한국어판 저작권은 AMO 에이전시를 통해 저작권자와 독점 계약한 플래닛미디어에 있습니다.
저작권법에 의해 한국 내에서 보호를 받는 저작물이므로 무단 전재와 무단 복제를 금합니다.

HOW DRONES FIGHT

드론 전쟁

라르스 셀란데르 지음
정홍용 옮김

고가 대형 무기체계 중심의
전쟁 패러다임을 바꾼
**현대전의 게임체인저
드론의 모든 것**

| 역자 서문 |

전쟁의 패러다임 전환을 가져온 드론, 우리는 어떻게 대응할 것인가

러시아-우크라이나 전쟁에서 핵심 전력으로 떠오른 저가 소형 드론, 고가 대형 무기체계 중심의 전쟁 패러다임을 바꾸다

2025년 6월 1일, 우크라이나 보안국^{SBU}은 장장 18개월 간의 비밀 준비 끝에 역사적인 대규모 드론 특수작전을 감행했다. 이른바 '스파이더 웹$^{Spider's Web}$ 작전'이라 명명된 이번 작전은 수백 대의 소형 자폭 드론을 러시아 본토 깊숙한 전략 공군기지 인근에 위장 배치한 뒤, 원격조종과 반자율 알고리즘을 활용해 동시다발적인 공습을 실행한 것이었다. 이로 인해 러시아의 Tu-95, Tu-160, Tu-22M3 전략폭격기 및 A-50 조기경보통제기를 포함한 군용기 41대가 피해를 입었으며, 이 중 최소 10여 대가 파괴된 것으로 평가되고 있다.

이 작전은 단순한 군사적 타격 이상의 전략적 함의를 지닌다. 무엇보다도 이 작전은 값싼 상용^{COTS} 드론을 자폭 드론으로 활용해 적국의 전략 핵심 자산을 무력화할 수 있음을 입증한 첫 사례로 기록될 것이다. 특히, 소형 드론을 부품 단위로 적국 내로 밀반입해 현지에서 조립한 후, 위장 트럭 내 이동식 컨테이너에서 동시에 발진시키는 방식은 기존 전장 개념을 뒤흔드는 창의적이고도 혁신적인 접근방식이었다. 우크라이나는 이를 통해 러시아 본토 깊숙한 후방까지 작전 범위를 확대하면서 저가 소형 드론으로 고적전인 고가 대형 무기체계 중심의 전쟁 패러다임을 정면으로 뒤엎는 모습을 보여주었다.

드론 운용 기술 또한 새로운 국면에 접어들었다. 자율비행 알고리즘, 실시간 영상 기반의 FPV 조종, 통신장애 시에도 표적 탐지와 비행을 수행할 수 있는 반자율 시스템의 결합은 드론을 단순 감시·정찰 자산이 아니라, 전략 타격 자산으로 재정의하게 만들었다. "작은 드론 한 대가 전략무기를 사냥하는 시대"가 도래한 것이다.

이 책은 이러한 변화의 맥락 속에서 드론이 현대전에서 어떠한 방식으로 활용되고 있으며, 그 기술적·전술적 의미가 무엇인지를 심층적으로 조망하고 있다. 전장의 주도권은 점차 정보력과 기동성, 네트워크화된 감시·타격 역량에 의해 결정되고 있으며, 드론은 그 한복판에 존재한다. 우크라이나의 스파이더 웹$^{\text{Spider's Web}}$ 작전은 이를 가장 극적으로 입증한 전환점이며, 이후의 전장 양상은 이 작전을 기점으로 비약적인 변화를 겪게 될 것이다. 저자는 이 책을 통해 드론 기술과 전술적 활용에 대한 포괄적인 이해를 제공하며, 드론이 현대전에서 수행하는 역할과 그 의미를 상세히 설명하고 있다. 또한, 드론 전쟁의 실제 사례를 바탕으로 실전에서의 운용 방식과 교훈을 제시하며, 미래의 드론 기술이

나아갈 방향에 대한 통찰을 제공하고 있다.

드론은 빠른 의사결정과 킬 체인 단축을 가능하게 한다

총포와 화약이 창과 방패를 대체했듯이, 드론의 등장은 현대전의 개념을 근본적으로 뒤흔들고 있다. 오늘날 드론은 더 이상 단순 감시 장비가 아니다. 드론은 정찰, 공격, 방어, 물자 수송 등 다방면에 걸쳐 군사 작전의 개념과 방식의 변화를 이끄는 주요한 혁신 도구로 자리 잡았으며, 유무인 복합, 무인 단독 또는 군집 운용 등 모든 영역으로 그 역할을 급속히 확대하고 있다.

최근 몇 년간 전쟁의 양상은 드론의 사용이 확대되면서 빠르게 변화하고 있다. 2020년 아르메니아-아제르바이잔 전쟁, 2022년 러시아-우크라이나 전쟁에서 드론은 유효한 군사 자산으로 부각되었다. 2020년의 아르메니아-아제르바이잔 전쟁에서는 터키의 바이락타르 TB2, 이스라엘의 하롭^{Harop} 등 대형 드론의 역할이 부각되었다. 그러나 3년째 지속되고 있는 러시아-우크라이나 전쟁에서는 방공망이 점차 강화됨에 따라 대형 드론의 역할이 축소되고, 소위 FPV$^{First\ Person\ View}$(1인칭 시점)라고 칭하는 소형 전술 드론이 정찰·감시뿐만 아니라 특정 군사 목표물을 파괴하는 영역으로 활용 영역이 확장되면서 현대전의 양상이 또다시 변화하고 있다.

특히 FPV$^{First\ Person\ View}$라고 칭하는 소형 전술 드론은 소부대 또는 개인 병사가 전술적 필요에 따라 독자적으로 운용할 수 있는 공중 관측 및 화력 자산으로 역할하고 있다. 이뿐만 아니라 FPV 드론은 전장에서 운용되는 장비라는 관점이 아닌 특정 지역과 상황에서 소부대 또는 개인 병사가 전술적 목적 달성을 위해 직접 운용하는 소모성 탄약 개념으로 운용되고 있다. 이처럼 탄두를 장착한 저가의 소형 FPV 드론은 운용자가 드론에 탑승한 것처럼 조종하면서 목표물을 정밀타격할 수 있고, 설사 손실되더라도 저가이기 때문에 손실 부담이 크지 않아서 고가의 미사일을 대체할 정도로 비용 대비 효과가 아주 높다.

현시점에서 전장에 투입되는 많은 소형 드론은 상용 제품^{COTS}으로 개발된 다양한 드론을 목적에 맞게 개량한 것으로, 이에 대응하기 위해 다양한 대응책이 발전되고 있다. FPV 드론은 소음과 레이더반사면적$^{Radar\text{-}Cross\text{-}Section}$이 매우 작기 때문에 탐지는 물론, 대응책 강구가 쉽지 않다. 저자가 지금이 '드론과 재머^{jammer}(전파방해기)의 황금기'라고 주장한 것은 이러한 환경을 염두에 둔 것으로 보인다.

과거에는 병력과 화력이 전쟁의 승패를 결정짓는 핵심 요소이었지만, 이제는 실시간 정보 수집, 정확한 목표 타격, 그리고 네트워크 중심전$^{Network\ Centric\ Warfare}$의 수행 역량이 전장의 승패를 좌우하는 시대가 되었다. 실제로 러시아-우크라이나 전쟁에서 스타링크^{Starlink}에 기반한 전술 네트워크의 구성, 인공지능^{AI}의 적용 확대와 더불어 드론의 대량 운용을 통한 실시간 전장 가시화와 목표물 정밀타격은 군사작전 전반에 걸쳐 신속한 의사결정과 킬 체인$^{Kill\ Chain}$의 획기적 단축을 가능하게 하고 있다.

드론 산업의 경쟁력 강화가 국방력을 결정한다

드론 산업 전체 규모 면에서 군수 분야가 민수 분야 수요의 절반 수준에도 미치지 못하는 실정이며, 드론 기술의 발전 또한 민수 분야가 선도하고 있는 것이 현실이다. 그럼에도 불구하고 군수 분야에서 요구되는 긴요한 기술이 있는데, 그 핵심은 자율성autonomy과 네트워크화networked operation이다. 인공지능AI 기반의 자율비행 기술과 실시간 데이터 분석에 기반한 정보 공유 능력은 드론의 전술적 실용성을 획기적으로 개선하고 있다. 특히, 군집 드론Swarm Drone 기술이 발전하면서 다수의 드론 또는 유무인복합체계가 협력하여 작전을 수행하는 방식이 전장에 도입되고 있으며, 이는 전술 개념의 또 다른 변화를 이끌고 있다.

우리나라는 드론 기술 분야에서 세계적 수준의 역량을 보유하고 있으나, 주요 부품과 소프트웨어 분야에서 해외 의존도가 매우 높은 실정이다. 기술 수준이 높은데도 불구하고 해외 의존도가 높은 것은 국내 소요의 제한과 소량 생산으로 인한 가격 경쟁력이 낮기 때문이다. 따라서 향후 드론 산업을 육성함에 있어 우리는 어떤 분야를 육성하고, 어떤 분야를 국외에 의존할 것인지에 관한 전략적 판단과 접근을 통해 핵심 역량의 자립 기반을 구축하는 데 역점을 두어야 할 것이다. 우리가 드론과 관련한 기술과 산업 역량 전체를 국내에 구축할 필요가 없으며, 경제성이 없거나 국외에서 다양한 공급망을 확보·유지할 수 있는 분야는 과감하게 정리하고 반드시 갖추어야 할 핵심 분야를 설정하여 독자성과 자립 기반을 구축해야만 한다. 특히 AI 기반 자율비행 체계, 고성능 센서, 항법장치 등 핵심 기술 분야에서 기술 자주권 확보가

시급하다.

　드론 산업의 경쟁력 강화를 위해서는 대기업과 중소기업이 상생하는 건강한 산업 생태계 구축이 필수적이다. 특히 중소기업의 기술 혁신을 지원하고, 군수품 조달 과정에서 국내 기업의 참여를 확대하는 정책적 지원이 필요하다. 향후 드론 산업 육성을 위한 정부의 정책 방향은 우리나라 드론 산업의 미래는 물론이고 국방력을 결정하게 될 것이다.

　드론 관련 기술은 다른 무기체계에 비해 고급 기술이 아니다. 민수 분야의 소요는 앞으로도 꾸준히 확대될 것이므로, 우리의 드론 산업은 자주적 기반 구축과 시장성, 기술적 자립 등을 함께 고려해야 한다. 군사용 소형 드론과 FPV 드론은 민수 분야에서 개발된 상용 제품을 적극 활용하면서 군사적 특성의 강화, 발전을 통해 독자적 자립 능력을 갖추어야 할 부분을 중점 육성해야 한다. 군사전략적 관점에서 능력을 갖추어야 하는 중고도 장기 체공 드론^{MALE}과 고고도 장기 체공 드론^{HALE}은 선진국과의 기술 협력 및 공동 연구 등 기술 교류를 통해 드론 기술의 격차를 줄이고 창의적 해법을 발전시켜나갈 수 있어야 한다. 특히 미국, 이스라엘 등 드론 선진국과의 전략적 파트너십을 강화하는 등 적극적인 협력을 추진할 필요가 있다.

드론 기술의 확보와 산업 육성 못지않게 중요한 과제는
드론의 운용 역량을 키우는 것이다

사실 군사적 관점에서 드론 기술의 확보와 산업 육성 못지않게 중요한 과제는 드론의 운용 역량을 키우는 것이다. 소형 드론은 보병의 일상적인 전투 장비로 자리 잡을 것이며, 자율 드론은 인간의 개입 없이 임무를 수행하는 수준에 이를 것이다. 또한, 전자전$^{Electronic\ Warfare}$과 인공지능^{AI}을 활용한 방어체계가 발전함에 따라, 드론과 대드론$^{Anti-Drone}$ 기술 간의 치열한 공방이 예상된다. 유사시 드론을 효율적으로 운용하기 위해서는 앞서 제기한 다양한 영역에서의 기술 및 산업적 역량 구축과 더불어, 운용 능력을 군사적 역량으로 내재화할 수 있어야 한다. 이 중에서도 운용 역량의 구축은 첨단 무기체계를 확보하는 것보다 훨씬 더 어렵고 많은 시간과 노력이 투입되어야 한다. 아무리 우수한 수단이 있어도 운용 능력이 없으면 유효한 군사 역량의 구축은 불가능하다. 그러므로 우리 군에게 요구되는 우수한 운용 능력의 구축과 지속적인 운용 개선 노력은 아무리 강조해도 지나침이 없다.

러시아-우크라이나 전쟁에서 이미 입증되었듯이, 드론은 이제 선택이 아니라 필수다. 이 책이 우리 군이 현대전의 핵심 전력으로 급부상한 드론에 대해 깊이 이해하고 급변하는 전장 환경에 대비하여 드론 기술과 드론 전력을 효과적으로 발전시키고 활용하는 데 도움이 되기를 바란다. 아울러 이 책을 통해 앞으로 다가올 미래의 전장에 대한 통찰까지 얻는다면 더 이상 바랄 것이 없다.

2025년 7월
역자 정홍용

CONTENTS

역자 서문 • 5

저자 서문 • 19
용어 설명 • 22

서론 • 24
새로운 형태의 전쟁 • 24

CHAPTER 1
드론의 종류 • 31

용어 • 33
원격조종 대 무인 • 33
전술 드론 • 34
중고도 장기 체공 드론 • 38
고고도 장기 체공 드론 • 40
전투 드론 • 41
공격 드론 • 42
순항 미사일 • 44

CHAPTER 2
항법 • 47

지도항법 • 49
자율지도항법 • 50
추측항법 • 50
관성항법 • 51
위성항법 • 52
천체항법 • 54
지형등고선대조 • 56
자기장등고선대조 • 56
고도 유지 • 57

CHAPTER 3
센서 • 59

전자광학 카메라 • 61
적외선 카메라 • 63
레이저거리측정기 • 67
라이다 • 68
레이더 • 69
능동전자주사식위상배열레이더 • 70

측방감시항공레이더 · 72
합성개구레이더 · 73
전자전용 수신기 · 77
센서 융합 · 78
이미지 분석 및 AI · 79

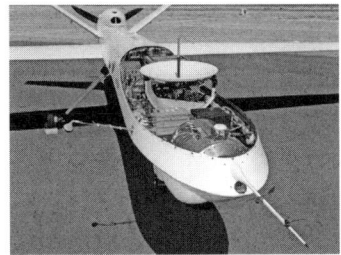

CHAPTER 4
통신 · 87

개요 · 89
지상파 링크 · 90
위성 링크 · 92
피아식별 · 97
우군위치추적장치 · 99
항공교통관제 · 100
원격식별 · 101
전술 데이터 링크 · 102
대역 확산 · 105

CHAPTER 5
무장 · 111

레이저표적지시기 · 113
수류탄 및 폭탄 · 116
소총과 화염방사기 · 119
공대지 미사일 · 119
공대공 미사일 · 121

CHAPTER 6
드론 탐지 · 123

MK I 아이볼 · 125
광학 센서 · 126
음향 센서 · 127
지상 기반 레이더 · 129
공중 레이더 · 131
신호 정보 · 131
스텔스 · 131

CHAPTER 7
대드론(소프트 킬) • 137

항법 방해 • 139
통신 방해 • 140
감청 • 142

CHAPTER 8
드론 격추(하드 킬) • 145

미사일 • 147
총포 • 148
레이저 • 153
고출력 마이크로파 • 156
유인 항공기 및 공격 헬리콥터 • 158
독수리 • 158
전투 드론 • 159

CHAPTER 9
드론 전술 • 167

위장 • 169
기지 구축 • 169
임무 계획 • 172
군집 비행 • 175
지속적인 압력 • 177

CHAPTER 10
대드론 전술 • 179

위장 • 181
기동성 • 184
소산 • 185
진지 강화 • 186
감시 • 186
운용 패턴 관찰 • 187
드론 운용자 공격 • 187
전투 드론 배치 • 188

CHAPTER 11
드론을 활용한 제병협동작전 · 191

제병협동 · 193
보병을 위한 관측 · 193
전차를 위한 관측 · 194
포병을 위한 관측 · 195
적 방공압 제압 · 197
재머 무력화 · 198
확률적 접근 · 200

CHAPTER 12
테러와의 전쟁 · 203

장비 · 206
전투 작전 · 210
전투 경험 · 212
드론 공격의 합법성과 윤리 · 213

CHAPTER 13
아르메니아-아제르바이잔 전쟁 (2020년) · 217

배경 · 219
장비 · 221
아르메니아군 · 221
아제르바이잔군 · 222
전투 작전 · 227
전투 경험 · 229

CHAPTER 14
러시아-
우크라이나 전쟁
(2022년~) · 231

배경 · 233
장비 · 235
러시아군 · 235
우크라이나군 · 240
전투 작전 · 246
전투 경험 · 253
대보병 드론 · 256
대포병 및 방공 드론 · 260
공격 드론 · 264
순항 미사일 · 276
드론으로부터 탐지 회피 · 278
드론 방어 · 280
드론 격추 · 284
드론 밀도, 손실률 및 교체율 · 285
지휘·통제 · 287
전자전 · 288
알려지지 않은 것들 · 291

CHAPTER 15
드론 기술의
미래 발전 · 295

체공시간 · 297
속도 · 297
스텔스 · 298
생존성 · 299
센서 · 300
통신 · 302
항법 · 303
무장 · 305
소프트웨어와 AI · 306
합법성과 윤리 · 310

CHAPTER 16
드론 전쟁의 미래
• 311

부록 1
다양한 드론 제작 방법 • 321

상황 • 323
빠른 의사결정 주기 • 323
상용 드론 • 325
DIY 드론 • 327
군용 드론 • 330
획득 및 군수 • 332

부록 2
비용 • 335

주의사항 • 337
드론 • 337
순항 미사일 • 339
경공격기, 공격 헬리콥터, 고속 제트기 • 339
대전차 미사일 • 340
공대지 미사일 및 폭탄 • 341
지대지 로켓 및 포탄 • 341
대공 미사일 • 342
차량 • 342

부록 3
다른 유형의 드론 • 345

무인지상차량 • 347
무인수상함정 • 348
무인잠수정 • 350
항공모함 탑재 드론 • 351

참고문헌 • 356

★ **일러두기**

1. 본문의 각주는 독자의 이해를 돕기 위해 역자가 설명을 추가한 역자주임을 밝힌다.

| 저자 서문 |

이 책의 목적은 드론, 특히 지상 전투에서 일대 혁신을 일으킨 소형 전술 드론의 전투 방식을 설명하는 것이다. 이것은 복잡한 주제이다. 우리는 더 이상 막대기와 돌로 싸우지 않는다. 실제로 어떤 일이 벌어지고 있으며, 그러한 일들이 왜 특정한 방식으로 전개되는지를 이해하는 것은 어렵다. 그러한 일들의 상당부분이 이 이면에 있는 공학과 물리학에 크게 좌우되기 때문이다.

  이 책은 드론이 실제로 전투에서 어떻게 작동하는지에 대해서만 다룰 뿐, 정책, 획득, 훈련 또는 조직 문제에 대한 어떠한 권고도 제공하지 않는다. 이에 대한 적절한 결론을 내리는 것은 독자의 몫이다.

  독자가 이 분야에 관심이 있고 똑똑하지만 해당 분야에 대해 아무것도 모른다는 가정 하에, 전문가뿐만 아니라 일반 대중도 쉽게 이해할 수 있는 용어를 사용했다. 때로는 가독성과 이해의 용이성을 위해 군사적 정확성을 어느 정도 희생하기도 했다.

이 책의 첫 번째 부분은 드론 전쟁에 관한 공학과 물리학을 집중적으로 다룬다. 드론의 기능과 한계, 특히 드론의 센서에 관해 설명한다. 드론에 탑재할 수 있는 다양한 무기 유형과 가능한 드론 대응책에 관해서도 설명한다. 그리고 전술과 임무에 대한 논의로 마무리한다.

두 번째 부분은 최근의 전쟁들에서 드론을 어떻게 활용했고, 어떤 전투 경험을 얻었는지에 대해 설명한다. 이 부분에서 이론과 실제가 만나게 된다.

다양한 제조업체로부터 구할 수 있는 특정 드론 모델들에 대해서 언급한 것은 그것들이 이러한 최근 전쟁들과 관련이 있기 때문이다. 이 책은 시장조사 보고서가 아니다. 모든 드론을 일일이 나열한다고 해서 좋은 책이 되는 것은 아니며, 그 목록은 금새 시대에 뒤처진 것이 될 것이다. 그러나 특정 분쟁에서 어떤 드론이 사용되었는지는 변하지 않으며, 이는 매우 중요한 정보이다.

최근 전쟁들에 대한 설명과 그 과정에서 얻은 전투 경험은 액면 그대로 받아들여서는 안 된다. 이 책은 이러한 전쟁들의 역사적 기록으로서는 다소 제한적이다. 그럴 수밖에 없는 이유는 해당 전쟁들이 비교적 최근에 일어난 데다가 논의되는 많은 도구와 전술이 기밀 사항이기 때문이다.

세 번째 부분에서는 드론 기술의 미래에 대해 논의하고, 드론 전쟁에 대한 철학적 고찰로 마무리한다. 마지막으로 부록에서는 책의 전체 흐름과는 맞지 않지만 좀 더 전문적인 주제를 다룬다.

이 글을 쓰고 있는 현재, 러시아의 우크라이나 침공은 여전히 진행 중이다. 어느 쪽도 뚜렷한 우위를 점하지 못하고 있고, 양측 모두 막대한 자원을 보유하고 있기 때문에 이 전쟁은 앞으로도 계속될지도 모른다. 하지만 거의 2년이 지난 지금, 이 전쟁을 통해 얻을 수 있는 전투 경험은 대부분 확보된 상태이다.

2024년 1월

라르스 셀란데르

| 용어 설명 |

AESA	Active Electronically Scanned Array	능동전자주사식위상배열
AEW	Airborne Early Warning	조기경보
AI	Artificial Intelligence	인공지능
APS	Active Protection System	능동방호체계
ASW	Anti Submarine Warfare	대잠전
ATC	Air Traffic Control	항공관제
AWACS	Airborne Warning and Control System	공중조기경보통제체계
BFT	Blue Force Tracking	우군위치추적체계
BVR	Beyond Visual Range	시계외
CAS	Close Air Support	근접항공지원
COTS	Commercial Off-The-Shelf	상용제품
CRPA	Controlled Reception Pattern Antenna	수신패턴제어안테나
DR	Dead Reckoning	추측항법
ECM	Electronic Counter Measure	전자전방해책
EO	Electro-Optical	전자광학
EW	Electronic Warfare	전자전
FPV	First Person View	1인칭 시점
GBAD	Ground Based Air Defense	지상기반 방공
GMLRS	Guided Multiple Launch Rocket System	다연장 유도 로켓
GNSS	Global Navigation Satellite System	전지구적위성항법체계
GPS	Global Positioning System	위성항법체계
GSO/GEO	GEO-Stationary Orbit	지구정지궤도
HPM	High-Power Microwave	고출력 마이크로파

IFF	Identification Friend or Foe	피아식별
INS	Inertial Navigation System	관성항법체계
IR	Infra-Red	적외선
LEO	Low Earth Orbit	저궤도
MADL	Multi-function Advanced Data Link	다기능 첨단 데이터링크
MANPADS	Man-Portable Air Defense System	휴대용 방공체계
OODA	Observe, Orient, Decide and Act	관찰, 판단, 결심, 행동
RATO	Rocket Assisted Take-Off	로켓보조이륙
RID	Remote ID	원격식별
ROS	Robot Operating System	로봇운영체계
SAR	Synthetic Aperture Radar	합성개구레이더
SEAD	Suppression of Enemy Air Defenses	적 방공망 제압
SLAR	Side-Looking Airborne Radar	측방감시레이더
SHORAD	Short-Range Air Defense	단거리 방공
UAS	Unmanned Aerial System	무인항공체계
UAV	Unmanned Aerial Vehicle	무인항공기
UCAS	Unmanned Combat Aerial System	무인전투항공체계
UCAV	Unmanned Combat Aerial Vehicle	무인전투항공기

| 서론 |

전쟁의 모든 일, 그리고 사실 인생의 모든 일은 자신이 하는 일을 통해 자신이 모르는 것을 알아내려고 노력하는 것이다. 나는 그것을 "언덕 너머에 무엇이 있는지 알아맞히기"라고 불렀다.

— 웰링턴 공작 Duke of Wellington —

●

새로운 형태의 전쟁

독일의 약제상이었던 율리우스 노이브론너 Julius Neubronner 는 긴급 의약품 배송을 위해 비둘기를 이용했다. 1907년의 일이었다. 공교롭게도 그의 취미는 사진 촬영이었다. 어느 날 그는 두 가지를 결합하기로 결심하고, 비둘기 한 마리에 소형 카메라를 달아주었다. 이전에도 풍선을 이용한 항공 촬영이 있기는 했지만, 이 비둘기는 최초의 드론 drone 이라고 할 수 있다.

물론 비둘기를 이용한 항공 촬영에 있어서 문제는 비행경로를 어떻게 제어하느냐 하는 것이다. 인간은 비둘기처럼 날 수 있는 비행 능력 자체가 없기 때문에 날기 위해서는 상당한 장비가 필요하지만, 비행을 위한 적절한 수단을 취하는 데 있어서만큼은 아주 능숙하다. 유인 항공

●●● 1907년 독일 약제상 율리우스 노이브론너(1852~1932)는 긴급 의약품 배송을 위해 비둘기를 이용했다. 취미가 사진 촬영이었던 그는 어느 날 비둘기와 카메라를 연결하기로 결심하고 비둘기 한 마리에 소형 카메라를 부착해 비둘기가 하늘을 나는 동안 공중에서 사진을 찍었다. 그는 비둘기 몸에 소형 카메라를 부착해 사진을 찍는 이 기술로 1908년에 특허를 받았다. 이 비둘기는 최초의 드론이라고 할 수 있다. 위 사진은 오른손에 소형 시간 지연 카메라(time-delay camera)[1]를, 왼손에 비둘기를 들고 있는 율리우스 노이브론너의 모습이다. 〈출처: WIKIMEDIA COMMONS | Public Domain〉

기가 언덕 저편에 무엇이 있는지를 알아내는 데 더 유용해지면서 비둘기에 대한 관심은 시들해졌다. 이후 유인 정찰기는 전쟁의 필수품이 되었다.

---

1   시간 지연 카메라: 일반적으로 셀프 타이머를 사용하여 촬영 전에 설정된 시간이 지나면 작동해 사진을 찍거나 혹은 특정 시간 간격마다 사진을 찍어 일정 시간 동안 변화를 압축하여 보여주는 기능을 가진 카메라를 말한다.

> **킬 체인**
>
> '킬 체인kill chain'은 목표물을 파괴하는 데 필요한 모든 단계를 포함하는 개념이다. 정확한 정의는 다양하지만, 표적 탐지, 표적 식별, 표적 추적, 교전을 위한 전력 투입, 표적에 대한 공격 개시, 최종적으로 표적 파괴 등의 단계가 포함된다. 킬 체인을 끊는다는 것은 이러한 단계 중 어느 한 단계를 방해하여 전체 체인의 작동을 효과적으로 중단시켜 표적이 탈출할 수 있도록 하는 것이다. 일반적으로, 킬 체인을 구현하는 데 필요한 자산이 적을수록 더 빠르고 강력하게 작동한다. 무기를 장착한 드론은 이 점에서 탁월하다. 드론의 전체 킬 체인은 유연하고 비용 효율적인 단일 수단으로 수행되기 때문이다.

그 다음에 반도체가 등장했다. 최신 컴퓨터는 기본적인 조종 기능을 수행하는 동시에, 통신을 처리하고 디지털 카메라 센서를 관리할 수 있다. 언덕 저편에 무엇이 있는지 확인하는 것이 갑자기 쉬워졌다. 언제 어디서나 광범위한 공군력을 제공할 수 있게 됨으로써 전쟁은 혁신적으로 변모했다. 이제 소형 드론은 전투원에게 필요에 따라 사용할 수 있는 개인 공군력을 제공한다.

드론의 가장 일반적인 임무는 적의 진영에 있는 참호, 수목경계선, 건물 등을 관찰한 후 아군에게 보고하는 것이다. 이러한 보고는 예를 들어 지상에서의 이동을 지시하고 조율하기 위해 실시간으로 이루어질 수 있다. 특히 레이저표적지시기가 장착된 경우, 박격포와 포병 사격을 지시하는 데에도 사용할 수 있다. 무기를 장착하면 드론 자체가 완전한 '킬 체인kill chain'이 될 수 있다. 마지막으로, 탄두를 장착하면 '가미카제kamikaze 드론'으로 사용할 수 있다. 이는 '배회탄loitering munition(자폭 드론)' 또는 '단방향 드론one-way attack drone' 또는 간단히 '공격 드론attack drone' 이라고도 불린다.

드론의 또 다른 일반적인 임무는 적 포병을 제압하는 것이다. 포병은 무유도 포탄을 사용할 경우, 유효사거리가 15~30km에 불과하기 때문에, 그 이상의 거리에서는 실제로 목표물을 명중시킬 확률이 너무 낮다. 유도 포탄을 사용하는 경우, 유효사거리는 40~60km 이상이다. 일반적으로 공격 태세에서는 포를 전방으로부터 유효사거리의 약 3분의 1 후방에 배치한다. 방어 태세에서는 포를 전방으로부터 유효사거리의 3분의 2 정도 후방에 배치한다. 이 수치들은 적 포병을 탐지하는 데 운용되는 드론의 항속거리 요구사항을 알려준다.

대포병 레이더를 이용한 대포평 사격은 오랫동안 포병 전투의 필수 요소였지만, 오늘날 대부분의 포병은 대포병 레이더에 의한 반격을 피할 수 있을 만큼 기동성이 뛰어나다.

하지만 그와 같은 포병의 뛰어난 기동성도 드론이 포병 화기를 발견하면 도움이 되지 않을 수 있다. 포가 발사 위치에서 벗어나 멀리 이동한다 해도 드론은 은신처까지 계속 추적할 수 있기 때문이다. 드론이 직접 적의 포를 파괴하지 못하면, 그때는 그것의 좌표를 보고하는 것만으로도 그것을 파괴할 수 있다.

드론은 적의 방공망을 제압하는 데에도 유용하다. 대방사 미사일Anti-radiation missiles은 적의 레이더를 억제하거나 파괴하는 데 사용된다. 그러나 대방사 미사일 자체가 탐지될 가능성이 있다. 대방사 미사일이 탐지되면, 적은 대방사 미사일이 완전히 지나갔다고 판단할 때까지 레이더를 끄는 경우가 많다. 예를 들어, 타격 임무를 지원하기 위해 지속적으로 대방사 미사일을 발사하면 원하는 시간 동안 적의 레이더 사용을 억제할 수 있다. 대방사 미사일이 레이더에 명중하면 레이더 안테나/송신기는 파괴될 가능성이 높지만, 대공 포대의 나머지 다른 장비들은 파괴되지 않고 남아 있을 가능성이 높다.

보다 효과적인 방법은 신호 정보를 이용하여 레이더의 대략적인 위치를 파악한 다음, 드론을 사용하여 정확한 위치를 찾는 것이다. 레이더의 위치를 파악한 후에는 포격 또는 로켓 공격으로 레이더와 모든 관련 차량과 장비를 파괴할 수 있다.

이보다 훨씬 더 효과적인 방법은 공격 드론을 사용하는 것이다. 여기서 드론은 모든 것을 스스로 수행한다. 드론은 레이더 신호를 감지하고, 비행하면서 주변에 무엇이 있는지 살피고, 상공을 배회하다가 목표물을 선택한 다음 급강하해 파괴한다. 적의 방공망이 무력화되면 드론은 자유롭게 돌아다닐 수 있다.

그런 다음 적의 지휘 및 통제 시설을 제압한다. 적의 지휘 및 통제 시설은 각종 안테나로 둘러싸인 채 화면을 보고 키보드를 두드리는 사람들로 가득 찬 차량 또는 사무실일 수도 있다. 이러한 지휘 및 통제 시설은 트럭으로 이동이 가능한 컨테이너나 적절한 건물 안에 임시로 설치된다. 지휘 시설은 대개 잘 위장되어 있다. 지휘 시설과 최전선 간의 거리는 지휘 수준에 따라 다른데, 최고위급 지휘 시설은 전선에서 상당히 먼 후방에 설치된다. 이러한 지휘 시설은 신호 정보, 합성개구레이더

우다 루프

우다 루프OODA loop는 미국 공군의 존 보이드John Boyd 대령이 공식화한 개념이다. OODA는 관찰Observe, 판단Orient, 결심Decide, 행동Act의 약자이다. 관찰은 센서를 통해 데이터를 수집하는 것이다. 판단은 해당 데이터를 분석하여 상황을 파악하는 것이다. 결심은 어떤 조치를 취할지 선택하는 것이다. 행동은 결심한 방침을 실행하는 것이다. '결정 루프', '결정 주기', '타겟팅 루프' 또는 간단히 '루프'라고도 한다. 인식, 유연성, 결단력뿐만 아니라, 루프를 거치는 주기가 얼마나 빠른지에 중점을 둔다. 일반적으로 주기가 빠를수록 좋다. 그런 다음 전자전, 기만 또는 적의 센서와 통신 네트워크에 대한 물리적 공격을 통해 적의 우다 루프를 저하시키는 것이 군사적 목표가 된다. 우다 루프는 보이드의 공중전 경험에서 비롯되었다. 전쟁뿐만 아니라 다양한 분야에서 사용할 수 있다. 의사결정을 위한 범용 도구이다.

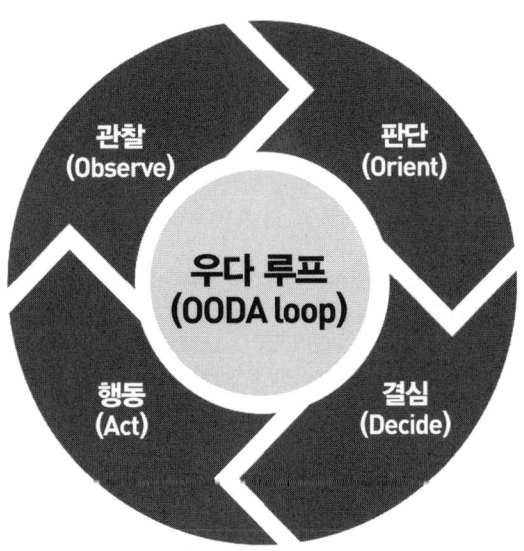

●●● 우다 루프(OODA loop)는 현대전에서 중요한 개념이다. 우다 루프는 의사결정 체인, 다양한 단계, 실행 속도에 초점을 맞추고 있다. 현대전에서 중요한 요소는 적의 센서와 통신체계를 사용하지 못하게 함으로써 전쟁 수행 능력을 효과적으로 붕괴시키는 것이다.

SAR, Synthetic Aperture Radar[2] 자산을 이용하거나 일반적인 전자광학/적외선EO/IR 카메라를 장착한 드론을 이용해 그 위치를 파악한다. 일단 지휘 시설의 위치가 파악되면 포병이나 장거리 유도 로켓으로 공격한다. 이러한 유형의 표적은 장거리 공격 드론의 주요 공격 대상이기도 하다. 대방사 미사일은 효과적일 수 있지만, 지휘 시설이 아니라 안테나만 타격할 수 있으며, 안테나는 비교적 빠르게 교체할 수 있다.

마지막으로, 드론 전쟁은 기본적으로 지상 전투라는 점에 유의해야 한다. 이는 전력투사power projection 또는 공중우세air superiority[3] 대 공중거부air denial[4]와 같은 주제들에 대한 논의와 큰 관련이 있을 수도 있고 없을 수도 있다. 드론은 확실히 이러한 주제들의 한 요소이기는 하지만, 여기에 사용되는 대형 드론은 유인 항공기가 오랫동안 수행해온 것과 거의 같은 임무를 더 적은 비용으로 장시간 체공하면서 수행하는 경향이 있다. 그러나 대형 드론은 소형 전술 드론이 지상 작전에 미친 것과 같은 극적인 효과는 없다.

---

2 합성개구레이더: 작은 안테나를 가진 항공기나 위성이 이동하면서 여러 위치에서 연속적으로 레이더 신호를 발사한 후, 반사되어 돌아오는 미세한 반사파 신호들을 합성하여 마치 큰 가상의 안테나를 가진 것처럼 고해상도의 2D 또는 3D 레이더 이미지를 생성하는 레이더 시스템이다. 광학 카메라와 달리 전자파를 사용하므로 날씨나 낮과 밤에 관계없이 지구 표면을 관측할 수 있다.

3 공중우세: 특정 공역에서 상대보다 우월한 공중전 능력을 확보하여 상대방이 효과적으로 공중 작전을 수행할 수 없는 상태를 의미한다. 즉, 완전한 지배는 아니지만, 적의 항공기 활동을 크게 제한하고 아군이 상대적으로 자유롭게 공중 작전을 수행할 수 있는 상태를 말한다.

4 공중거부: 아군의 공군이 적의 공군보다 열세인 상황에서 적이 공중우세를 달성하지 못하도록 막기 위해 방어적 조치를 취함으로써 적의 항공작전이 심각하게 제한되도록 만드는 전략을 말한다.

CHAPTER 1
드론의 종류
Tyes of Drones

용어

드론 관련 용어는 혼란스럽다. 군사교범의 오랜 전통에 따라 이것을 지루할 정도로 너무 장황하게 설명한 군사교범들은 어디에나 존재한다. 그러나 이러한 군사교범들은 시간이 지나면 시대에 뒤떨어지고, 길고 복잡하여 사용하기 불편하며, 그 내용이 일반적인 드론 사용법과 다를 수도 있다. 드론 관련 용어가 아직 완전히 정립되지는 않았지만, 일부 넓은 범주의 용어는 설명이 가능하다.

원격조종 대 무인

자율성의 정도는 다양하다. 숙련된 운용자가 지상에 앉아 직접 자신이 원하는 대로 조종하는 드론의 경우는 자율성이 엄격하게 제한된다. 이 경우, 작동 면에서 드론이 스스로 결정할 수 있는 것이 거의 없기 때문에 운용자가 보조날개^{ailerons}, 승강타^{elevator}, 방향타^{rudder}를 조종한다.

이와는 반대로, 자체 센서를 사용해 어느 경로로 날지 결정하고, 자체 비행 제어 소프트웨어를 통해 비행하며, 심지어 어디로 가야 하고 도착했을 때 무엇을 해야 하는지에 대해 스스로 결정하는 드론은 자율성 수준이 높아 운용자가 거의 조종할 필요가 없다.

자율성의 정도는 임무 요구사항에 따라 달라진다. 무선 전송을 최소화하기 위해 드론이 자체적으로 해결하는 것이 더 나은 임무도 있다. 반면, 숙련된 조종사가 밀접하게 관여해서 임무의 유연성을 제공하고

> ### 드론 공기역학
>
> 드론은 일반적으로 최고 속도가 아니라 효율성을 고려하여 설계한다. 양력을 얻기 위해 날개를 길고 얇게 만드는 경향이 있으며, 추진력propulsion을 얻기 위해 프로펠러를 사용한다. 이론적으로 가장 효율적인 프로펠러는 천천히 회전하는 대구경large-diameter 단엽 프로펠러이다. 그러나 실제로는 단엽 프로펠러가 여러 가지 문제가 있어 2엽 프로펠러가 표준이 되고 있다. 최근 개발된 원환체 프로펠러toroidal propeller[5]는 더 높은 효율성과 더 낮은 소음을 구현함으로써 2엽 프로펠러의 경쟁 상대로 떠올랐다.
>
> 드론은 대개 푸셔 구성pusher configuration, 즉 동체 뒷부분에 프로펠러를 배치한 형태이다. 이렇게 하면 동체의 앞부분에 센서를 장착하는 데 방해를 받지 않는다. 반면, 풀러 구성puller configuration에서는 프로펠러가 동체의 앞부분에 위치한다. 풀러 구성과 푸셔 구성의 효율성은 기본적으로 동일하다. 프로펠러는 풀러 구성에서 더 효율적으로 작동하지만, 푸셔 구성에서 기체의 공기저항이 더 적다. 그러나 푸셔 구성의 프로펠러는 난류 속에서 작동하기 때문에 소음이 더 큰 특징이 있다.
>
> 프로펠러를 위한 최저 지상고ground clearance를 확보하기 위해, 이착륙장치는 대개 길고 가느다랗게 설계한다. 반면, 터보팬 엔진을 사용하는 경우와 같이 프로펠러를 사용하지 않는 경우에는 이착륙장치를 더 짧게 설계할 수 있으며, 그렇게 되면 드론이 지면에 더 낮게 위치할 수 있다.

지능적으로 수행해야 하는 임무도 존재한다.

●

전술 드론

전술 드론Tactical Drone은 무게가 1kg 미만에서 최대 약 50kg에 이르는

---

[5] 원환체 프로펠러: 현대 멀티콥터 드론의 프로펠러 소음을 획기적으로 줄인 저소음 프로펠러로 2017년 MIT 연구원들이 개발했다. 2개의 고리 모양의 날개가 폐쇄 루프 구조로 되어 있는 이 프로펠러는 자연스럽게 발생하는 와류를 최소화함으로써 소음을 줄이는 동시에 에너지 효율을 높일 수 있다.

소형 드론이다. 전술 드론은 배터리로 구동되는 전동식 드론이거나 내연기관으로 구동되는 드론일 수 있다. 또한, 전술 드론은 멀티로터multi-rotor 드론이거나 고정익fixed-wing 드론일 수 있다.

멀티로터 드론은 수직으로 이착륙하며, 최고속도가 50~80km/h이고, 체공시간은 30~60분이며, 대부분 배터리로 구동되고, 호버링hovering[6]이 가능하기 때문에 조준장치 없이 수류탄을 투하하는 데 사용할 수 있다.

고정익 드론은 공기역학적으로 더 효율적이다. 최고속도는 70~200km/h로 더 빠르며, 체공시간이 더 길다. 고정익 드론은 최고속도가 더 빠르고 체공시간이 더 길기 때문에 작전반경이 더 길다. 고정익 드론은 손으로 직접 날리거나 휴대용 사출기portable catapult로 발사하기도 하며, 낙하산을 이용해 착륙하는 등 이륙과 착륙을 위한 활주로가 필요하지 않다.

전술 드론은 최전선에 있는 군인들에게 매우 유용하다. 군인들에게 사랑받는 전술 드론은 언덕 반대편, 숲속, 집 주변에 무엇이 있는지 파악하는 등 오래된 문제를 해결하는 데 도움이 되며, 외부 지원을 요청할 필요 없이 필요에 따라 사용할 수 있다. 드론은 가능한 한 여러 번 사용할 수 있도록— 지나친 정찰이라는 것은 있을 수 없다— 설계하지만, 결국 소모품이다. 오작동, 실수, 간섭 또는 사고로 인해, 그리고 적의 공격으로 인해 드론을 자주 잃기 때문에 계속 보충하기 위해서는

---

6 호버링: 공중에서 드론이 일정한 고도를 유지한 채 제자리에서 정지 비행을 하는 상태를 말한다.

재고를 꾸준히 비축해야 한다. 전술 드론은 기본적으로 탄약의 한 형태로 취급된다.

테더드 멀티로터$^{tethered\ multi-rotor}$ 드론[7]은 흥미로운 개념이 아닐 수 없다. 테더드 멀티로터 드론은 전원을 공급하고 비디오 링크를 제공하는 하나의 케이블에 연결된 채 곧장 날아오른다. 고도는 보통 100m 정도이다. 테더드 멀티로터 드론은 지속적으로 감시하면서 재밍^{jamming}(전파방해)[8]이나 신호정보에 영향을 받지 않는다. 물론 단점은 드론이 차량(혹은 기타 등등)에 케이블로 연결되어 있어 독립적으로 움직일 수 없다는 점이다. 풍선도 이와 같은 역할을 할 수 있지만, 무거운 것을 탑재한 채 공중으로 올라가기 힘들며 여전히 센서를 작동시키기 위한 전원이 필요하다.

배터리의 에너지 밀도$^{energy\ density}$[9]는 가솔린의 에너지 밀도와 같지 않다. 이 정도는 기초 물리학에 불과하다. 전기 모터는 연소기관보다 더 효율적이지만, 여전히 항속거리에 있어서 큰 차이가 난다. 배터리로 구동되는 드론은 배터리가 커지면 잘 날지 못하며 중량이 증가하여 전기 소모도 증가한다. 고정익 전기 드론은 멀티로터 드론보다 확장성이 뛰

---

[7] 테더드 멀티로터 드론: 전원을 공급하고 비디오 링크를 제공하는 케이블에 연결된 채 상공에서 지속적으로 감시하면서 데이터를 전송하는 계류식 드론이다. 케이블에 연결되어 있어 무제한 전원 공급과 지속적인 비행이 가능하며 대용량 데이터를 전송할 수 있다.

[8] 재밍: 고의적으로 타깃이 되는 주파수에 방해 신호를 보내는 것을 말한다. 주로 전자전에서 적의 교신 또는 레이더를 교란시키거나, 특정 장소에서 보안 또는 시설 이용을 위해 전파를 차단하거나, 일부 국가에서 정책적으로 허가되지 않은 외국의 방송 수신을 차단하는 데 쓰인다.

[9] 에너지 밀도: 단위질량당 저장되는 에너지의 양 혹은 단위부피당 저장되는 에너지의 양이다. 전지나 연료의 효율을 나타내는 지표이다.

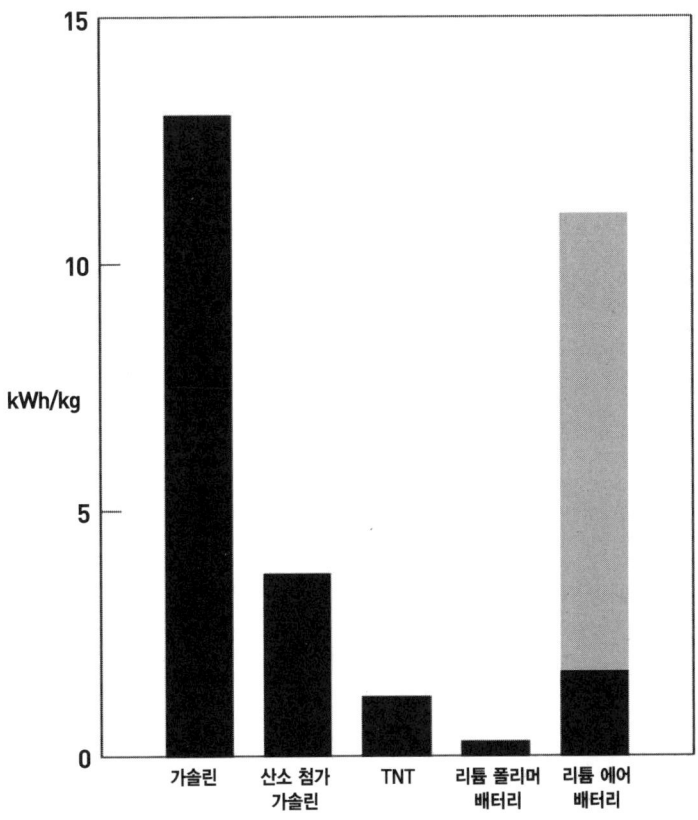

에너지 밀도

●●● 드론 추진제마다 에너지 밀도가 다르다. 가솔린의 에너지 밀도가 높은 것은 사용되는 연료의 대부분이 실제로는 공기 속의 산소이기 때문이다. 폭약과 로켓 연료는 자체 산화제를 포함해야 하며, 에너지 밀도는 훨씬 낮다. TNT는 AP/HTPB와 같은 고체 추진제의 대표 물질로 사용된다. 리튬 폴리머 배터리(Lithium Polymer battery)는 드론에 널리 사용되는데, 에너지 밀도는 전기 자동차 배터리보다 다소 높다. 리튬-에어(Lithium-air)는 유망한 배터리 기술이다. 가솔린과 같은 원리로 공기 중의 산소를 이용한다. 음영으로 표시된 이론적 에너지 밀도는 가솔린에 근접하지만, 실제로 달성한 에너지 밀도는 (지금까지는) 훨씬 낮다. 배터리 기술은 적어도 기본 물리학 측면에서 개선의 여지가 있지만, 발전 속도가 느리다.

어나지만, 가솔린 엔진 드론과 경쟁하기에는 충분하지 않다. 가솔린 엔진의 크기가 크면 클수록 항속거리도 늘어나고 체공시간도 배터리가 제공할 수 있는 것보다 훨씬 더 늘어난다. 반면에 전기 모터는 더 조용하고 덜 복잡하다. 따라서 드론은 두 가지 유형, 즉 배터리로 구동되는 소형 단거리 드론과 연소기관(대부분 피스톤 엔진이지만, 터빈 엔진도 있음)으로 구동되는 대형 장거리 드론으로 구분할 수 있다. 배터리와 연소기관이 결합된 하이브리드 드론은 이륙중량이 20~50kg이며, 20kg 미만은 거의 대부분 배터리로 구동되는 전기 드론이고, 50kg 이상은 거의 대부분 연소기관으로 구동되는 드론이다.

●
중고도 장기 체공 드론

중고도 장기 체공 드론MALE, Medium Altitude Long Endurance Drones은 미국의 프레데터Predator로 대표되는 전형적인 드론이다. 비행고도가 높기 때문에 비교적 넓은 지역을 조망할 수 있다. 또한 대부분의 대공포와 기본 미사일을 피할 수 있다. 실제 비행고도는 구름의 양에 따라 달라질 수 있다.

중고도 장기 체공 드론은 일반적으로 전술 드론보다 더 크고 무거운데, 중량은 수백 킬로그램에서 최대 1톤에 이른다. 연소기관으로 구동되며, 거의 대부분 고정익인 중고도 장기 체공 드론은 푸셔 구성으로, 프로펠러를 후방으로 옮겨 달아 프로펠러가 센서의 시야를 가리지 않도록 했다. 일반 항공기처럼 비행장이나 단단한 지표면 도로에서 이착륙하는 중고도 장기 체공 드론은 5,000~8,000m의 고도에서 비행하며, 수시간 동안 공중에 머물 수 있다.

우수한 센서와 통신 링크를 갖춘 중고도 장기 체공 드론은 전방에서 멀리 떨어진 곳에 위치한 전담 운용자가 제어한다. 더 먼 거리를 비행할수록 기지와의 통신 방식에 더 많은 문제가 발생한다. 대형 중고도 장기 체공 드론은 위성통신을 사용하므로, 운용자가 어디에 있든 조작이 가능하다.

중고도 장기 체공 드론은 적의 장갑차와 포병 자산을 파괴할 수 있는 공대지 미사일로 무장하는 경우가 많은데, 이 경우 아군 포병에게 공격할 목표 좌표를 전송해줄 수도 있다. 레이저표적지시기가 장착된 중고도 장기 체공 드론은 이동 표적을 정밀타격할 수 있다. 중고도 장기 체공 드론은 목표물을 찾고, 위치를 결정하고, 마무리하는 전 과정을 한 번에 처리할 수 있으며, 이후에도 전투 피해 평가를 수행할 수 있어 매우 유용하다. 대부분의 다른 무기체계는 이 사이클을 완료하는 데 몇 시간이 걸리지만, 중고도 장기 체공 드론은 몇 분 또는 몇 초 만에 완료한다.

이러한 유형의 드론은 스텔스 기능을 갖추기가 더 어렵다. 더 많은 열을 방출하고 적의 레이더에 더 큰 표적으로 잡히기 때문이다. 설계자가 레이더반사면적[RCS, Radar Cross Section][10]을 최소화하기 위해 형태와 소재를 선택하는 등 노력을 기울이는 것은 당연하다. 프로펠러 대신 터보팬/터보제트 추진 방식을 선택하면 레이더에 대한 스텔스 성능도 향상된다. 또한 레이더파 흡수 물질을 사용하는 것은 비용이 많이 들지만, 고급 드론에는 적용할 가치가 있다.

---

[10] 레이더반사면적: 레이더에서 나온 전자파를 실제 목표물에 반사하여 되돌아오는 반사량을 표시하기 위한 평면 면적. 대상물이 커질수록, 대상물의 반사면이 평평할수록 되돌아오는 반사파가 많다. 스텔스기와 같이 레이더에 탐색되지 않는 기능을 갖는 항공기들은 레이더 단면적이 작아지도록 형상을 설계하고 재료를 선정한다.

대부분의 기본 대공체계가 배치된 지역의 상공을 비행하더라도 중고도까지 도달할 수 있는 무기체계는 여전히 많이 있다. 근거리에서 대공체계로 무장한 적과 맞닥뜨릴 경우, 중고도 장기 체공 드론은 전방에서 철수하여 안전한 지역의 상공에서만 작전을 수행할 가능성이 높다. 온라인상에서 볼 수 있는 많은 동영상에서 차량이 미사일에 맞아 산산조각이 나는 장면은 드론이 얼마나 강력한지보다는 대공 체계가 사라졌을 때 어떤 일이 벌어지는지를 보여준다.

●
고고도 장기 체공 드론

고고도 장기 체공 드론[HALE, High Altitude Long Endurance Drones]이 장거리 비행을 위해서는 고고도에서 비행해야 하며, 일반적으로 유인 항공기에 근접하는 크기와 비용을 필요로 한다. 일반 비행장에서 이착륙하는 고고도 장기 체공 드론은 공중에서 수시간 또는 수일 동안 머물 수 있는 체공 능력을 보유하고 있다.

최고의 센서와 위성 링크가 장착된 고고도 장기 체공 드론은 공대지 미사일을 탑재할 수 있지만, 이는 대부분 비대칭 전쟁에서 운용된다. 근접전에서는 일반적으로 적의 공군 기지, 항구, 도로를 관측하고 신호 정보를 수집하기 위해 운용된다. 대당 수천만 달러에 달하는 고고도 장기 체공 드론은 소모품이라고 하기에는 너무나 가격이 비싸다.

저궤도 정찰 위성은 고고도 장기 체공 드론의 경쟁자이다. 위성의 가장 큰 단점은 지상에 비해 너무 빠르게 움직이기 때문에 특정 지역에서 머무는 시간이 짧다는 것이다.

전투 드론

전투 드론$^{Combat\ Drones}$은 공식 명칭은 아니며, 중화기로 장거리 목표물을 공격하는 등 다양한 임무를 수행할 수 있는 드론을 지칭하는 용어로 사용된다.

전투 드론은 일반적으로 유인 전투기만큼 크고, 아음속이며, 단일 제트 엔진으로 구동되는 고도의 스텔스 기능을 갖춘 전익기$^{flying\text{-}wing}$[11]이다. 레이더 기지, 미사일 포대, 전자전 부대, 지휘본부, 물류 허브 등이 주요 공격 대상이다.

전투 드론은 단독 또는 대규모 공격편대군$^{Strike\ Package}$[12]의 일부로 이러한 임무를 수행한다. 이러한 임무의 특성을 고려할 때, 전투 드론은 최소한 1톤 이상의 무장을 운반할 수 있는 크기여야 한다. 임무가 끝나면 유인 항공기가 사용하는 기지와 동일한 유형의 기지로 복귀한다. 전투 드론의 가장 큰 장점은 유인 항공기보다 생존성이 뛰어나며 적은 시간과 비용으로 생산이 가능해 더 위험한 전장에 투입해 소모전이 가능하다는 것이다.

---

[11] 전익기: 주익(主翼)의 일부를 동체로 이용하는 꼬리 날개가 없는 항공기. 예를 들어 B-21 레이더(Raider)가 이에 해당한다.

[12] 공격편대군: 단일 공격 임무를 수행하기 위해 서로 다른 능력을 가진 전투기로 꾸린 비행편대를 말한다.

공격 드론

공격 드론^{Attack Drones}은 공식 명칭은 아니지만, (단순히) 정찰 목적이 아닌 드론이나 전투를 수행하고 복귀하는 전투 드론이 아닌 드론을 지칭하는 용어로 사용된다. 공격 드론은 드론 자체에 탄두가 내장된 무기이다. 흔히 '배회탄^{loitering munitions}(자폭 드론)' 또는 더 비공식적으로 '가미카제^{kamikaze}' 드론 또는 '단방향 공격^{one-way attack}' 드론이라고 불린다.

가장 작은 공격 드론은 민간 경주용 드론을 탄두를 탑재할 수 있도록 적절히 개조하여 운용자가 드론이 보고 있는 것을 보면서 조종하는 드론이다. 이 드론은 FPV^{First Person View}(1인칭 시점) 드론으로 알려져 있는데, 조종자가 고글이나 휴대용 소형 화면을 통해 드론이 보고 있는 것을 보면서 직접 조종할 수 있다.

가장 일반적인 유형의 공격 드론은 장갑차나 포병 부대를 공격하는 데 사용된다. 이를 위해서 공격 드론은 수 킬로그램의 탄두가 필요하므로 주로 정찰용으로 사용되는 드론보다 더 무겁고 강력해야 한다.

고성능 공격 드론은 미사일 포대, 레이더 시설, 지휘소와 같은 고가치 표적^{HVT, High Value Target} 공격용으로 사용한다. 이러한 유형의 고가치 표적을 공격하려면 탄두의 중량이 수십 킬로그램에 달해야 한다. 일반적으로 사출기^{catapult} 또는 로켓보조이륙^{rocket-assisted take-off} 장치로 발사되는 공격 드론은 체공시간이 길고 통신 연결이 더 우수할 수 있다.

공격 드론의 가장 큰 단점은 매우 저렴하지 않으면 가성비가 좋지 않다는 것이다. 센서 패키지와 통신 장비는 한 번만 사용된다. 센서 등을

드론의 제원

드론은 로테크low-tech 플랫폼이다. 하이테크high-tech는 센서, 센서 처리 소프트웨어, 그리고 통신장비에 집약되어 있다.

드론의 주요 특징은 플랫폼으로서의 성능, 즉 얼마나 많은 장비를 얼마나 오랫동안 어떤 속도로 운반할 수 있는지에 달려 있다. 이러한 수치들은 플랫폼의 전체적인 한계 내에서 서로 상호 의존하는 경우가 많으며, 일반적으로 공개된 출처를 통해 비교적 잘 알려져 있다.

항속거리는 드론 자체보다는 사용되는 통신 링크에 의해 제한될 수 있다. 드론의 능력은 항속거리보다는 공중에 머무는 시간인 체공시간으로 표현하는 것이 더 나은데, 일반적으로 체공시간이 더 유의미한 수치이기 때문이다. 체공시간은 순항속도에서의 비행시간을 기준으로 한다. 최고 속도는 일반적으로 중요하지 않지만, 대체로 순항속도보다 약 50% 정도 더 빠른 것으로 추정할 수 있다.

특정 유형의 드론에 탑재된 센서와 통신장비에 대한 정확한 정보는 알기 어렵다. 고객과 임무 유형에 따라 달라지기 때문이다. 드론에 탑재된 장비에 따라 성능이 결정되므로, 이러한 정보는 흔히 기밀 정보로 분류된다.

드론은 위성항법장치GNSS, Global Navigation Satellite System 및 관성항법장치INS, Inertial Navigation System 등 항법체계와 어떤 방향으로든 흔들림 없이 조준할 수 있게 해주는 짐벌gimbal에 장착된 전자광학/적외선Electro-Optical/Infra-Red 센서를 기본으로 탑재하고 있다고 추정할 수 있다. 일부 전자전electronic warfare 능력도 일반적으로 갖추고 있지만, 레이더와 합성개구레이더Synthetic Aperture Radar는 특별한 경우에만 탑재한다.

소형 및 중형 드론의 통신 링크는 일반적으로 위성이 아닌 지상 통신체계를 이용한다. 소형 및 중형 드론은 기본적으로 항속거리가 가시거리로 제한된다. 반면, 대형 드론은 위성 링크를 이용할 수 있기 때문에 장거리 통신이 가능하고 재밍jamming(전파방해)에 덜 취약하다.

드론의 비용은 무엇보다도 상업적인 이유로 항상 민감한 문제이다. 대략적인 추정치는 일반적으로 알려져 있지만, 제시된 수치는 협상 가능한 것으로 간주하고 신중하게 받아들여야 한다. 게다가 드론 자체는 저가형 기술 제품이기 때문에 비용의 대부분은 드론이 탑재하고 있는 장비에 의해 결정된다.

드론은 빠르게 발전하고 있으며, 드론의 기능과 사용 방식에 대한 정보를 찾는 것은 어려운 경우가 많다. 특히, 진행 중인 분쟁에 대한 보고서는 신뢰하기 어렵고 해석하기 까다로울 수 있다. 이는 과장된 주장과 조작된 정보가 난무하기 때문이다. 그럼에도 불구하고, 여기에는 이해해야 할 흥미롭고 중요한 요소들이 있다.

> 드론에 대해 가장 먼저 물어봐야 할 질문은 어떤 센서를 탑재하고 있느냐이다. 예를 들어, 전자광학 및 적외선 센서를 갖추고 있는지 확인하는 것이다. 전자광학 및 적외선 센서는 유용성과 가격 측면에서 드론의 가치를 크게 좌우한다.
> 또 다른 핵심 요소는 탑재된 탄두의 크기이다. 이는 드론을 어떤 유형의 목표물을 대상으로 사용할 것인지, 그리고 드론을 어떻게 사용할 것인지에 대해 많은 것을 알려준다.
> 항속거리는 항상 관심의 대상이지만, 이는 대개 드론의 중량 등급에 따라 달라진다. 이보다 더 중요한 질문은 드론이 위성 통신 링크를 사용하는지의 여부이다. 위성 통신 링크는 순항 미사일이 아니라 적어도 드론에 사용되는 경우에 실제로 작전 범위를 결정한다. 그 다음 물어야 할 것은 어떤 유형의 위성(저궤도 위성이냐, 정지궤도 위성이냐)이 사용되고 있느냐이다.

분리하여 재사용할 수 있도록 드론은 정찰용으로만 사용하고 더 중요한 공격 임무는 포병에게 맡기는 것이 비용 면에서 더 효율적인 경우가 많다. 고가의 고급형 공격 드론이 가치 있는 목표물을 찾지 못하면 낙하산을 이용해 기지로 돌아와 착륙할 수 있는 기능이 있는 경우가 많다.

●

순항 미사일

전형적인 순항 미사일$^{Cruise\ Missiles}$은 항법장치를 사용하여 미리 프로그래밍된 위치로 이동하여 그곳에 있는 모든 것을 타격하는 대형 아음속 미사일이다. 이미 위치가 알려진 고정 목표물을 타격하는데 사용되며, 드론과 달리 정찰을 수행하거나 다른 센서 및 통신 링크가 없다. 순항 미사일은 탄약일 뿐이며, 크고 단순하지만 효과적이다.

순항 미사일은 때때로 '드론'으로 불리기도 하지만, 이 책의 논의 범위에서 제외된다. 특히 러시아가 테러 무기로 사용하는 이란의 샤헤드 136$^{\text{Shahed 136}}$ 유형은 종종 자폭 드론이라고 불린다. 하지만 그것이 느리다고 해서 드론이 되는 것은 아니다. 그것은 그저 느린 순항 미사일일 뿐이다.

CHAPTER 2

항법

Navigation

지도항법

지도항법$^{\text{Map Navigation}}$은 운용자가 마치 드론을 타고 지상을 내려다보는 것처럼 드론이 제공하는 지형지물을 보면서 지도와 비교하여 드론의 현 위치를 파악하는 것이다. 이를 위해서는 비디오 링크와 지도가 필요하다.

드론 운용자는 일반적으로 산맥, 강, 철도, 도로와 같은 지형지물을 따라서 드론이 비행하도록 조종한다. 이러한 지형지물은 눈에 잘 띄고 따라가기 쉬우며 위장하기 어렵고 짧은 기간에 변화할 가능성이 없기 때문에 유용하다.

그러나 도로를 따라 비행하는 것은 위험할 수 있다. 적군이 다양한 군사 장비를 도로 주변에 배치하고 있는 경우가 많기 때문이다. 도로에서 어느 정도 떨어져서 평행하게 비행하는 것을 '핸드레일링$^{\text{hand-railing}}$'이라고 한다. 이렇게 하려면 도로를 볼 수 있을 만큼 충분히 높은 고도를 유지해야 하는데, 그 자체가 위험할 수 있다. 도로 바로 위를 낮은 고도에서 비행하는 것이 더 나을 수 있다. 고속으로 비행하면 적이 대응할 시간이 충분하지 않을 수 있다. 저속으로 비행하면 드론의 레이더 반사파가 도로를 달리는 차량들의 레이더 반사파와 섞일 수 있다.

여기서 가장 큰 변수는 운용자가 사용하는 지도의 정확도이다. 기본 데이터는 수농 측량술을 기반으로 한 오래된 지도에서 얻는 경우가 많다. 적 지역의 지도를 사용하는 경우 지도의 출처에 따라 정확도가 크게 다르기 때문에 분명히 문제가 발생할 수 있다.

항법의 정확도는 일반적으로 비행고도에 따라 수 미터 또는 수십 미터 수준이다. 또한 날씨와 가시거리도 고려해야 할 요소이다.

자율지도항법

자율지도항법Autonomous Map Navigation은 드론 자체가 지도항법을 수행하는 것을 의미한다. 이를 위해 드론에는 카메라와 지도가 모두 탑재되어 있어야 한다. 이후 기체에 탑재된 컴퓨터가 지형 이미지를 저장된 지도와 비교한다. 이때 종종 인공지능AI을 사용하기도 한다.

소프트웨어에서 구현하기 쉬운 지도항법의 한 가지 변형은 지상의 지형지물을 이용해 상대운동relative motion[13]을 계산하는 것이다. 이는 기본적으로 시각적 추측항법DR/관성항법INS의 한 형태이다. 이 방법은 지도가 필요하지 않으며, 그저 지면과 활용할 수 있는 눈에 띄는 지형지물을 선명하게 보여주는 카메라만 있으면 된다.

추측항법

추측항법DR, Dead Reckoning[14]은 속도와 방향을 측정하는 몇 가지 방법을 사용할 수 있다. 고정익 드론의 경우 압력관pressure tube을 이용하여 공중을

---

13 상대운동: 물체의 운동을 다른 물체에 대한 상대적 위치의 변화로 보는 것.

14 추측항법: 알고 있는 출발 위치에서 이동방향과 속력을 계산하여 자신의 위치를 추측하며 항해하는 방법이다.

통과하는 속도를 측정할 수 있으며, 멀티로터 드론의 경우는 기체의 경사각tilt angle을 활용해 속도를 추정할 수 있다. 방향 측정은 일반적으로 나침반을 사용한다. 추측항법은 외부 입력이 필요하지 않으며, 무선 신호를 방출하지도 않는다. 그러나 정확도는 장비의 보정 상태와 비행고도에서 바람의 정보를 얼마나 잘 알고 있는지에 따라 달라진다. 일반적인 정확도는 이동거리의 2~10% 범위이다.

●

관성항법

관성항법장치INS, Inertial Navigation Systems는 가속도계Accelerometer[15]와 자이로giro[16]를 사용하여 드론의 움직임을 감지한다. 가속도계는 선형 가속도를 3차원으로 감지하고, 자이로는 축을 중심으로 한 회전을 3차원으로 감지한다. 이 방법 역시 외부 입력이 필요 없으며, 무선 신호를 방출하지 않는다.

가장 널리 사용되는 유형은 미세전자기계시스템MEMS, Micro Electro-Mechanical Systems[17](이하 MEMS로 표기) 기술을 활용한 것이다. MEMS는 반도체와 거의 동일한 공정을 사용해 제작되며, 매우 저렴하고, 소형이며, 전력 효율이 높다. MEMS의 정확도는 일반적으로 이동거리의 0.1~1% 수준

---

15 가속도계: 물체의 가속도 물리량을 측정하는 장치이다.
16 자이로: 항공기·선박 등의 평형 상태를 측정하는 데 사용하는 기구인 자이로스코프의 줄임말이다.
17 미세전자기계 시스템: 나노기술을 이용해 제작되는 매우 작은 기계.

이다.

특히 링 레이저 자이로$^{Ring\ Laser\ Gyros}$와 광섬유 자이로$^{Fiber\ Optic\ Gyros}$ 기반의 더 비싸고 정확한 관성항법장치들이 있다. 이러한 관성항법장치들은 정확도가 MEMS보다 매우 뛰어난 것으로 평가되지만, 가격이 훨씬 더 비싸다. MEMS만큼 초소형은 아니지만, 여전히 거의 모든 장비에 장착할 수 있을 정도로 작다.

관성항법장치들은 단독으로 사용할 수 있지만, 종종 위성항법과 결합해 사용하기도 한다. 관성항법은 단기적으로는 정확하지만, 장기 드리프트$^{long\text{-}term\ drift}$[18]의 문제가 발생한다. 반면, 위성항법은 단기적으로는 정확도가 낮지만, 장기 드리프트가 발생하지 않는다. 이 두 가지를 결합하면 두 기술의 장점을 모두 결합한 최적의 결과를 얻을 수 있다. 여기에 사용되는 대표적인 알고리즘은 칼만 필터$^{Kalman\ filter}$[19]이다.

●

위성항법

가장 오래되고 가장 잘 알려진 위성항법시스템$^{Satellite\ Navigation\ system}$은 미국의 GPS$^{Global\ Positioning\ System}$이며, 그 다음으로 러시아의 GLONASS^{Globalnaya}

---

[18] 장기 드리프트: 센서나 측정 장비(예: 자이로스코프, 가속도계, 클럭 등)의 출력값이 시간이 지남에 따라 서서히 변화해 생기는 오차를 의미한다. 이는 외부 환경 변화(온도, 습도, 전자기 간섭 등), 부품 노화, 내부 잡음 등에 의해 발생하며, 장기간 측정 시 정확도를 저하시킬 수 있다.

[19] 칼만 필터: 노이즈가 포함된 동적 상태를 예측하고 추정하기 위한 수학적 알고리즘으로서, 물리적 시스템, 센서 측정값, 그리고 시스템의 동작 모델에 기초하여 시간에 따라 변하는 상태를 추정하며, 반복적인 과정에서 측정값과 예측값을 결합해 노이즈를 줄이고 더 정확한 결과를 제공한다. 로봇공학, 항공 우주, 금융, 신호처리, 의료, 교통체계 등 다양한 분야에서 활용되고 있다.

Navigatsionnaya Sputnikovaya Sistema가 있다. 유럽에서는 갈릴레오^{Galileo}를, 중국에서는 베이더우^{BeiDou}를 사용한다.

이 위성항법시스템들은 매우 유사하며, 어떤 경우에는 동일한 주파수를 사용하기도 한다. 각 시스템은 비교적 높은 궤도를 선회하는 제한된 수의 위성을 사용한다. 각 위성에서 송출되는 신호에 암호화된 시간 정보를 이용해 해당 위성까지의 정확한 거리를 계산한다. 위치를 계산하기 위해서는 최소한 3개 혹은 4개의 위성이 지평선 위에 보여야 한다. 각 위성은 출력이 제한되어 있고, 지구 전체를 커버해야 하며, 매우 먼 거리에 위치해 있기 때문에 신호는 수신기가 간신히 포착할 정도로 약할 수밖에 없다.

GPS는 민간용과 군사용 두 가지가 있다. 민간용 신호는 C/A$^{Coarse/Acquisition}$라고 하며, 암호화되지 않는다. 군용 P^{Precision} 신호는 암호화되어 있으며, 정확도가 더 높다. 따라서 민간용 신호만 사용할 수 있는 민간용 GPS 수신기와 군사용 신호도 사용할 수 있는 군용 GPS 수신기를 구분하는 것이 중요하다. GPS는 현재 상당히 오래된 시스템으로, 새로운 주파수로 신호를 송신하는 최신 위성과 추가 신호 코딩을 통해 업그레이드되고 있다. 이는 부분적으로는 정확도와 안정성을 높이기 위한 목적도 있지만, 주된 목적은 재밍과 스푸핑^{spoofing}[20]에 대한 저항성을 강화하는 데 있다.

---

20 스푸핑: 눈속임(spoof)에서 파생된 IT 용어로, 시스템에 직접적인 침입을 시도하지 않고 피해자가 공격자의 악의적인 시도에 의한 잘못된 정보, 혹은 연결을 신뢰하게끔 만드는 일련의 기법들을 의미한다.

GPS 수신기에는 여러 종류가 있다. 민간용 GPS 수신기는 몇 달러면 구입할 수 있다. 군용 GPS 수신기는 당연히 더 비싸지만, 재밍에 대한 저항성이 더 뛰어나다. 또한, 재밍에 대한 추가적인 보호 기능이 탑재된 군용 GPS 수신기도 있지만, 항상 그렇듯이 추가 비용이 발생한다. 수신기에 관성항법장치[INS]을 추가하는 것도 재밍과 스푸핑을 감지하고 저항하는 능력을 향상시키는 또 다른 방법이다.

천체항법

천체항법[Celestial Navigation]은 태양, 달, 행성, 그리고 별을 이용해 위치를 파악한다. 태양과 달, 행성, 별의 위치는 어느 시점에서나 계산할 수 있다. 시간과 드론의 추정 위치를 알고 있다면, 드론에서 본 해당 천체가 하늘에서 얼마나 높은 곳에 있는지 계산할 수 있다. 추정 고도와 실제 관측된 고도의 차이를 드론의 추정 위치로 보정한다. 각 관측은 하나의 위치선[position line][21]만을 제공할 뿐, 완전한 위치를 결정할 수는 없다. 완전한 위치를 얻기 위해서는 여러 차례의 관측이 필요하며, 위치선이 교차하는 지점이 바로 수정된 위치이다.

천체항법의 주요 전제조건은 정확한 시계(크로노미터[chronometer][22])와 천

---

[21] 위치선: 관측자가 특정 천체(예: 태양, 달, 행성, 별)를 이용해 자신의 위치를 결정할 때, '나는 이 선 위 어딘가에 있다'라고 자신이 존재 가능한 위치를 나타내는 선이다. 하지만 이 선 하나만으로는 자신의 정확한 위치를 알 수 없고, 여러 개의 위치선이 교차하는 지점을 찾아야 한다.

[22] 크로노미터: 천문 관측·경위도선 관측·항해 따위에 쓰던, 정밀도가 높은 휴대용 태엽 시계. 온도, 기압, 습도 따위의 영향을 거의 받지 않는다.

체의 고도를 측정할 수 있는 장치이다. 지구의 자전으로 인해 천체는 적도에서 460m/s의 속도로 움직이므로, 시계는 몇 초 이내의 정확성을 가져야 한다. 천체의 고도를 측정하기 위한 전통적인 장치는 육분의 sextant[23]이다.

태양만을 사용하여 위치를 결정하려면, 태양의 방향이 충분히 이동해 두 개의 위치선이 교차할 때까지 기다려야 한다. 이 작업에는 시간이 걸린다. 충분한 수의 별이 보일 경우, 여러 별을 동시에 관측함으로써 개별적 관측으로 인해 발생하는 시간 지연 없이 완전한 위치를 결정할 수 있다. 낮에는 대기가 산란시키는 푸른 빛 때문에 별이 보이지 않는다. 그러나 더 긴 파장의 적외선을 사용하면 구름이 옅게 덮여 있는 낮에도 별을 관측할 수 있다. 천체항법을 실제로 방해할 수 있는 유일한 경우는 구름이 짙게 덮인 경우이다.

천체항법은 전 세계적으로 언제든지 사용할 수 있으며, 오로지 날씨에만 영향을 받는다. 적이 천체항법을 사용하는 것을 막을 수 있는 방법은 없다. 정확도는 사용되는 장비에 따라 달라지지만, 수십 미터까지 오차가 발생할 수 있다. 고고도에서 비행하는 장기 체공 드론의 경우 천체항법은 좋은 선택지이다.

천체항법을 변형한 또 다른 항법은 저궤도 위성의 위치를 관측해 현 위치를 파악하는 것이다. 위성의 용도가 무엇이든, 위성이 누구의 것이

---

23 육분의: 항해, 항공, 천문 관측에서 천체(태양, 달, 별 등)의 고도를 측정하기 위해 사용되는 도구로, 항법에서 위치를 계산하거나 현재 위도를 파악하는 데 필수적인 기구이다.

든 상관 없이 어떤 위성이라도 이용할 수 있다. 위성은 관측이 더 어렵고 궤도를 정밀하게 측정해야 하지만, 이 두 가지 문제가 모두 해결되면 정확도가 더 높아질 수 있다.

지형등고선대조

지형등고선대조^{TERCOM, Terrain Contour Matching} 시스템은 지구 표면이 고르지 않다는 사실을 이용한다. 레이더가 지면을 내려다보면서 사전에 저장된 등고선 지도와 대조한다.

정확도는 실제 지형과 그것이 얼마나 정확하게 지도화되었는지에 달렸다. 평평한 지형에서는 정확도가 낮을 수 있다. 이것은 절대적인 항법이 아니며, 조종사들이 계곡이나 다른 지형지물을 따라 비행하는 방식에 훨씬 더 가깝다. 드론이 위치를 잃으면 다시 위치를 찾기가 어려워질 수 있다. 지형등고선대조는 순항 미사일에 흔히 사용되지만, 드론에는 거의 사용되지 않는다. 고도 측정용 레이더를 재밍함으로써 지형등고선대조 항법을 교란할 수 있기 때문이다.

자기장등고선대조

자기장등고선대조^{Magnetic Field Contour Matching} 항법은 자기항법^{Magnetic Navigation}으로도 알려져 있다. 이 시스템은 지구의 자기장이 균일하지 않다는 사실을 이용한다. 지구 표면과 마찬가지로, 자기장의 세기와 방향에도 언덕과 계곡 같은 다양한 변화가 존재한다. 이러한 변화를 정확히 지도화한 후, 민감한 자기계magnetometer[24]를 사용하여 이를 항법에 활용할 수 있다.

정확도는 몇 킬로미터 정도이다. 가장 큰 장점은 전파방해를 받지 않는다는 것이다. 이 방법은 어떤 상황이 발생하더라도 항상 사용할 수 있으며, 때때로 고급 드론에서는 기본 항법의 백업 시스템으로 사용되기도 한다.

●

고도 유지

비행고도는 기압, 레이더 또는 라이더 고도계lidar altimeter, 위성항법을 이용하여 측정할 수 있다. 이론적으로는 관성항법장치INS를 사용해 비행고도를 측정할 수 있지만, 일반적으로 요구되는 정밀도를 충족하기에는 드리프트가 너무 커서 다른 측정 방법을 사용할 수밖에 없다. 가장 일반적인 방법은 위성항법이며, 보다 고가의 드론에는 종종 레이더 고도계를 추가로 장착하기도 한다.

---

[24] 자기계: 자기장의 세기와 방향을 측정하는 계기.

전자광학 카메라

드론에 사용되는 가장 일반적인 센서는 카메라이다. '전자광학$^{EO, Electro-optical}$ 카메라'는 인간이 볼 수 있는 빛을 감지하는 일반적인 카메라를 지칭하는 다소 어색한 용어이다.

전자광학 카메라의 대부분은 민간용 카메라와 동일한 센서칩을 사용하지만, 군사적 요구사항에 최적화되어 있다. 고급 드론에 사용할 수 있는 훨씬 더 뛰어난 카메라들도 있다. 다소 극단적인 예 중 하나는 하나의 카메라 안에 368개의 휴대전화 카메라 칩이 들어 있는 아르거스^{Argus} 센서[25]이다. 18억 개의 픽셀로 전체 보기 화면과 특정 부분의 정밀한 화면을 동시에 제공하는 데 유용하다.

민간용 카메라와 마찬가지로, 센서 크기, 해상도, 그리고 저조도 성능 간에는 상충관계가 있다. 센서 픽셀이 클수록 더 많은 빛을 받아들이며 저조도에서 더 좋은 성능을 보인다. 개구부가 더 큰 렌즈(더 넓은 조리개)는 더 많은 빛을 받아들이지만, 그만큼 무겁고 비싸다. 전체보기 화면에서 특정 부분의 정밀한 화면으로 전환하려면 줌이 필요하다.

민간용 카메라 센서는 일반적으로 베이어 패턴 필터$^{Bayer\ pattern\ filter}$[26]가

---

[25] 아르거스 센서: 18억 개의 픽셀을 통해 전체 보기 화면과 특정 부분의 정밀한 화면을 동시에 제공할 수 있는 고급 센서로서, 주로 감시·정찰 체계에서 사용되며, 대규모 지역을 실시간으로 감시하거나 특정 영역의 세밀한 특징과 변화를 포착하는데 유용하다.

[26] 베이어 패턴 필터: 디지털 카메라 센서에서 색을 정확하게 캡처하기 위해 사용되는 필터 배열을 말한다. 이 필터는 일반적으로 빨강(R), 초록(G), 파랑(B) 색상 필터가 특정 방식으로 배열된 형태로, 센서의 각 픽셀 위에 위치한다. 이 배열을 통해 카메라는 색 정보를 얻고, 이를 바탕으로 실제 색상을 재구성한다.

●●● MQ-9 리퍼 짐벌(또는 "터렛"): 영국 공군에서 운용 중인 MQ-9 리퍼(Reaper)에 전자광학/적외선(EO/IR) 센서가 장착된 짐벌의 모습. 〈사진 출처: WIKIMEDIA COMMONS | Photo by Cpl Mark Webster/MOD, released under the Open Government License version 1.0〉

앞에 장착되어 있다. 베이어 패턴 필터는 어떤 색깔의 빛이 센서의 어떤 픽셀에 도달할지를 결정한다. 또한 이 필터는 인간의 눈에는 보이지 않지만, 센서가 반응하는 근적외선(0.7~1.2μm의 파장)을 차단한다. 근적외선 필터가 없으면 카메라에서 생성된 이미지는 인간이 보는 것(0.4μm 파장의 청색광부터 0.7μm의 적색광까지, 그 사이에 녹색광과 황색광이 있다)과 다르게 보인다. 베이어 필터를 제거하면 모든 것이 단색으로 바뀌지만, 특히 근적외선 영역에서 감도가 향상되며, 해상도도 향상될 수 있다.

야간투시장비[Night Vision Devices][27]는 사용 가능한 미세한 빛을 증폭하여 작동한다. 반도체를 센서로 사용하는 최신 카메라는 옛날 필름 카메라

---

[27] 야간투시장비: 야간에 육안보다 효과적으로 표적 장애물을 식별하는 장비. 적외선 레이더를 조사하여 그 반사를 빛 또는 소리로 만들어 식별하는 것과 별빛이나 달빛의 미광을 이용하는 것으로, 표적 조준용, 차량 조준용, 경계 감시용이 있다.

에 비해 저조도에서 훨씬 더 뛰어난 성능을 보인다. 그러나 극도로 어두운 상황에서는 여전히 어려움이 있다.

가장 민감한 야간투시장비는 이미지 증폭 튜브를 사용한다. 이미지 증폭 튜브는 100년 된 튜브 기술이 여전히 사용되는 몇 안 되는 분야 중 하나이다. 이미지 증폭 튜브는 빛 증폭에는 매우 뛰어나지만 본질적으로 아날로그 방식이며, 이미지는 단색(사용되는 인광 물질에 따라 일반적으로 녹색 또는 푸르스름한 흰색)으로 표시된다. 이미지 증폭 튜브는 보병에게는 매우 유용하지만, 드론에는 적합하지 않다. 드론은 영상을 캡처하여 전송이 가능한 신호로 디지털화해야 하기 때문에 일반적으로 카메라 센서가 더 적합하다

민간 부문에서 가장 저렴한 야간투시장비는 능동 조명을 사용한다. 이는 기본적으로 손전등과 같지만, 근적외선을 사용하기 때문에 사람의 눈에는 보이지 않는다. 오늘날 군대에는 근적외선을 감지할 수 있는 장비가 워낙 많기 때문에 근적외선을 사용하는 이러한 장비는 너무 눈에 잘 띄어 더 이상 사용하지 않는다.

●

적외선 카메라

열영상 카메라$^{thermal\ imagers}$라고도 알려진 적외선$^{IR,\ Infrared}$ 카메라는 야간투시장비와는 근본적으로 다른 방식으로 작동한다. 적외선 카메라는 물체가 온도에 따라 방출하는 열을 활용한다. 방출된 열은 전자기 스펙트럼의 적외선 영역에서 빛의 형태로 나타난다. 방출된 빛의 대부분은

플랫폼, 카메라, 시야각, 그리고 해상도

드론을 플랫폼으로 사용하는 경우, 짐벌이라고 하는 안정화된 플랫폼에 카메라를 장착해야 한다. 이 플랫폼의 성능에 따라 카메라가 얼마나 멀리까지 볼 수 있는지, 영상이 심하게 흔들리지 않게 하기 위해 카메라 렌즈의 초첨거리는 얼마로 해야 하는지가 결정된다. 본질적으로 센서 플랫폼의 품질이 드론의 품질을 좌우한다. 36×24mm 센서와 초점거리 200mm 렌즈를 사용할 경우, 배율은 4배, 시야각은 12도로, 이는 1,000m 거리에서 대각선으로 약 200m에 해당한다. 24메가픽셀 센서는 6,000×4,000픽셀이다. 1,000m에서는 1m당 약 30픽셀, 5,000m에서는 1m당 6픽셀이다.

고급 플랫폼은 0.5도(또는 그 이하) 정도의 좁은 시야각을 제공한다. 이는 35mm 카메라 기준으로 초점거리가 4,800mm에 해당한다. 앞에서 언급한 24메가픽셀 센서를 사용할 경우, 10,000m 고도에서 비행할 때 1m당 72픽셀의 해상도를 구현할 수 있다. 이러한 해상도는 목표물, 예를 들어 무장 반군과 막대기를 든 비무장 민간인, 혹은 삼각대를 든 사진작가를 확실하게 구분해 식별하는 데 필요하다. 고급 플랫폼은 비싸고 무게가 수십 킬로그램에서 수백 킬로그램에 달할 정도로 무겁다는 단점이 있다. 이 정도는 '야생동물 사진 촬영'에 필요한 중요 장비가 치러야 할 대가이다.

대기에 흡수되지만, 약 $3{\sim}5\mu m$(중파 적외선$^{MWIR,\ Medium\ Wave\ IR}$)와 $8{\sim}12\mu m$(장파 적외선$^{LWIR,\ Long\ Wave\ IR}$)의 이용 가능한 파장이 존재한다. 적외선은 파장이 길기 때문에 가시광선보다 구름, 연무, 안개, 연기, 먼지를 통과하는 데 효과적이다. 일반적으로, 물체가 방출하는 적외선을 감지하여 이미지를 생성하는 장비는 이용하는 파장이 길수록 안개 등을 더 잘 투과할 수 있다.

열영상 카메라는 태양과 같은 외부 광원의 빛에 영향을 받지 않기 때문에 낮과 밤에 모두 작동한다. 주변 환경과 온도(또는 방사율)가 다른 물체는 센서에 감지된다. 온도 차이가 클수록 더 선명하게 관찰된다.

열영상 카메라는 일반적인 의미의 색상이 없다. 서로 다른 파장이나 열 수준에 따라 색상을 지정할 수는 있지만, 이는 전적으로 관찰자의 선호에 따라 달라진다. 기본적으로 단색으로 이루어진 열영상을 해석하는 것은 어려울 수 있다. 가시광선 색상 이미지는 그림자나 미묘한 색 변화와 같은 다양한 단서를 제공하지만, 열영상 카메라에서는 이러한 단서가 누락되거나 다르게 보인다.

열영상 카메라의 또 다른 단점은 일반적으로 해상도가 일반 카메라에 미치지 못한다는 것이다.

열영상 센서는 센서 자체 온도 때문에 스스로 적외선을 방출한다. 따라서 센서를 냉각하면 민감도가 향상된다. 냉각이 필수적인 것은 아니며, 많은 센서가 냉각 없이 작동한다. 냉각을 선택하는 경우, 일반적으로 스털링 크라이오쿨러$^{Stirling\ cryocoolers}$[28]가 표준 솔루션으로 사용된다. 스털링 크라이오쿨러는 일반 냉장고나 냉동고에서 사용되는 것과 유사한 열 순환 방식을 이용한다. 스털링 크라이오 쿨러는 센서를 −150°C에서 −220°C까지 냉각할 수 있다. 이 장치는 비교적 소형화되어 있으며, 무게가 1kg 미만이고 소비 전력은 평균 1와트 이하이다(냉각 과정에서 더 많은 전력을 소비할 수 있다). 그러나 냉각 방식은 여전히 비냉각 방식보다 부피가 크고 전력 소모가 많기 때문에 드론에는 거의 사용되지 않는다.

---

[28] 스털링 크라이오쿨러: 일반적인 스털링 냉각기의 원리를 활용하여 매우 낮은 온도(극저온)를 생성하고 유지하도록 하는 시스템이다.

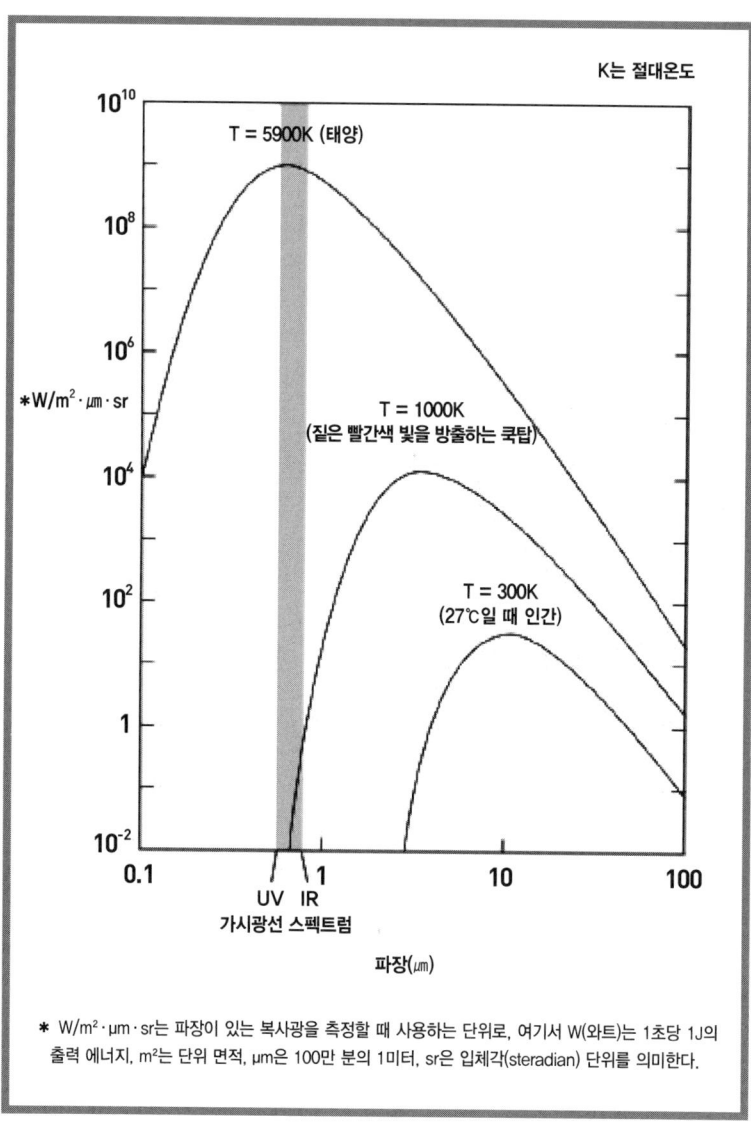

* W/m²·μm·sr는 파장이 있는 복사광을 측정할 때 사용하는 단위로, 여기서 W(와트)는 1초당 1J의 출력 에너지, m²는 단위 면적, μm은 100만 분의 1미터, sr은 입체각(steradian) 단위를 의미한다.

열복사

●●● 모든 물체는 열에너지를 방출한다. 방출되는 열에너지의 양과 파장은 물체의 온도에 따라 다르다. 표시된 스펙트럼은 물리학자들이 흑체(black-body objects)라고 부르는 이상적인 물체들의 스펙트럼이다. 이 그래프에서 볼 수 있듯이, 열영상 장비가 종종 8~12㎛ 파장 범위를 사용하는 데에는 충분한 이유가 있다. 온도는 켈빈(K)으로 나타내며, 섭씨(℃)로 변환하려면 켈빈 값에서 273.16을 빼면 된다.

1~2.5㎛의 유용한 파장 대역(단파적외선$^{\text{SWIR, Short Wave IR}}$)도 존재한다. 이 파장 대역은 근적외선 대역과 원적외선 대역의 중간 특성을 보인다.

최신 전투기에 장착된 적외선 탐색 및 추적$^{\text{IRST, Infra-Red Search and Track}}$ 시스템은 기본적으로 적 전투기를 효율적으로 탐색하고 추적할 수 있는 기능이 추가된 열영상 카메라이다. 이 시스템은 대기 조건(구름, 비 등)에 따라 다르지만, 100km 이상의 비교적 긴 거리에서도 작동할 수 있다. 레이더와 비교했을 때 적외선 탐색 및 추적 시스템의 주요 장점은 수동적이라는 것이다. 주요 단점은 거리에 대한 정보를 제공하지 못한다는 것이다.

다중 스펙트럼 영상은 여러 개의 서로 다른 파장 대역을 조합한 것이다. 이는 전자광학^{EO} 영상과 적외선^{IR} 영상을 조합한 것이다. 예를 들어, 다양한 식물의 잎은 특정 파장의 빛을 흡수하고 반사하는 방식에서 매우 독특한 특성을 가지고 있다. 이런 특성을 활용하면 위장망이 실제 나뭇잎처럼 보이도록 위장한 경우나 디코이^{decoy}[29]를 실제 물체와 구별할 수 있다.

●
레이저거리측정기

레이저거리측정기$^{\text{Laser Rangefinder}}$[30]는 드론이 해당 위치로 직접 이동하지

---

29 디코이: 적의 유도탄이나 각종 탐지장비들을 혼란시키고 교란하기 위해 만든 미끼를 뜻한다.

30 레이저거리측정기: 레이저 광선의 반사를 활용하여 두 지점이나 물체 사이의 거리를 측정하는 방식의 거리측정기이다. 광원에서 나간 레이저 광선이 표적 물체에 반사되어 다시 돌아오는 동안 걸리는 시간을 계산하여 광원과 표적 물체 사이의 거리를 계산한다.

않고도 자신의 위치를 기준으로 기본 삼각법을 이용해 관측 대상의 정확한 좌표를 파악하는 데 사용된다. 이렇게 산출된 좌표는 드론 자체나 사용이 가능한 다른 무기체계를 통해 목표물을 지정하는 데 사용될 수 있다. 거리측정기는 종종 EO/IR 센서 조립체에 내장된다.

●
라이다

라이다$^{Lidar,\ Light\ Detection\ and\ Ranging}$[31]는 여러 방향으로 레이저 펄스를 발사하여 여러 지점까지의 거리를 측정하여 '포인트 클라우드$^{point\ cloud}$'[32]라고 알려진 데이터를 생성한다. 이를 통해 주변 환경의 3차원 지도를 효과적으로 만들 수 있다.

이는 드론이 특히 실내에서 탐색을 시도할 때 유용하다. 자동차 산업에서는 자율주행 차량을 위해 라이다를 사용하는데, 이는 저비용 부품을 사용할 수 있다는 것을 의미한다. 라이다는 지도 제작, 지리공간 정보$^{geospatial\ data}$, 원격 탐사 등 민간 분야에서도 다양하게 활용되며, 이들 중 다수가 군사적으로도 유용하다.

---

31   라이다: 전자파 대신 초당 수백만 개에 달하는 레이저 펄스를 발사해 반사된 빛을 분석해 이미지화하는 기술이다.

32   포인트 클라우드(점구름): 라이다 센서 등으로 수집되는 데이터를 의미한다. 이러한 센서들은 물체세 빛/신호를 보내서 돌아오는 시간을 기록하여 각 빛/신호당 거리 정보를 계산하여 하나의 점을 생성한다. 포인트 클라우드는 3차원 공간상에 퍼져 있는 여러 점의 집합을 의미한다. 3차원 좌표계에서 점은 보통 X, Y, Z좌표로 정의되며, 사물의 표면을 나타내기 위해 사용된다.

레이더

레이더^{Radar, Radio Detection and Ranging}[33]는 적외선보다 훨씬 긴 파장의 전자파를 사용하므로, 구름, 연무, 안개, 연기, 그리고 먼지를 투과하는 데 탁월하다. 이러한 특성 덕분에 레이더는 모든 기상 조건에서 유용하며, 장거리 탐지에도 효과적이다. 또한, 레이더는 야간에도 동일한 성능을 발휘한다.

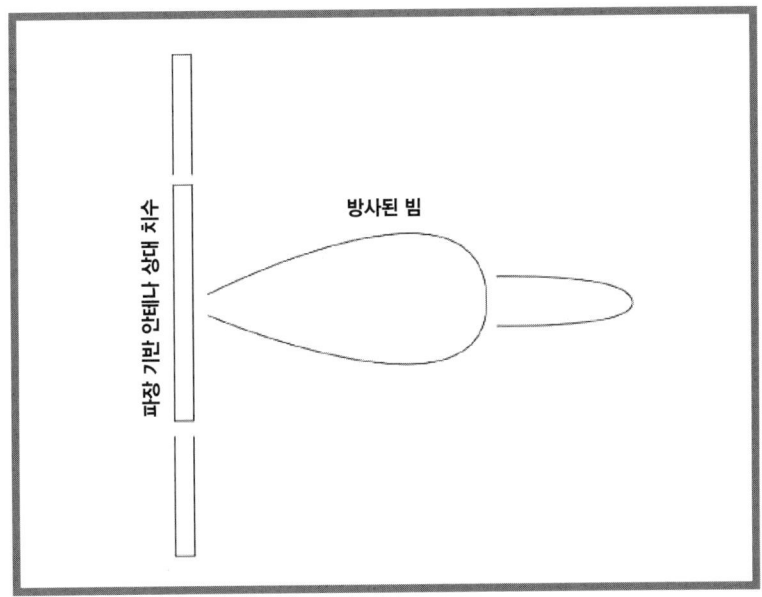

안테나 방사 패턴

●●● 안테나가 클수록 빔이 좁아진다. 안테나의 크기는 사용하는 파장과 관련이 있다. 주어진 물리적 크기에 대해 더 짧은 파장(즉, 더 높은 주파수)을 사용하면 더 좁은 빔을 얻을 수 있다.

---

33 레이더: Radar란 Radio Detection and Ranging의 약자로, 조사한 전자파가 물체에 부딪힌 뒤 되돌아오는 반사파를 측정하여 물체를 탐지하고 그 방향, 거리, 속도 등을 파악하는 정보 시스템을 이른다.

레이더의 가장 큰 한계는 일반적으로 해상도가 낮다는 점인데, 이는 사용되는 전자파의 파장이 길기 때문이다. 해상도를 개선시키려면 더 큰 안테나를 사용하면 된다. 드론은 일반적으로 작기 때문에 레이더의 플랫폼으로 적합하지 않은 경우가 많다. 하지만 드론이 충분히 크다면, 유인 항공기와 동일한 유형의 레이더를 탑재할 수도 있다.

대부분의 최신 레이더는 단순히 물체를 탐지하는 것 이상의 기능을 수행할 수 있는 범용 장비이다. 레이더는 통신에 사용될 수 있다. 예를 들어, 발사한 미사일에 최신 표적 정보를 전송하거나 다른 항공기와 데이터를 교환하는 데 사용할 수 있다. 또한, 레이더는 전자전에도 활용될 수 있으며, 재밍과 신호감청listening 모두에 사용된다.

●
능동전자주사식위상배열레이더

AESA는 Active Electronically Scanned Array(능동전자주사식위상배열)의 약자이다. AESA 레이더의 안테나는 약 40×40개의 송수신 소자로 이루어진 배열(또는 약 1,000~2,000개의 개별 소자)로 구성된다. 이 각각의 소자는 기본적으로 하나의 완전한 레이더 역할을 한다.

이 배열은 고정 마운트와 이동식 마운트에 장착될 수도 있으며, 항공기 동체의 여러 위치에 분산된 여러 개의 고정 마운트에 장착될 수도 있다. 최신 전투기에서는 더 넓은 각도를 커버하기 위해 짐벌에 단일 배열을 장착하는 경우가 많다.

AESA 레이더는 매우 다기능적인 장비이다. AESA 레이더는 펄스마

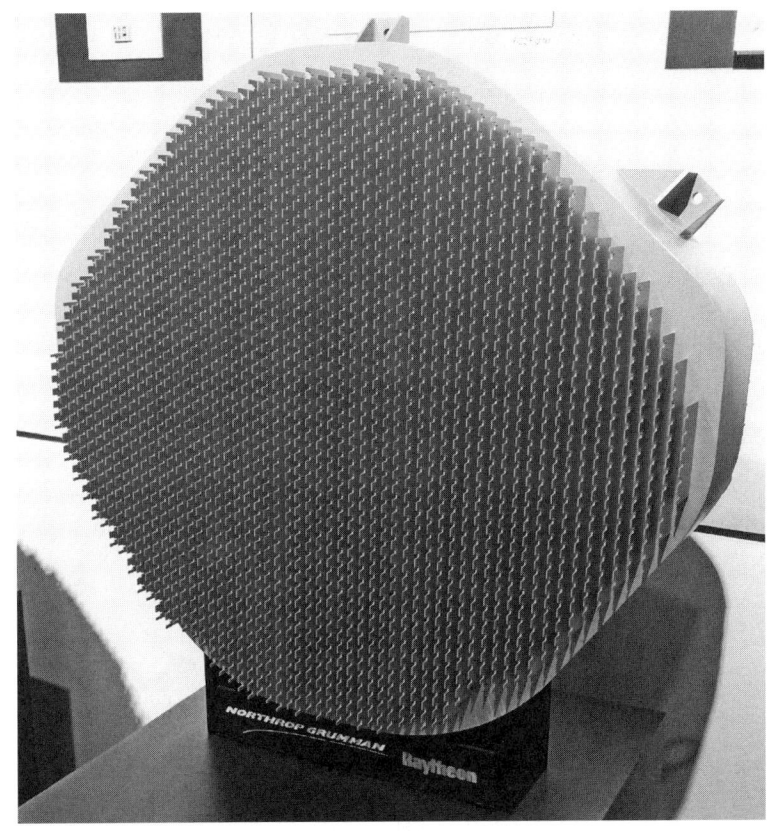

●●● 미국 F-22 전투기의 AESA 레이더 안테나. F-22에 장착된 AN/APG-77 레이더의 안테나는 1,956개의 모듈로 구성되어 있다. 각 모듈은 껌 한 개 정도의 크기에 불과하다. 이렇게 많은 모듈로 구성된 AESA 레이더는 매우 고가이다. 가장 큰 문제는 고밀도로 배치된 이 모든 모듈을 효과적으로 냉각하는 것이다. 또 다른 문제는 이 모든 모듈을 최대한 활용하기 위해서는 높은 수준의 정보 처리 능력이 필요하다는 점이다. 〈사진 출처: WIKIMEDIA COMMONS | CC0 1.0 Universal Public Domain Dedication〉

다 임의의 파형과 변조를 사용하여 어떤 방향과 주파수로든 에너지 펄스를 송출할 수 있다. 또한, 배열의 서로 다른 부분을 각기 다른 용도로 활용할 수도 있다. 사실상, 단순한 레이더라기보다 다기능 위상배열 Multi-Function Array 레이더라고 할 수 있다.

AESA 레이더는 1밀리초^{millisecond}(1,000분의 1초)마다 완전히 다른 레이더처럼 작동하거나 심지어 레이더 기능을 수행하면서 다른 장비인 척할 수도 있다. 그럴 경우, 레이더경보수신기$^{RWR,\ Radar\ Warning\ Receiver}$에는 단순한 배경 소음처럼 보이게 된다. 이러한 유연성을 일종의 암호화로 활용하면 레이더에 일정 수준의 스텔스 성능을 부여할 수 있다. AESA 레이더는 재밍에 강한 저항성을 갖고 있다. 재밍 신호가 감지되면, AESA 레이더는 즉시 재머^{jammer}(전파방해기) 방향으로 '안테나 널^{null}'[34]을 형성하도록 배열을 설정할 수 있다.

●

측방감시항공레이더

항공기에 아주 큰 레이더 안테나를 장착하는 한 가지 방법은 동체 전체 길이를 따라 안테나를 배치하는 것이다. 이것을 측방감시항공레이더$^{SLAR,\ Side-Looking\ Airborne\ Radar}$라고 한다. 측방감시항공레이더^{SLAR}는 좌우 방위각 방향의 해상도는 우수하지만, 상하 고도 방향의 해상도는 낮다는 단점이 있다. 또한, 측방감시항공레이더는 전방을 관측할 수 없으며, 측면만 감시할 수 있다. 따라서 측방감시항공레이더는 탐색 및 조기 경보 용도로는 유용하지만, 목표물을 직접 지정하는 용도로는 적합하지 않다.

---

[34] 안테나 널: 안테나의 특정 방향에서 신호 강도가 거의 0이 되는 지점을 의미한다. 안테나가 신호를 송수신할 때, 특정 방향으로 강한 신호를 보내거나 받을 수도 있지만, 의도적으로 특정 방향에서는 신호를 거의 없애버릴 수도 있는데, 이를 "널(null) 생성"이라고 하며, 안테나의 방사 패턴에서 특정 방향의 신호를 제거하는 기법이다.

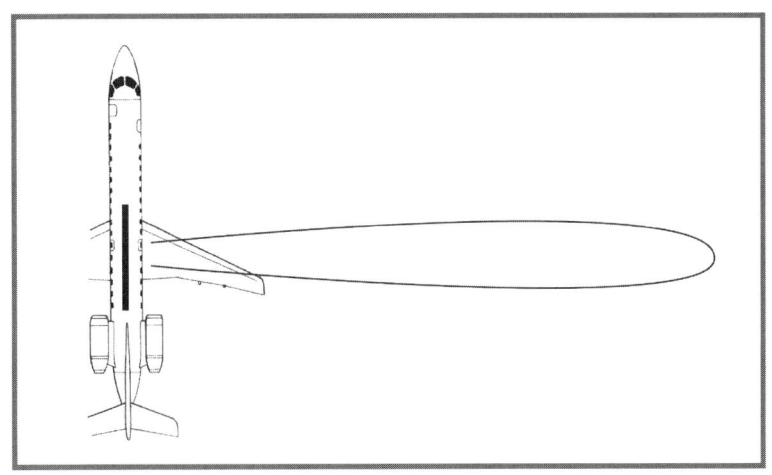

●●● 측방감시항공레이더(SLAR)의 기본 작동 원리. 이 경우, 길고 좁은 형태의 레이더 안테나가 민간용 쌍발 제트기의 상부(지붕)에 장착되어 있다.

●

합성개구레이더

장거리 레이더의 문제점은 일정 수준의 해상도를 확보하려면 큰 안테나가 필요하다는 것이다. 이를 해결하는 한 가지 방법은 비행경로 전체를 하나의 합성 안테나로 활용하는 것이다. 이 작업은 비행경로를 따라 수집된 레이더 반사 신호를 기록한 후, 모든 반사 신호를 마치 하나의 거대한 안테나에서 수신한 것처럼 함께 처리하는 방식으로 이루어진다. 이러한 신호 처리는 상당히 복잡하지만, 플랫폼 바로 아래뿐만 아니라 양쪽 측면이 지표면에 있는 다양한 인공 구조물을 식별할 수 있을 정도로 정밀한 고해상도 이미지를 생성한다.

일반적인 레이더 유형의 특성 중 하나는, 인간의 눈과 마찬가지로 먼

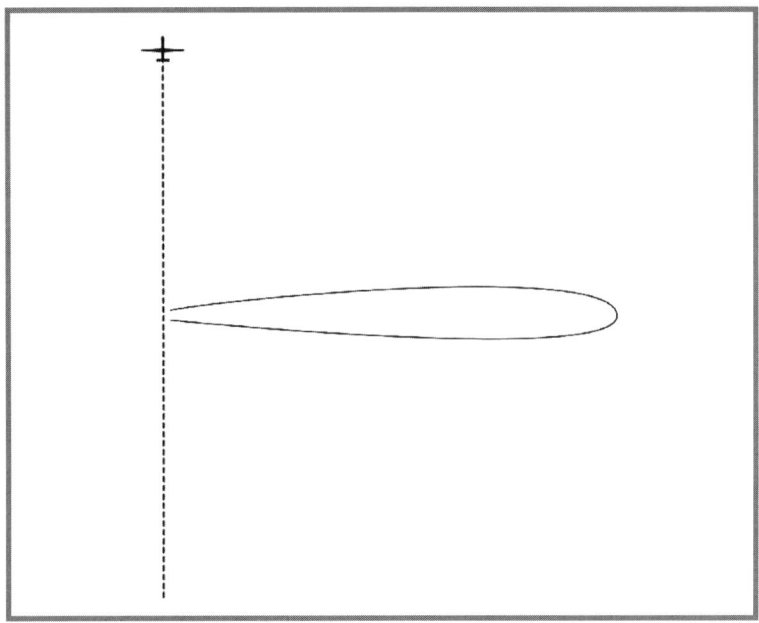

●●● 합성개구레이더(SAR)의 기본 작동 원리. 이 경우 중형 드론에 장착된 합성개구레이더는 비행 경로 전체를 안테나로 활용한다.

거리에 있는 물체일수록 해상도가 낮아진다는 점이다. 그러나 합성개구레이더$^{SAR,\ Synthetic\ Aperture\ Radar}$의 뛰어난 특징 중 하나는 이러한 문제가 없다는 것이다. 먼 거리에 있는 물체는 더 오랜 시간 동안 레이더의 시야에 머물게 되므로, 결과적으로 더 큰 합성 안테나를 사용하게 되는 셈이다. 해상도는 안테나 크기에 비례하기 때문에, 안테나 크기는 거리 증가로 인한 해상도 저하를 상쇄한다. 따라서 합성개구레이더에서는 가까운 물체와 먼 물체 모두 동일한 해상도로 관측할 수 있다.

합성개구레이더는 민간 분야와 지구과학에서도 널리 사용된다. 예를 들어, 토양의 특성이나 숲과 농작물의 성장 상태를 파악하는 데 활용

레이더 기본 사항

레이더는 펄스를 방출한 후, 반사 신호가 돌아오기를 기다린다. 펄스와 반사 신호 사이의 시간은 거리를 알려주며, 반사 신호의 방향은 안테나의 방향에 의해 결정된다. 안테나에서 방출되는 빔이 매우 좁다면 방향을 상당히 정확하게 알 수 있다. 그러나 빔이 너무 좁으면 하늘을 스캔하는 데 시간이 오래 걸린다는 단점이 있다. 따라서 탐색용 레이더는 일반적으로 넓은 빔을 사용한다. 반면에 표적 지정에 사용되는 레이더는 높은 정밀도가 필요하므로 좁은 빔을 사용한다.

대기는 특정 주파수 대역을 흡수한다. 그중 하나가 약 2.45GHz 대역으로, 이는 물 분자가 공진 주파수resonant frequency를 갖기 때문이다. 장거리 탐지를 목표로 하는 레이더 설계자들이 이 주파수를 전염병처럼 피하기 때문에 와이파이와 블루투스가 등장했을 때 이 대역은 여전히 사용 가능했다. 와이파이와 블루투스는 실내에서 단거리 통신을 목적으로 사용되므로, 습도로 인한 전송 손실에 크게 영향을 받지 않는다. 이 주파수 대역이 다양한 기기에서 널리 사용됨에 따라, 민간 드론도 이 주파수를 사용하게 되었지만, 이 주파수는 사실상 드론에 적합한 주파수는 아니다. 한편, 전자레인지는 이 주파수를 매우 선호하는데, 물이 2.45GHz의 전자파를 잘 흡수하는 특성을 이용하여 음식을 가열할 수 있기 때문이다.

레이더에 대한 설명에서 레이더와 관련하여 자주 사용되는 주파수 대역 명칭을 소개하지 않으면 완전한 설명 자료가 될 수 없다.

주파수 대역 약자	주파수 (GHz)	파장 (cm)	사용된 약자의 출처/설명
VHF	0.03~0.3	1,000~100	Very High Frequency(초단파)
UHF	0.3~1	100~30	Ultra High Frequency(극초단파)
L	1~2	30~15	Long
S	2~4	15~7.5	Short
C	4~8	7.5~3.8	L/S 대역과 X 대역 간의 중간 대역
X	8~12	3.8~2.5	X = crosshair (화력통제용으로 사용됨)
Ku	12~18	2.5~1.7	Kurz (하위)
K	18~27	1.7~1.1	Kurz
Ka	27~40	1.1~0.75	Kurz (상위)

쿠르츠Kurz는 독일어로 '짧은short'이라는 뜻이다. 이 기술들이 개발되던 시기에 독일 과학자들은 물리학 분야에서 중요한 역할을 했다. 물 분자는 22.34GHz에서 또 다른 공진 주파수를 가지므로, K-대역은 해당 주파수를 기준으로 상하 2개의 대역으로 나뉘게 되었다. 또한, 이 대역의 정확한 주파수 범위는 사용자마다 다를 수 있으므로, 모든 정의가 동일하지 않다는 점에 유의해야 한다.

될 수 있다. 합성개구레이더는 고고학자들이 수세기 전에 땅에 묻힌 구조물을 발견하는 데 사용하는가 하면, 군에서는 숨겨진 참호, 벙커, 동굴과 같은 지형지물이나 심지어 최근에 생긴 차량 흔적을 탐지하는 데도 사용한다. 한 지역을 두 번 이상 통과하면서 촬영하면 변화 감지[CCD, Coherent Change Detection]도 가능해진다. 일부 드론에 탑재된 소형 미니-SAR 장치는 목표 지역에 더 가깝게 접근하여 인간의 발자국, 최근에 매설된 지뢰, 숨겨진 전선과 같은 작은 특징까지도 탐지할 수 있다.

이제 군용 합성개구레이더에서 가장 중요한 질문으로 넘어가보자. "그것은 (신호) 기록 과정에서 움직이는 물체도 탐지할 수 있을까?" 대답은 "예!"이다. 다만, 무조건 "예"라고 할 수는 없지만, 특정한 신호 처리 기법을 사용하면 도로를 이동하는 차량이나 지형을 가로지르는 전차와 같은 움직이는 물체도 탐지할 수 있다.

비행경로 전체를 활용하여 영상을 생성하기 때문에, 영상을 생성하는 데는 적어도 해당 경로를 비행하는 데 걸리는 시간만큼의 시간이 소요된다. 변화 감지[Change Detection]의 경우, 동일한 지역을 최소 두 번 이상 통과해야 한다. 또한, 레이더는 일정한 고도를 유지한 채 지속적으로 신호를 송출해야만 한다. 이러한 특성 때문에 레이더 플랫폼은 탐지되기 쉬운 취약점을 가질 수 있다. 합성개구레이더는 강력한 기술이지만, 이를 운용하는 플랫폼 자체는 공격에 노출될 가능성이 있다.

전자전용 수신기

모든 종류의 무선 및 레이더 송신 신호를 수집하는 것은 지루하고 반복적인 일상 임무이므로 무인 항공기에 적합하다.

전자전용 수신기Receivers for Electronic Warfare를 지상에 설치하는 것과 비교했을 때, 드론을 사용하는 또 다른 장점은 높은 고도에 위치하여 더 멀리 떨어진 곳에 있는 대상의 신호를 수신할 수 있다는 점이다.

드론의 세 번째 장점은 수신 중인 신호를 따라서 자신의 방향을 바꿀 수 있다는 점이다. 삼각측량법triangulation을 사용하면 목표물의 방향뿐만 아니라 대략적인 위치도 파악할 수 있다. 이렇게 계산된 위치 오차는 몇 킬로미터 정도로, 목표물을 직접 조준하기에는 부족하지만 유용하게 활용할 수 있을 정도의 정확도를 제공한다.

이 수신기의 출력은 소스의 몇 가지 매개변수를 설명하는 간단한 텍스트일 수도 있고, 특정 유형의 스펙트로그램spectrogram[35]과 일부 스펙트로그램의 역학을 설명하는 비디오와 같은 이미지 형태일 수도 있다.

드론의 더 특화된 기능은 휴대전화 기지국과 같은 역할을 수행하는 것이다. 휴대전화는 민간인의 생활뿐만 아니라 군 생활에서도 필수적인 요소가 되었다. 군 생활에서도 휴대전화는 민간에서만큼이나 유용하며, 이를 사용하지 못하도록 막는 것은 어렵다. 그러나 휴대전화는 본래 작전 보안OPSEC, Operational Security을 염두에 두고 만든 것이 아니기 때문에 실

---

35 스펙트로그램: 시간에 따른 신호의 주파수 성분을 시각적으로 표현한 것이며, 주로 음향, 음성, 지진파, 전기 신호 등 다양한 분야에서 신호의 특성을 분석하는 데 사용된다.

제로 무분별하게 정보를 유출하기도 한다. 휴대전화는 모든 군대가 사용하는 중요한 것이기 때문에 그런 점에서 드론은 확실히 유용하다.

●
센서 융합

드론이 여러 개의 센서를 탑재하고 있다면, 각 센서에서 수집된 데이터를 융합하여 주변 환경에 대한 보다 종합적인 시각을 구축할 수 있다. 이 데이터 융합 과정에서는 다른 소스로부터 수집된 센서 데이터도 활용할 수 있는데, 이를 '협력 센싱cooperative sensing'이라고 한다. 대부분의 경우, 드론은 적의 항공 또는 지상 전력에 대해 수집한 센서 데이터를 전송하는 역할을 하게 된다.

그 목적은 두 가지이다. 더 나은 상황 인식을 제공하는 것과 목표물의 우선순위를 정하는 것이다. 실제 활용 사례를 보면, 드론에 탑재된 전자전EW 수신기가 특정 방향에서 레이더 신호를 감지한다. 그리고 해당 방향의 일정 거리에서 열원heat source이 탐지된다. 드론에 탑재된 가시광선 카메라를 확인해보면, 해당 위치에는 건물과 같은 특별한 것이 존재하지 않는다. 이는 그곳에 철저하게 위장된 물체가 있다는 것을 의미한다. 해당 열원은 유효한 군사적 목표물일 가능성이 높다. 이후 드론은 전자전 수신기와 이전에 저장된 적의 행동을 확인한다. 이러한 유형의 레이더는 드론에 위험한 대공 미사일 시스템에 가장 자주 사용된다. 따라서 드론은 목표물에 더 이상 접근하지 않고 운용자에게 이를 알려서 운용자가 포격을 요청하게 한다.

이미지 분석 및 AI

EO/IR 카메라뿐만 아니라 많은 센서는 이미지를 출력물로 생성한다. 레이더는 특정 지역의 이미지를 생성할 뿐만 아니라 스펙트로그램, 즉 신호를 시각화한 이미지도 제공한다. 전자전 수신기도 마찬가지이다. AI는 어떤 유형의 데이터이든 처리할 수 있지만, 많은 종류의 데이터는 이미지로 분석하는 것이 가장 좋다.

이미지 스트림을 오랫동안 주시하는 것은 매우 피로한 작업이다. 인간 운용자는 약 30분 정도만 집중력을 제대로 유지할 수 있다. 그 이후에는 집중력을 유지하기 위해 어떤 형태의 도움이 필요하다. 고카페인 커피를 계속 마시는 것은 그다지 도움이 되지 않는다.

이미지를 분석하는 운용자의 작업을 더 쉽게 하기 위한 첫 번째 단계는 일반적으로 노이즈 제거 및 명암 대비 향상과 같은 기본적인 작업을 수행하는 것이다. 이미지 처리의 또 다른 유용한 기능은 연속된 이미지 사이의 차이점을 찾아 이동하는 물체를 식별하는 것이다. 식별된 목표물을 자동으로 추적하면 운용자의 업무 부담을 줄이는 데 큰 도움이 된다.

다음 단계는 AI를 사용하는 것이다. 엄밀히 말하면, 'AI 사용'이란 다양한 의미를 가질 수 있다. 그것은 분명하지 않은 작업을 수행하거나 어려운 문제를 해결할 수 있을 만큼 정교한 기계를 만들려는 욕망에 가깝다. 과거에는 어려운 작업으로 간주되던 일이 일상적인 작업이 되면, 그 작업은 더 이상 AI를 사용하여 수행한다고 주장할 수 없다. 반면, '머신 러닝Machine Learning[36]'은 더 좁은 개념이다. 머신 러닝을 수행하는 한 가지 방법은 신경망$^{Neural Network}$을 사용하는 것이다. 신경망은 생물학적 두뇌의 작동 방식을 모방한 것이다. 일반적으로 "AI"라는 용어는 거의 항상 신경망을 활용하는 기술을 의미한다.

원칙적으로, 신경망을 사용하는 AI는 이미지 속 내용을 이해하거나, 특징 추출$^{feature extraction}$[37]이라고 알려진 작업(예: 영상 스트림에서 차량이나 참호선을 감지하는 작업)에 특히 적합하다. 그러나 실제 전장에서 AI는 종종 기대만큼 효과적으로 작동하지 않는 경우가 많다. 전장 환경은 은폐가 이루어지고, 복잡하며, 끊임없이 변화하기 때문에 해석하기 어려우며, AI가 원래 학습한 것과 실제 환경이 너무 다를 수 있기 때문이다. 이를 완벽하게 처리할 수 있는 범용 지능$^{general intelligence}$은 아직 존재하지 않는다. 하지만 AI는 단순한 패턴 인식 작업에서는 인간 운용자와 동등한 수준의 성능을 발휘할 수 있어 여전히 유용하다. AI의 주요 장점 중 하나는 지치지 않는다는 점이며, 또 다른 장점은 드론 자체에서 데이터를 직접 처리할 수 있어, 통신 링크에 대한 의존도를 낮추고 이에 따른 보안 취약점을 줄일 수 있다는 것이다.

신경망의 가장 큰 단점은 학습에 사용된 데이터(및 규칙)의 품질에 따라 성능이 결정된다는 점이다. 만약 학습되지 않은 데이터가 입력되었을 경우, AI는 적절하게 반응하지 못하거나, 아예 반응하지 않을 수

---

36 머신 러닝: 명시적인 프로그래밍 없이 컴퓨터가 데이터로부터 패턴을 학습하고, 이를 바탕으로 예측이나 분류 등 의사결정을 수행하도록 하는 인공지능 기술의 한 분야로서, 지도학습(supervised learning), 비지도학습(unsupervised learning), 강화학습(reinforcement learning) 등으로 구분된다.

37 특징 추출: 원본 데이터에서 유용한 정보를 추출하여 문제 해결에 적합한 형태로 변환하는 과정이다.

도 있다. 신경망 훈련은 방대한 데이터셋$^{data\ set}$[38]이 필요하기 때문에 컴퓨터 집약적인 작업이 될 수밖에 없다. 하지만 이렇게 많은 노력을 기울인 후에도, 신경망이 어떤 입력, 특히 학습되지 않은 입력에 대해 어떻게 반응할지에 대한 불확실성이 여전히 존재한다. 대부분의 경우 AI의 출력은 의미 있는 결과를 제공한다. 대부분의 경우에는 의미가 있지만, 항상 그런 것은 아니다.

신경망은 본질적으로 취약한 구조를 가지고 있기 때문에, 이를 이용해 신경망을 무력화할 수도 있다. 체스나 바둑 선수들은 이를 잘 알고 있어, 신경망이 훈련받지 않은 '예상 밖의 수'를 두어 혼란을 유발하는 전략을 사용하기도 한다. 예측하지 못한 입력을 처리하는 문제는 AI에게는 해결하기 어려운 어려운 도전 과제가 될 수 있다. 예를 들어, 개별 포 위에 밝은 색의 천막을 설치하면 AI가 이를 야외 카페로 분류할 수도 있다(이와 동시에 승무원들에게 그늘을 제공할 수도 있다). 신경망을 기반으로 한 AI가 인간의 범용 지능 수준에 도달하려면 여전히 갈 길이 멀다. 그러나 일단 AI 솔루션이 개발되면, 이를 복제하는 것은 훈련된 인간을 복제하는 것보다 훨씬 쉬운 일이다.

신경망을 무력화하는 또 다른 방법은 훈련 데이터에 포함된 특징을 인위적으로 조작하여 속이는 것이다. 이 방법은 신경망이 사물을 이해할 때 특정 특징을 추출하는 방식에 의존한다는 점을 악용하는 것이다.

---

38 데이터셋: '데이터들의 모음', 즉 AI가 학습하는 자료집을 뜻한다. AI는 인간처럼 스스로 경험을 쌓을 수 없으므로 사람이 준비한 데이터셋을 가지고 학습해야 하므로 잘못된 데이터가 포함되면 AI는 잘못된 판단을 내릴 수밖에 없다.

예를 들어, 표적에 나뭇가지나 건물과 같은 특징을 추가하면, AI가 이를 잘못 인식하도록 유도할 수 있다. 이때, 이 위장된 특징이 인간의 눈을 속일 정도로 정교할 필요는 없으며, 오직 신경망이 이를 오인할 정도로만 설계하면 충분하다. 반대로, 목표물과 유사한 특징을 활용하여 가짜 표적dummy target을 만들어낼 수도 있다. 이 모든 것은 신경망이 얼마나 잘 훈련되었는지에 따라 달라지며, 만약 취약점이 있다면 이를 찾아내어 악용할 수 있다.

여기서 중요한 점은 신경망은 '설계'되거나 '정의'되는 것이 아니라, '훈련'된다는 것이다. 신경망이 내부에서 어떻게 작동하는지는 사실상 완전히 이해되지 않았다(물론, 여기서 '이해'라는 개념 자체가 무엇을 의미하는지조차 모호할 수 있다). 그 결과, 신경망을 철저하게 테스트하고 검증하는 것이 불가능하다. 만약 변경이 필요하다면, 새로운 데이터셋을 사용하여 처음부터 다시 훈련해야 한다. 이론적으로는 전이 학습transfer learning[39]이나 인컨텍스트 러닝in-context learning[40]과 같은 방법을 활용하여 이를 부분적으로 해결할 수도 있다. 그러나 신경망의 테스트·유지보수·업그레이드는 결코 단순한 작업이 아니다.

다양한 유형의 자율 드론 제조업체들은 드론이 스스로 목표물 탐지·분류·인식·식별·추적을 수행할 수 있으며, 경우에 따라서는 공격

---

[39] 전이 학습: AI가 이미 학습된 지식을 새로운 작업에 적용하는 기술로서, 훈련 시간을 단축하고 데이터 요구량이 적으며, 성능 향상이 가능하다는 장점이 있다.

[40] 인컨텍스트 러닝: AI가 새로운 작업을 할 때, 기존처럼 훈련하지 않고, 주어진 예제를 보고 즉석에서 학습하는 방식이며, 추가적인 훈련 없이도 예제를 몇 개만 보여줘도 바로 패턴을 이해하고 적용할 수 있는 능력을 의미한다.

여부를 자율적으로 결정할 수도 있다고 주장하는 것이 일반적이다. 그러나 이러한 능력은 상황에 따라 크게 달라지며, 사소한 것에서부터 불가능한 것까지 다양한 난이도를 보인다. 예를 들어, 넓은 개활지에서 위장되지 않은 레이더 기지를 탐지하는 것과 건물 폐허 속에 철저히 위장된 전차를 탐지하는 것은 완전히 다른 문제이다. 그에 비해 인간 운용자가 탐지하고 식별한 목표물을 추적하는 것은 훨씬 더 쉽다. 실제 상황이 어떠한지에 대한 명확한 설명 없이 그렇게 주장하는 것은 그저 희망사항으로 보인다. 주장하고 있는 기능이 무엇이든, 명백한 전술적 이유로 인해 원래 제조업체가 아닌 사용자가 그 기능들을 완전히 통제할 수 있어야 한다.

파동의 전파

가시광선, 적외선, 레이더 및 전파는 모두 전자기파이다. 이것들의 차이점은 파장이 다르다는 것이다. 이것들은 모두 다음과 같은 공식을 따른다.

빛의 속도 = 주파수 × 파장 = 299,792,458m/s(진공 상태에서)

빛의 속도는 집에서도 간단한 실험을 통해 확인할 수 있다. 전자레인지에서 회전판을 제거한 상태로 작은 마시멜로를 담은 접시를 가열하면 된다. 약 10초간 가열하면 마시멜로가 반 파장 간격(약 61mm)으로 녹아 뭉치게 된다. 전자레인지가 사용하는 주파수인 2.45GHz에 전체 파장 122mm를 곱하면 빛의 속도가 된다.

파동Wave은 파장wavelength보다 작은 장애물을 우회하는 경향이 있다. 파동은 파장보다 큰 장애물에 의해 멈추는 경향이 있다. 예를 들어, 바다의 파도는 섬에 의해 막히지만, 물속에 있는 기둥에는 큰 영향을 받지 않는다. 파도가 기둥에 부딪치면 에너지의 일부만 산란될 뿐이다. 반면, 장애물의 크기에 비례하여 파장이 줄어들면 더 많은 파동이 산란된다.

이것이 하늘이 파란 이유이다. 파장이 짧은 파란빛(청색광)은 대기를 통과하는 동안 더 많이 산란된다. 파란빛이 일부 산란되어 사라지면서, 태양은 노란색으로 보이게 된다. 태양이 지평선 가까이에 있을 때는, 더 두꺼운 대기를 통과해야 하므로 더 많은 파란빛이 산란된다. 결국 붉은빛만 통과해 태양이 붉게 보이는 것이다.

화성에도 대기가 존재한다. 계속해서 발생하는 먼지 폭풍이 없을 때, 화성의 하늘은 파랗고, 태양은 노랗게 보이며, 해질녘의 태양은 붉게 보인다. 지구와 마찬가지이다. 다만, 화성의 대기는 지구보다 훨씬 얇기 때문에 이 효과가 덜 두드러질 뿐이다.

맑은 날에는 하늘이 파란데, 왜 흐린 날에는 하늘이 회색일까? 그 이유는 구름이 물방울로 이루어져 있기 때문이다. 이 물방울들은 가시광선의 모든 색상을 거의 균등하게 산란시킬 만큼 충분히 크다(하늘을 파란색으로 만드는 레일리 산란Rayleigh scattering[41]과는 다른 미 산란Mie scattering[42]이라는 과정을 거친다).

---

41 레일리 산란: 빛이 대기 중의 입자(분자, 원자)와 상호작용하여 발생하는 산란 현상으로, 입자의 크기가 빛의 파장보다 훨씬 작을 때 주로 일어난다.

42 미 산란: 빛이 입자와 상호작용할 때 발생하는 산란 현상 중 하나로, 입자의 크기가 빛의 파장과 비슷하거나 더 큰 경우에 발생한다.

또한, 구름은 열 복사(적외선)를 차단하기 때문에, 맑은 밤에는 지표면의 열이 빠르게 빠져나가 날씨가 더 쌀쌀해지는 것이다.

수증기는 가시광선을 거의 흡수하지 않지만, 스펙트럼의 적외선 영역에서 상대적으로 높은 흡수율을 보이는 특정 대역이 있다. 일부 파장이 적외선 영상IR imaging에 더 적합한 것은 이 때문이다. 또한 건조한 기후에서 맑은 밤이 특히 더 추운 것도 바로 이 때문이다. 이와 유사하게, 이산화탄소(CO_2)도 태양광은 통과시키면서 열을 가두는 성질을 가지고 있다. 수증기와 이산화탄소는 대표적인 온실가스 greenhouse gases로 알려져 있는데, 특히 이산화탄소는 수증기와 달리 대기 중에서 순환하지 않기 때문에 더욱 문제가 된다.

적외선은 가시광선보다 파장이 더 길어 연무, 안개, 연기, 먼지에 흡수되지 않고 그것들을 잘 투과한다. 우리가 흔히 사용하는 백린White Phosphorus이 만들어내는 연기는 가시광선을 효과적으로 차단하지만, 이 입자들은 너무 작아서 적외선은 효과적으로 차단하지 못한다. 따라서 열영상조준경thermal sight은 연기를 투과해 관측할 수 있어 명백한 전술적 이점을 제공한다. 그러나 나뭇잎은 파장보다 훨씬 크기 때문에 적외선은 나뭇잎에 의해 차단된다. 레이더는 밀리미터에서 미터 단위의 긴 파장을 사용하며, 기본적으로 구름 등의 영향을 받지 않고 큰 빗방울에 의해서만 영향을 받으며 일부 나뭇잎을 투과할 수도 있다. 이러한 모든 파동은 건물 벽과 같이 충분히 크고 밀도가 높은 물체에 의해 차단된다.

동일한 물리 법칙이 안테나에도 적용된다. 안테나가 특정 방향으로 전파를 송출하거나, 특정 방향에서 오는 전파만을 수신하려면, 안테나의 크기가 사용되는 파장보다 훨씬 커야 한다.

CHAPTER 4
통신
Communiscations

개요

통신 링크$^{Communication\ links}$[43]는 어떤 통신 링크냐에 따라 안테나 크기, 출력 수준, 잡음 수준, 전송 손실, 데이터 전송 속도, 그리고 통신 거리가 다를 수 있다. 어떤 통신 링크든 이러한 요소들 사이에서 항상 절충이 필요하며, 이러한 요소 간의 균형을 조정하는 과정을 링크 버짓$^{link\ budget}$[44]이라고 한다. 드론 운용자가 드론을 제어하는 데 사용하는 통신 링크는 좌/우나 상/하 같은 명령뿐만 아니라 드론에서 측정된 원격측정 데이터$^{telemetry\ data}$를 운용자에게 전송한다. 따라서 이러한 통신 링크는 데이터 전송 속도가 낮을 수 있다. 이는 일반적으로 통신 링크의 범위가 길고 재밍(전파방해)에 강하다는 것을 의미하므로 중요하다. 실제로는 그렇지 않을 수도 있지만 원칙적으로는 그럴 수 있다.

드론이 찍은 영상을 운용자에게 전송하는 통신 링크는 압축 영상의 경우 1~5Mbit/s 정도의 높은 데이터 전송 속도가 요구된다. 사용 가능한 데이터 전송 속도는 전송할 수 있는 영상의 해상도와 프레임 속도를 제한한다. 데이터 전송 속도가 높다는 것은 곧 높은 대역폭이 필요하다는 것이며, 이는 일반적으로 짧은 통신 범위나, 재밍에 더 취약하다는 것을 의미한다.

---

[43] 통신 링크: 일반적으로 2개 이상의 통신 매체가 데이터 전송을 위해 사용하는 여러 종류의 정보 전송 경로를 말한다. 링크는 유·무선과 같이 물리적으로 생성될 수도 있고, 여러 링크를 묶어(터널링, 오버레이 기법 등) 가상으로 생성할 수도 있다.

[44] 링크 버짓: 무선 통신에서 정상적인 서비스를 위하여 최대한으로 가능한 신호 감쇄를 고려하여 링크를 설계하는 일. 송수신이 잘 이루어지도록 매체, 감도, 잡음 따위를 조정하는 작업이 이루어진다.

이 2개의 통신 링크(드론 제어용 통신 링크와 영상 전송용 통신 링크)는 동일한 주파수 대역과 신호 방식$^{signaling\ methods}$을 사용하거나, 완전히 다른 주파수 대역과 신호 방식을 사용할 수도 있다.

드론이 촬영한 영상은 전송 여부와 관계 없이 드론이 기지로 복귀한 후 확인할 수 있도록 드론에 저장된다. 녹화되는 영상의 화질을 결정하는 해상도나 프레임 속도는 오로지 카메라의 성능에 달려 있다. 하지만 사용자가 드론이 복귀할 때까지 기다려야만 영상을 다운로드할 수 있다는 것은 명백한 단점이다.

데이터 전송 속도의 제한을 해결하는 또 다른 방법은 드론에서 가능한 한 많은 양의 영상을 분석하는 것이다. 이렇게 하면 전체 영상을 전송할 필요 없이, 분석 결과만 전송하면 된다. 전송되는 데이터는 짧은 텍스트 메시지일 수도 있으며, 경우에 따라 정지 이미지(스틸 이미지)가 첨부된 메시지일 수도 있다.

●

지상파 링크

지상파 링크$^{Terrestrial\ Links}$는 일반적으로 가시선$^{line-of-sight}$[45]이다. 몇 킬로미터 범위의 통신은 비교적 쉽게 구현할 수 있다. 그러나 더 먼 거리에서

---

[45] 가시선: 송신기와 수신기 사이에 장애물이 없는 전파 경로. 무선통신에서 송신 안테나와 수신 안테나 간의 경로가 직선으로 양쪽에서 서로 눈에 보이는 것을 말한다. 가시선을 확보하기 위해서는 중간에 장애물이 없어야 하며, 장애물이 있으면 송신기 또는 수신기가 서로 보이도록 높은 지점에 안테나를 설치하거나 안테나의 높이를 조절하여야 한다.

통신하려면, 신호가 지형에 의해 차단되지 않도록 드론이 일정한 최소 고도 이상에서 비행해야 한다.

단거리 통신 링크는 핸드헬드 컨트롤러$^{handheld\ controller}$46의 안테나를 사용할 수 있다. 다음 단계로는 휴대용$^{man\text{-}portable}$ 안테나를 사용하는 것이며, 장거리 통신 링크의 경우 일반적으로 지붕에 안테나가 있고 운용자가 탑승한 군용 차량이 사용된다. 초장거리 통신의 경우, 지구 곡률$^{curvature\ of\ the\ earth}$47이 문제가 된다. 고도 1만 m에서 수평선까지의 거리는 약 400km 이상, 고도 5,000m에서는 약 250km, 고도 1,000m에서는 약 110km이다. 이러한 제한 내에서는 다양한 방식의 통신이 가능하지만, 결국 그것은 송신기의 성능과 안테나의 크기에 달려 있다.

중계기를 사용하면(예를 들어 다른 드론들과 네트워킹하면) 비가시선$^{non\text{-}line\text{-}of\text{-}sight}$ 통신이 가능하다. 그러나 이 방식은 링크의 복잡성을 증가시키며, 전투 상황에서 안정적으로 운용하기 어려울 수 있다. 또한, 저주파 무선신호를 사용하면 저주파 무선신호가 지구 곡률을 따르는 경향이 있기 때문에 가시선 범위를 훨씬 넘는 통신 범위를 확보할 수 있다. 그러나 비디오 링크는 높은 무선 주파수에서만 사용할 수 있는 높은 대역폭을 필요로 한다.

---

46 핸드헬드 컨트롤러: 손에 들고 조작하는 조종장치로, 주로 드론, 로봇, 게임 콘솔, 또는 기타 원격제어장치를 조작하는 데 사용된다. 특히 드론 분야에서는 조종사가 드론의 비행을 직접 제어할 수 있도록 설계된 휴대용 조종장치를 가리킨다.

47 지구 곡률: 지구가 둥글기 때문에 나타나는 특성으로, 먼 거리에 있는 물체가 지표면을 따라 수평선 아래로 사라지면서 시야에 있는 물체가 가려지는 현상을 지구 곡률 효과라고 한다.

상업용 드론에서 특히 많이 사용되는 주파수 대역은 라이선스가 필요 없는 산업·과학·의료용의 ISM 대역이다. ISM 주파수 대역에는 433.05~434.79MHz, 860~869MHz, 902~928MHz, 2.4~2.4835GHz, 5.725~5.875GHz 등이 포함된다. 드론은 원칙적으로 다양한 아마추어 무선 주파수 대역도 사용할 수 있지만, 이는 허가받은 운영자가 비상업적으로 사용하는 데 한정된다.

셀룰러 네트워크Cellular network[48]는 특별한 경우이다. 전투 지역, 특히 적이 점령한 지역에서는 사용이 제한되어야 하지만, 그 보급률이 매우 높기 때문에 여전히 접근이 가능할 수도 있다. 만약 접근이 가능하다면, 이동통신 네트워크는 널리 사용되기 때문에 재밍을 당하는 경우가 거의 없으므로 실제로는 매우 안정적일 수 있다. 반면에 이동통신 네트워크는 관련 군 기관부터 아마추어 무선 사용자, 그리고 이동통신 서비스 제공자와 계약한 상업적 이해관계자들까지 들을 가능성이 있다는 점을 염두에 두어야 한다.

위성 링크

위성이 지평선 위로 충분히 높이 위치해 있다면, 지형에 의해 통신 링크가 차단되지 않는다. 위성 링크Satellite Links는 대부분 Ku와 Ka 대역과

---

[48] 셀룰러 네트워크: 기지국을 통해 여러 개의 휴대전화를 연결하여 이동 중에도 인터넷을 사용하고, 전화 통화를 하며, 메시지를 주고받을 수 있도록 하는 무선 네트워크이다.

●●● MQ-9 리퍼(Reaper)에 장착된 위성 통신 안테나의 모습. 〈사진 출처: WIKIMEDIA COMMONS | Public Domain | Photo by NASA)〉

같이 파장이 짧은 초고주파 대역을 사용한다. Ku 대역은 12~18GHz (파장 25~17mm), Ka 대역은 27~40GHz(파장 11~7.5mm)이다. 이러한 주파수에서 안테나는 소형 드론에 장착할 수 있을 만큼 충분히 작으면서도 여전히 많은 이점을 줄 수 있다. 또한, 이와 같은 높은 주파수에서는 높은 대역폭이 제공된다.

드론과 관련된 위성 궤도는 저궤도$^{LEO,\ Low\ Earth\ Orbit}$와 정지궤도$^{GSO,\ Geo\text{-}Stationary\ Orbit\ 또는\ GEO}$, 이 두 가지 유형이 있다. 저궤도 위성은 최소 300km 이상의 고도에서 지구를 돌고 있다. 더 낮은 고도로도 운용할 경우에는 대기 항력$^{atmospheric\ drag49}$이 커져 수명이 짧아진다. 위성은 명령 받은 만큼 높은 고도로 올라갈 수 있지만, 거리가 멀어질수록 더 강력한 통신 링크가 필요하다.

정지궤도 위성은 적도 상공 3만 5,786km 고도에 위치한다. 이 고도에서는 위성이 지구 자전 속도와 동일한 속도로 공전하기 때문에, 지구에서 보면 항상 같은 위치에 고정된 것처럼 보인다. 정지궤도는 항상 적도 상공에 있다. 만약 적도에서 벗어나면, 궤도가 달라져 위성이 정지해 있는 것처럼 보이지 않게 된다.

저궤도 위성의 장점은 위성과의 거리가 훨씬 짧아, 더 낮은 출력의 송신기와 더 작은 안테나를 사용할 수 있다는 것이다. 그러나 저궤도 위성의 경우는 통신 가능 범위^{coverage}가 좁아서 지속적으로 통신하기 위해서는 수천 개 이상의 위성이 필요하기 때문에 비용이 많이 드는 단점이 있다. 또 다른 단점은 저궤도 위성이 매우 빠르게 이동하기 때문에, 안테나가 어느 정도 지향성^{directivity50}과 지향성 이득$^{directivity\ gain51}$을 가지려면 반드시 이를 추적할 수 있어야 한다는 것이다.

정지궤도 위성의 장점은 하나의 위성만으로도 위성 통신이 가능하다는 것이다. 또 다른 장점은 위성이 알려진 위치에서 정지해 있어 추적이 용이하다는 것이다. 가장 큰 단점은 거리인데, 달까지의 거리의 10

---

49 대기 항력: 물체의 상대적 움직임에 반해 작용하는 대기 마찰력.

50 지향성: 빛이나 전자기파, 음파 따위의 세기가 방향에 따라 변하는 성질. 파장이 짧을수록 두드러지게 나타난다.

51 지향성 이득: 안테나에서 어느 방향으로 방사되는 전파의 방사 전력 밀도와 그것을 전방향에 대해서 평균한 값과의 비(Gd)를 데시벨로 표시한 것이다.

●●● MQ-9 리퍼를 원격조종하고 있는 영국 공군(RAF) 조종사. 〈사진 출처: WIKIMEDIA COMMONS | Open Government Licence version 1.0 (OGL v1.0). | Photo by SAC Andrew Morris〉

분의 1 정도이다. 이로 인해 최소 240밀리초의 추가 왕복 지연이 발생한다. 드론을 조종할 때 이러한 지연은 영상 피드와 제어 채널 모두에서 발생하며, 전체적인 제어 지연은 1초 이상으로 증가할 수 있다. 이 거리는 더 강력한 송신기, 대형 안테나, 감소된 대역폭이 필요하다는 것을 의미한다. 빔을 좁은 영역에 집중시킬 수 있는 대형 안테나를 위성에 장착하면 이러한 문제를 완화할 수 있다. 그런 다음 필요한 경우, 위성을 궤도의 다른 위치로 이동시켜서 해당 영역 주위를 돌도록 할 수 있다. 거리가 멀다는 제한에도 불구하고, 정지궤도 위성을 통한 영상 스트리밍이 소형 드론에서 성공적으로 시연된 바 있다.

정지궤도 위성과 저궤도 위성은 둘 다 고위도에서 운용하기에는 문제가 있다. 정지궤도 위성의 경우는 단순한 기하학적 문제로 인해 정

네트워킹

가장 단순한 형태의 네트워킹Networking은 특정 드론과 특정 운용자 간의 일대일one-to-one 통신 링크이다.

또 다른 형태의 네트워킹은 일대다one-to-many 방식으로, 하나의 기지국이나 위성이 동시에 여러 드론과 통신하는 경우이다. 대표적인 예로는 휴대전화와 와이파이가 있다.

가장 강력한 형태의 네트워킹은 다대다Many-to-Many 방식으로, 누구나 언제든지 서로 통신할 수 있다. 이것이 인터넷이 제공하는 기능이다. 오늘날 네트워킹의 궁극적인 목표는 인터넷에 연결할 수 있는 능력을 갖추는 것이다. 이 목표는 드론을 포함한 다양한 군사장비에도 적용된다. 이를 위해서는 다양한 인터넷 프로토콜을 사용하는 데 방해가 되지 않는 방식으로 통신을 구성해야 한다. 기본적인 인터넷 프로토콜은 IPInternet Protocol라고 부른다. 여기에 더해 전송 제어 프로토콜TCP, Transmission Control Protocol이나 사용자 데이터그램 프로토콜UDP, User Datagram Protocol[52]이 사용된다. 전송 제어 프로토콜TCP은 모든 데이터 패킷이 정상적으로 수신되었는지 확인하는 기능을 제공한다. 사용자 데이터그램 프로토콜UDP은 확인 기능을 제공하지 않지만 오버헤드overhead[53]가 적기 때문에 영상처럼 패킷 드랍packet drop[54]이 허용되는 연속적인 데이터 스트림data stream[55]을 위해 흔히 사용된다. 인터넷이 제대로 연결되어 있으면, 수많은 작업과 목적을 위한 모든 종류의 네트워킹이 가능해진다.

한 국가의 군대는 일반적으로 수백 가지의 서로 다른 통신 시스템을 보유하고 있다. 이러한 시스템을 하나의 네트워크로 연결하는 것은 단순히 기술적인 문제뿐만 아니라 보안 문제, 그리고 종종 수반되는 경제적·정치적 이유 때문에 대체로 어렵다.

지궤도 위치가 위도 81도 이상에서는 지평선 아래로 내려간다. 저궤도 위성의 경우는 주로 유용성과 경제성 문제로 인해 위도 55도 이상에는 북유럽 국가를 제외하고는 인간이 거주하는 곳이 거의 없다.

위성을 사용할 경우, 지상통제소가 전선으로부터 멀리 떨어져 있을 수 있다. 일반적인 지상통제소는 공군 기지 내 사용되지 않는 공간에 컨테이너 형태로 설치된다.

위성이 실시간 영상 전송을 처리할 필요가 없다면 모든 것이 훨씬 쉬워진다. 만약 음성 통신만 필요하다면, 시중에 이용할 수 있는 위성 단말기는 많이 있다. 이 위성 단말기는 약간 더 견고한 안테나가 달렸다는 점만 빼고 나머지 부분은 휴대전화와 비슷하게 생겼다.

예를 들어 짧은 문자 메시지만 전송하는 정도로 요구사항이 더 낮아진다면, 그것에 필요한 전자장비는 일반적인 휴대전화나 다른 소형 기기 안에 충분히 넣을 수 있다.

피아식별

드론을 탐지·대응·격추할 때, 목표 지역을 오가는 아군 드론을 실수로 격추하지 않는 것이 중요하다. 군인들은 드론을 몹시 싫어하는 경향이 있어 눈에 보이는 것은 무엇이든 쏠 수도 있기 때문이다.

드론이 작거나 멀리 있는 경우 육안 식별이 불가능한 경우가 많으며, 해상도가 낮은 열감지장비를 사용하는 경우에는 육안 식별 가능성이

---

52 사용자 데이터그램 프로토콜: 인터넷에서 데이터를 빠르게 보내기 위해 사용하는 통신 방식 중 하나로, 받는 쪽이 제대로 받았는지 확인하지 않는 '간단하고 빠른 방식'이다. 동영상 스트리밍이나 온라인 게임처럼 속도가 중요한 서비스에 자주 쓰이며, 오류나 손실이 생겨도 자동으로 다시 보내지 않기 때문에 신뢰성은 낮지만, 지연 시간이 적고 처리 속도가 빠른 것이 특징이다.

53 오버헤드: 어떤 명령어를 처리하는 데 들어가는 간접적인 처리 시간이나 메모리 등을 말한다.

54 패킷 드랍: 과도한 패킷이 유입될 경우 저장할 버퍼 공간이 부족할 때 패킷 손실이 발생하는데, 이를 패킷 드랍이라 한다.

55 데이터 스트림: 데이터 네트워크에서 특정 형식으로 송수신되는 데이터의 흐름을 말한다.

더욱 낮아진다. 물론, 레이더를 사용하는 경우에는 육안으로 식별할 수 있는 방법이 전혀 없다. 반면, 레이더의 신호를 정밀하게 처리하면 목표물의 특성에 대한 유용한 정보를 얻을 수도 있다.

피아식별$^{IFF, Identification\ Friend\ or\ Foe}$은 오래된 문제이며 여전히 중요한 과제로 남아 있다. 일반적인 해결 방법은 피아식별장비$^{IFF\ equipment}$[56]를 사용하는 것이다.

전형적인 피아식별장비 사용 사례에서 피아식별을 위한 질문은 사전에 정한 무선 주파수를 통해 송신된다. 목표물로 추정되는 대상이 올바르게 암호화된 응답을 하면 아군으로 간주된다. 반대로, 어떠한 이유로든 응답이 없을 경우 적군으로 간주된다.

이 경우, 질문을 보내는 측과 목표물 모두가 적절한 피아식별장비를 갖추고 있어야 하며, 피아식별장비가 정상적으로 작동하도록 올바르게 설정되어 있어야 하고, 의도치 않은 질문에 무심코 응답하는 아군이 근처에 없어야 한다. 마지막 문제는 응답에 응답자의 신원과 위치 정보를 포함하게 함으로써 해결할 수 있다.

또 다른 접근방식은 해당 지역 내 모든 아군의 위치를 실시간으로 업데이트하는 '우군위치추적장치$^{BFT, Blue\ Force\ Tracker}$'[57]와 같은 시스템을 사용

---

[56] 피아식별장비: 군사용으로 사용하는 보조 감시 레이더의 일종으로 항공기, 선박, 전차, 지상 레이더 기지 따위에 설치하여 항공기, 사람, 항적, 고도 등의 피아 식별을 하는 장비이다. 지상 혹은 요격기로부터의 질문기와 장치 내 응답기로 구성된다. 질문기는 보통 레이더와 연동하여 정해진 부호 전파를 목표물을 향해 발사한다. 응답기는 수신한 부호 전파를 해독해 다른 정해진 부호 전파로 응답한다. 응답이 없거나 정해진 부호에 의한 응답이 아닐 경우, 적이거나 아군이 아닌 것으로 판단한다.

[57] 우군위치추적장치: 전술 인터넷을 구축하여 우군의 위치와 이미 식별된 적군이나 장애물의 위치를 위성을 통해 실시간으로 우군과 공유하고 컬러 터치 스크린 디스플레이에 표시할 수 있다. 이러한 시스

하는 것이다. 이는 훨씬 더 큰 문제를 해결하기 위한 해결책이지만, 부수적인 효과로 부분적으로 피아 식별 문제를 해결하는 데 도움이 된다.

소형 전술 드론의 경우, 피아식별장비를 사용하는 것은 비실용적이고 비경제적일 수 있다.

●
우군위치추적장치

우군위치추적장치BFT, Blue Force Tracker의 목적은 우군 부대가 주변의 다른 우군에게 자신의 위치와 현재 수행 중인 임무를 알리기 위한 것이다. 또한 확인된 적군의 위치와 부대 유형도 이 시스템에 입력된다. 이를 통해 지휘관은 전장 상황을 파악할 수 있는 지도를 확보할 수 있다. BFT는 원래 특정한 시스템을 지칭했지만, 오늘날에는 다양한 지휘계층에서 일반적인 '우군 위치 추적blue force tracking' 기능을 구현하는 여러 시스템이 존재한다. 어떤 시스템을 사용하든 NATO의 전술 기호 체계에서는 아군을 파란색으로 표시한다.

드론이 이 정보를 직접 활용하는 경우는 드물지만, 드론 운용자는 자신이 사용하는 통신 링크를 통해 이 시스템에 연결되어 있는 것이 일반적이다.

템은 공통된 전장 상황도를 제공하는 동시에 상급 사령부가 개별 차량 수준까지 전투를 미시적으로 관리할 수 있게 해준다.

항공교통관제

항공교통관제$^{ATC,\ Air\ Traffic\ Control}$는 우군위치추적과 관련이 있지만, 주로 민간 또는 군용 항공기에 초점이 맞춰져 있다. 항공교통관제의 주요 목적은 항공교통 감시이며, 충돌 방지는 부차적인 목적이지만 이를 전문적으로 담당하는 별도의 시스템이 존재한다. 이외에도 항공기와 지상 관제소 간의 메시지 교환을 처리하는 또 다른 시스템들도 존재한다.

항공교통관제는 전통적으로 레이더를 사용해왔지만, 점차 무선통신 기반 체계로 전환되고 있다. 주요 시스템은 자동종속감시방송$^{ADS-B,}$ $^{Automatic\ Dependent\ Surveillance-Broadcast[58]}$이다. 이 시스템에서는 항공기가 자신의 식별 정보, 위치, 고도, 속도 등을 지속적으로 송출하는 무선 장비를 갖추고 있다. 이를 통해 지상이나 다른 항공기에 자동종속감시방송 수신기가 있는 경우, 주변의 항공교통 상황을 실시간으로 확인할 수 있다. 예를 들어, 플라이트레이더24$^{Flightradar24[59]}$와 같은 서비스는 이 정보를 수집하여 웹에서 제공하고 있다.

군용 항공기는 민간 항공기와 공존해야 하므로 종종 자동종속감시방송

---

[58] 자동종속감시방송(ADS-B): 일반적으로 항공기 또는 지상차량에 장착된 GNSS 수신기 및 GPS로부터 얻어진 자신의 위치정보 및 기타 정보를 데이터 링크를 통해 규정된 시간 간격에 따라 지상·공중에 방송한다. 이 정보는 지상의 항공교통관제국과 항공기의 비행정보 디스플레이(CDTI, Cockpit Display Traffic Information)에 정확하고 폭넓은 자료를 보여준다. 이 때문에 공항 지상의 항공기, 차량뿐만 아니라 250NM 이내 항로상을 비행하는 항공기의 비행 정보와 상태 정보를 실시간으로 감시가 가능한 새로운 항공 감시 개념이라고 할 수 있다.

[59] 플라이트레이더24: 지도에 실시간 상용 항공기 비행 정보를 보여주는 스웨덴의 인터넷 기반 서비스이다.

송신기와 수신기를 장착하고 있다. 물론, 작전상 신중함이 요구되는 상황에서는 자동종속감시방송 송신기를 꺼두는 것이 일반적이다. 드론은 상대적으로 크기가 작지만, 여전히 다른 항공기에게 안전상의 위험 요소가 될 수 있기 때문에 종종 자동종속감시방송 송신기를 탑재하기도 한다.

●

원격식별

민간 드론은 사생활을 침해하고 안전을 위협하며, 심지어 범죄에 사용되고, 때로는 법 집행이나 국가안보를 방해한다는 이유로 악명이 높다. 이와 동시에 상업용 드론 운용이 보편화됨에 따라 정부의 규제 강화는 피할 수 없는 흐름이 되고 있다.

현재 많은 국가에서 대부분의 민간 드론에 원격식별$^{RID,\ Remote\ ID}$(원격 ID)[60]을 의무화하고 있다. 드론은 운용 중에 와이파이나 블루투스처럼 미리 정해진 주파수를 통해 자신의 식별 정보, 위치, 고도, 속도, 이륙 지점, 그리고 운용자의 위치를 지속적으로 송출해야 한다. 신호가 닿는 거리는 짧지만, 적절한 장비(예를 들면, 적절한 앱이 설치된 휴대전화)만 있으면 누구든 이 신호를 수신하여 해당 지역에서 활동 중인 드론을 식별할 수 있다. 원격식별을 위해서는 자동차 번호판이나 항공기 등록 코드처럼 드론을 국가 데이터베이스에 등록해야 하는데, 이때 드론

---

60 원격식별(원격 ID): 비행 중인 드론이 다른 주체들이 식별할 수 있도록 공중 신호를 통해 식별 정보와 위치 정보를 제공하는 능력을 의미한다.

소유자나 운용자 정보도 함께 등록해야 한다.

드론 취미 사용자들은 대체로 원격식별을 반기지 않지만, 대부분 그 필요성을 인정하고 있다. 주요 시장에서 원격식별이 의무화됨에 따라 민간 드론에 기본적으로 원격식별 기능이 탑재되고 있다. 그러나 이러한 기능은 민간 드론을 군사적 용도로 사용하는 것을 더욱 복잡하게 만들고 있다.

●
전술 데이터 링크

전술 데이터 링크Tactical Data Links[61]의 목적은 각 부대가 임무 수행 중에 협력할 수 있도록 하는 것이다. 대표적인 활용 사례는 인근에 있는 항공기, 차량, 함정 간에 목표물 정보를 공유하는 것이다.

단순한 문자 메시지 전송부터 이미지 및 영상 전송에 이르기까지 다양한 기능을 가진 전술 데이터 링크가 많이 있다. 일부는 상당히 오래되었다. 주어진 한 전술 데이터 링크는 일반적으로 서로 다른 기능을 가진 여러 버전이 있다. 가장 잘 알려진 전술 데이터 링크 중 하나는 Link 16으로, Link 16는 960~1,215MHz 대역을 사용하며, 대부분의 이와 같은 링크처럼 전방향Omnidirectional 통신 방식을 채택하고 있다.

다기능 첨단 데이터 링크MADL, Multifunction Advanced Data Link[62]는 지향성 안

---

[61] 전술 데이터 링크: 디지털화된 전술 정보를 감시 정찰, 지휘 통제, 정밀 타격 체계 간 상호 운용성에 이용하기 위해 디지털 전술 정보를 실시간으로 연동하는 기술이다.

[62] 다기능 첨단 데이터 링크: 조종사들이 부여된 임무를 수행하는 데 필요한 다른 공중, 해상 및 지상

테나directional antenna⁶³를 사용하는 특수한 유형의 링크이다. 지향성 안테나를 사용하는 이유는 적이 신호를 탐지하지 못하도록 하기 위해서이다. 다기능 첨단 데이터 링크는 스텔스 항공기(그리고 아마도 스텔스 드론)에서 사용되도록 설계되었다. 안테나를 설치할 수 있는 물리적 공간이 제한되어 있기 때문에 더 높은 주파수 대역이 사용된다. 극단적인 사례는 레이저를 사용하여 드론과 통신하는 것이다. 이는 우수한 스텔스 성능과 매우 높은 대역폭을 제공하지만, 몇 가지 문제가 있다. 가장 큰 문제는 수신 차량이 신호 전파를 계속 수신할 수 있도록 해야 하는데, 구름, 비, 안개 또는 난기류의 존재 가능성으로 인해 그것이 한층 더 어렵다는 것이다. 우주에서 위성 간 통신에 레이저를 사용하는 기술은 이미 성숙한 단계에 이르렀지만, 레이저가 대기를 통과하게 하는 것은 전혀 다른 문제이다. 드론은 종종 운용자를 거치지 않고 전술 데이터 링크를 직접 활용해 드론이 포착한 목표물의 영상을 전장에서 다른 부대와 공유하는 등의 작업을 수행한다.

상호 호환되지 않는 전술 데이터 링크가 많기 때문에 이들 간의 데이터 변환이 필요할 뿐만 아니라 네트워크(또는 네트워크들의 네크워크⁶⁴)에서 노드node⁶⁵ 역할을 할 무언가가 필요하다.

플랫폼뿐만 아니라 다른 공격 임무를 수행 중인 기체와 데이터를 공유할 수 있는 데이터 링크이다.

63 지향성 안테나; 특정한 방향으로 세게 전파를 방사하거나, 특정한 방향에서 오는 전파를 특히 잘 받아들일 수 있도록 설계된 안테나이다.

64 네트워크들의 네트워크: 여러 소규모 네트워크들을 연결해주는 더 크고 광범위한 네트워크(연결체)를 말한다.

65 노드: 데이터 통신망에서 데이터를 전송하는 통로에 접속되는 하나 이상의 기능 단위이다. 주로 통

모든 것을 서로 연결하고, 이를 신속하고 안전하게 수행하는 것은 매우 어려운 과제이다. 일부 군대는 이러한 문제를 다른 군대보다 더 효과적으로 해결하고 있다. 실제 전장에서 벌어지는 일들은 외부 관찰자들의 놀라움을 자아내기도 하는데, 이는 대개 이러한 네트워크 문제를 해결하는 데 얼마나 많은 노력을 기울였는지에 달려 있다.

정보 교환

상호운용성Interoperability은 작동하는 통신 링크를 구축하는 것보다 훨씬 더 복잡한 문제이다. 가장 어려운 부분은 교환되는 정보의 실제 의미, 즉 정보의 의미론적 해석이다. 이것을 모르면 전화는 있지만 현지 언어를 모르는 것과 같은 상황이 될 수 있다. 연결된다는 것은 소통할 수 있다는 것과는 다르다.

기본적인 예로 '위치position'라는 개념을 생각해보자. 위치를 나타내는 방법에는 다양한 유형의 기준틀frames of references 및 다양한 좌표계coordinate system가 존재하며, 이들 간의 변환은 간단하지 않을 수 있다. '속도speed'도 마찬가지이다. 어떤 단위를 사용하는가? 공중 기준인가, 지상 기준인가? 만약 지상 기준이라면, 어떤 좌표계가 사용되고 있을까? 방향이 주어진다면, 그것은 진북true north[66] 기준인가, 자북magnetic north[67] 기준인가? 더 복잡한 예로 '지도'의 개념을 생각해보자. 이 지도는 2차원인가, 3차원인가, 아니면 둘이 혼합된 형태인가? 지리적 객체를 설명하기 위해 지리적 객체 또는 그래픽 객체의 의미가 사용되고 있는가? 그래픽 또는 지리적 객체의 어떤 의미가 사용되고 있는가(그리고 얼마나 많은 부분이 다른 시스템에서 사용하는 의미로 변환되어야 할까)? 객체 집합, 즉 어휘를 선택하는 것은 쉽다. 문제는 그게 아니다. 문제는 모든 사람들이 이를 조금씩 다르게 사용한다는 점이다.

신망의 분기점이나 단말기의 접속점을 이른다.

[66] 진북: 지구 자전축을 기준으로 실제 북극이 있는 방향이다. 모든 지도에서 북쪽은 진북을 기준으로 표시된다.

[67] 자북: 지구 자기장이 가리키는 북쪽이다. 이는 북극과 정확히 일치하지 않으며, 지구 자기장이 변하므로 자북 위치는 시간에 따라 변한다.

> 인간과 인간 사이의 의사소통은 다소 부정확하고, 정밀하지 못해도 어느 정도 그것을 허용하는 탄력성resilience이 있기 때문에 의사소통이 가능하다. 반면, 컴퓨터 시스템 간의 자동화된 정보 교환은 속도와 효율성 측면에서 큰 가능성을 제공하지만, 의미가 조금이라도 부정확하면 오류가 발생하기 쉽다. 제원은 상세하게 작성해야 하고, 적합성 테스트는 광범위하게 실시해야 한다. 이는 드론을 다른 시스템과 통합할 때 매우 중요한 요소가 된다.
>
> '정보 모델information model'로 알려진 공통 어휘와 의미 체계에 대한 합의는 어렵다. 정보 모델에 대해 합의하고 난 다음에는 실제 데이터 교환 형식exchange format, 파일 형식file format, 메시지 구문message syntax[68] 또는 보다 상호작용적인 통신을 위한 프로그래밍 인터페이스programming interface[69]로 매핑mapping[70]해야 한다.
>
> 여러 측면에서 정보 교환을 원활하게 하기 위해 표준을 사용하는 것은 개인의 이익을 희생하고 공통의 이익을 추구하는 것과 같다. 이 과정에서 관련 부처가 일정 부분 관여하기도 한다. 그러나 이 둘 모두 대체로 환영받지 못하는 경향이 있다. 과도한 표준화는 전체 시스템의 성능을 저하시킬 수 있고, 시스템을 취약하게 만들 수도 있다. 따라서 적절한 수준에서 표준화를 적용하고, 적절한 균형을 찾는 것이 항상 복잡한 문제로 남게 된다. 시스템과 요구 사항은 지속적으로 변화하기 때문에, 이 문제는 완전히 '해결'될 수 없는 과제로 남을 것이다.

●

대역 확산

대역 확산 기술Spread spectrum technology[71]은 군용 드론 개념 전체의 근간이 되

---

[68] 메시지 구문: 컴퓨터 시스템 간의 통신에서 메시지를 어떤 형식과 규칙에 따라 작성하고 해석할 것인지 정의하는 방법이다.

[69] 프로그래밍 인터페이스: 일반적으로 소프트웨어 또는 하드웨어가 다른 시스템과 상호작용할 수 있도록 제공하는 방법을 의미하며, 특정한 애플리케이션 간의 데이터 교환과 기능 제공을 위한 명확한 인터페이스는 API(Application Programming Interface)라고 표기한다.

[70] 매핑: 한 시스템에서 정의한 데이터를 다른 시스템이 이해할 수 있도록 변환하거나 연결하는 과정을 의미한다.

[71] 대역 확산 기술: 특정 대역폭에서 발생한 신호를 주파수 영역에서 고의로 확산시켜 원래 신호보다

는 핵심 기술이다. 대역 확산 기술은 전투 환경에서도 강력한 통신을 가능하게 한다. 이 기술은 최신 반도체를 통해 구현된 아주 새로운 기술이다. 만약 이 기술이 없었다면, 통신 링크가 너무 취약해져 다시 유인 항공기로 되돌아가는 것만이 유일한 현실적인 대안이 되었을 것이다.

대역 확산은 말 그대로 신호를 넓은 주파수 대역폭을 차지하도록 확산시키는 기술이다. 핵심은 이것을 코드를 사용해 수행한다는 것이다. 해당 코드를 알고 있는 수신기만이 넓은 주파수 대역폭에 걸쳐 확산되어 전송되는 신호를 원래 신호로 재조합할 수 있다. 반면, 재밍과 같이 해당 코드를 사용하지 않고 수신된 신호는 수신기에서 차단된다. 따라서, 코드를 모르는 수신기는 신호를 수신할 수 없다.

신호를 넓은 주파수 대역으로 확신시키는 주요 방법은 두 가지가 있다. 가장 오래된 방식은 주파수 도약 대역 확산[FHSS, Frequency Hopping Spread Spectrum][72] 방식으로, 주파수 도약은 정해진 코드에 따라 주파수 사이를 빠르게 이동하는 것이다. 주파수 도약은 원래 할리우드 배우 헤디 라마르[Hedy Lamarr]가 피아니스트 조지 앤타일[George Antheil]과 함께 공동으로 개발하여 특허를 받은 기술로, 그녀의 이름은 조지 앤타일과 함께 특허 목록에 등재되어 있다. 이들은 후에 미국 국립 발명가 명예의 전당[National

---

넓은 주파수 대역폭을 차지하게 하는 기술이다. 대역 확산 기술은 잡음의 영향이 적고 적의 재밍(전파방해) 시도가 있어도 전파 간섭에 의한 통신장애 없이 수신이 가능하고, 적이 신호를 검출하기 어렵기 때문에 정보 보호 측면에서 유리하다.

72 주파수 도약 대역 확산(FHSS): 무선 신호를 주기적으로 다른 주파수로 변경하면서 전송하는 방식으로, 특정한 패턴에 따라 빠르게 주파수를 바꿔가면서 데이터를 전송하는 기술이다. 반송파 주파수가 일정하지 않고 마치 토끼처럼 깡충깡충 뛴다고 해서 '주파수 도약'이라고 한다.

Inventors Hall of Fame에 헌액되었다. 또 다른 주요 방식은 다이렉트 시퀀스(직접 순열) 대역 확산$^{DSSS,\ Direct\ Sequence\ Spread\ Spectrum}$[73] 방식으로, 이 방식은 원래 신호에 빠른 확산 코드를 곱하여 신호 대역폭을 확장하는 방식이다. 이 경우 신호는 해당 주파수 주변의 더 넓은 대역폭을 사용하면서 일정한 주파수를 유지한다. 세 번째 방식은 '처프 대역 확산$^{CSS,\ Chirp\ Spread\ Spectrum}$'[74]으로 알려져 있는 방식으로, 이는 드물게 사용되며, 로라^{LoRa}[75] 표준에서만 주로 사용된다.

두 가지 주요 방식 중 하나를 선택하는 것은 장단점에 달려 있다. 두 방식 모두 널리 사용되며 때로는 함께 사용되기도 한다. 로라는 저전력을 사용하면서 낮은 데이터 전송 속도로 장거리 통신에 훨씬 더 특화되어 있다. 보다 구체적으로, 수십 킬로미터 범위에서 초당 바이트^{Bytes} 또는 킬로바이트^{Kilobytes} 단위의 속도로 데이터를 전송할 수 있다. 로라는 드론에서 제어 및 원격 측정^{Telemetry} 용도로 많이 사용되지만, 영상 전송에는 적합하지 않다.

신호를 충분히 넓은 주파수 대역으로 확산시키면, 노이즈 플로어^{noise}

---

[73] 다이렉트 시퀀스(직접 순열) 대역 확산(DSSS): 원래 신호를 훨씬 빠른 코드와 곱하여 신호 대역폭을 넓히는 방식으로, 신호를 특정 패턴(코드)으로 변조하여 넓은 주파수 대역으로 퍼뜨리는 기술이다.

[74] 처프 대역 확산(CSS): 주파수가 지속적으로 변화하는 처프 신호를 생성하여 신호의 대역을 확산시키는 기술이다. '처프(Chirp)'라는 용어는 'Compressed High Intensity Radar Pulse(고강도 압축 레이더 펄스)'의 약어이다.

[75] 로라: 장거리 무선 통신을 위한 저전력 광역 네트워크(Low Power Wide Area Network) 기술로, 장거리 통신이 필요하지만 전력 소비가 적어야 하는 사물인터넷 분야에서 주로 사용된다. LoRa는 WiFi나 LTE처럼 빠른 속도는 아니지만, 멀리까지 데이터를 전송하는 데 적합하다.

floor[76] 아래 가려져 올바른 코드 없이는 볼 수 없게 된다. 예를 들어, GPS는 대역 확산 기술에 의존한다. GPS 신호는 정확히 1,575.42MHz의 주파수에서 전송되지만, 그냥 보면 아무것도 보이지 않고 그저 노이즈처럼 보인다. 먼저, 올바른 코드를 정확한 코드 위치에 적용해야만 신호를 볼 수 있다. 가능한 모든 코드 위치에서 코드가 신호와 일치할 때까지 시도해봐야 하기 때문에 GPS 수신기가 첫 번째 신호를 수신하는 데는 시간이 걸린다.

대역 확산이 재밍으로부터 얼마나 잘 보호하는지는 신호가 얼마나 넓게 확산되었느냐에 달려 있다. 군용 GPS 신호를 예로 들어보자. 원래 신호 대역폭인 50Hz는 10.23MHz의 코드를 사용하여 확산된다. 이는 20만 4,600배(또는 53dB) 확산된 것과 동일한 효과를 가진다. 이제 존재하는 모든 노이즈 재밍noise jamming[77]은 필터링되어 수신기의 신호 디코딩 끝에 20만 4,600분의 1만 남게 된다.

이 수치들은 이론상으로 가능한 최대값이다. 다양한 실행상의 이유로 인해 재머 억제에는 한계가 있다. 수신기와 송신기의 설계상의 이유로 대역폭이 반송파 주파수carrier frequency에 비해 지나치게 넓어서는 안 된다. 거의 동일한 이유로 50dB 정도가 달성할 수 있는 최대 재밍 보호 수준이다. 이는 절대 넘을 수 없는 한계는 아니지만, 이를 넘어 더 높은 재밍 보호 수준을 달성하려면 시스템 설계에서 다른 부분을 희생

---

76 노이즈 플로어: 실내 공간에 잔류하는 소음이나 오디오 장비의 전기 잡음 같은 것을 말한다.
77 노이즈 재밍: 적군이 보유한 탐지장비의 수신기에 다량의 잡음을 입력하여 아군에 대한 적의 탐지를 방해하는 전자전의 한 형태이다.

해야 할 것이다.

    대역 확산 기술은 오늘날 모든 종류의 무선통신에 사용되고 있으며, 군사 통신 링크뿐만 아니라 휴대전화, 와이파이, 블루투스와 같은 민간 기술에도 널리 활용된다. 이 기술은 일정 수준의 프라이버시 보호, 간섭Interference 저항성, 그리고 전반적인 통신 안정성을 보장하기 위해 사용된다.

CHAPTER 5

무장

Weapons

레이저표적지시기

소형 드론의 경량화 옵션은 드론 자체에 무기를 탑재하지 않고 다른 시스템이 실제 무기를 발사하도록 목표물을 지정하는 것이다. 일반적인 사용 사례에서는 드론이 레이저표적지시기Laser Designators로 목표물에 레이저를 조사照射하면 아군 포병이 레이저 유도 포탄이나 미사일을 발사한다.

발사된 포탄이나 미사일은 목표물에 비교적 가까운 곳에 떨어지도록 조준되어야 한다. 탐색기seeker[78]는 반응에 필요한 시간이 짧기 때문에 조준 오차는 포탄이나 미사일이 보정할 수 있는 범위를 초과해서는 안 된다. 레이저표적지시기가 가리키는 대로 발사가 이루어져야 하기 때문에 레이저가 목표물을 조준하는 순간 탄환이나 미사일을 발사해야 한다.

레이저표적지시기는 일정한 코드에 따라 일련의 레이저 펄스를 목표물에 조사한다. 이때 사용되는 코드는 펄스 반복 주파수PRF, Pulse-Repetition Frequency[79] 유형 코드이거나 펄스 간 시간 간격, 즉 펄스 반복 주기PRI, Pulse Repetition Interval[80] 유형 코드이다. 폭탄이나 미사일 내부의 탐색기는 동일한 코드를 사용하여 레이저 펄스의 반사를 탐색한다. 따라서 레이저표

---

[78] 탐색기: 미사일이나 폭탄이 목표물을 찾아서 정확하게 유도될 수 있도록 도와주는 눈(센서) 역할을 하는 장치이다.

[79] 펄스 반복 주파수(PRF): 일정한 시간 동안 레이저나 레이더가 몇 번의 펄스를 발사하는지를 나타내는 개념으로, 특정한 패턴으로 1초에 몇 번의 레이저 펄스를 보내느냐를 헤르츠(Hz) 단위로 표현한다.

[80] 펄스 반복 주기(PRI): 펄스를 쏘고 다시 쏘기까지의 시간 간격을 말한다.

적지시기와 폭탄 또는 미사일은 반드시 동일한 코드로 설정되어 있어야 한다.

목표물에 대한 레이저 조사는 탄약이 날아오는 방향과 대체로 동일한 방향에서 이루어져야 한다. 일반적으로 레이저 반사가 레이저표적지시기 쪽으로 가장 강하기 때문이다.

레이저 빔은 레이저표적지시기의 종류와 목표물까지의 거리에 따라 일정한 폭을 갖는다. 목표물이 너무 작으면 레이저 빔이 목표물을 지나쳐 배경에 있는 물체에서 반사된다. 목표물 앞에 다른 물체가 있는 경우, 그 물체에서도 레이저 빔이 반사될 가능성이 있다.

레이저 펄스는 근적외선near-infrared 영역에 속하며, 인간의 눈에는 보이지 않는다. 일반적인 파장은 $1.064\mu m$이며, Nd-YAG 레이저[81]로 생성된다. 이러한 레이저는 구조가 단순하며, 베트남 전쟁 시대부터 사용해왔다.

레이저표적지시기의 사거리는 최대 10km 정도이며, 빔이 얼마나 넓게 퍼지는지에 따라 사거리가 제한된다. 또한, 레이저는 연기, 먼지, 안개뿐만 아니라 목표물이 레이저 펄스를 탐색기 방향으로 얼마나 잘 반사하느냐에 따라서도 영향을 받는다. 악조건 하에서 레이저표적지시기는 목표물에 더 가까이 있어야 한다.

레이저 유도 무기의 정확도는 약 2m 정도이다. 조준 오차가 허용 범

---

[81] Nd-YAG 레이저: 네오디뮴(Nd)과 이트륨 알루미늄 가닛(YAG)과 레이저를 결합한 것으로, 고체인 YAG 결정 속에 네오디뮴(Nd) 원소를 넣어서 레이저를 만들어내는 방식의 고체 레이저이다.

위 내로 유지되는 경우, 이동하는 목표물도 추적할 수 있다. 이러한 무기들은 주로 전선에서 비교적 가까운 차량을 파괴하는 데 사용된다. 차량을 파괴하는 데에는 비교적 소형 폭탄이나 미사일로도 충분하다. 그러나 레이저표적지시기의 사거리가 짧기 때문에, 전선에서 멀리 떨어진 목표물에는 적합하지 않다. 장거리 목표물의 경우, GPS 유도 무기와 같은 다른 무기가 더 적절하다.

많은 장갑차량은 일반적으로 사용되는 레이저 파장을 감지할 수 있는 감지장치를 갖추고 있다. 또한, 레이저 조사는 야간투시장치로도 볼 수 있다. 레이저 조사가 감지되면, 목표물은 위치를 변경하거나 연막탄을 발사하는 등의 방어 기동을 수행할 가능성이 크다. 또 다른 방어 방법으로는 같은 종류의 레이저를 사용하여 동일한 펄스 코드$^{\text{pulse code}82}$를 복제한 후, 다른 곳을 향하게 하여 날아오는 무기를 속이는 것이다. 펄스 반복 주파수^{PRF} 유형 코드는 복제가 비교적 쉽지만, 펄스 반복 주기 ^{PRI} 유형 코드는 복제가 훨씬 어렵다. 이러한 이유로 펄스 반복 주기 유형 코드가 개발되었다. 그러나 사용자가 너 복잡하게 여기지 않도록 펄스 반복 주기 코드를 여전히 '주파수^{Frequency}'라고 부르는 경우가 많다.

목표물이 어떤 대응책을 사용하든, 레이저 조사를 시작한 순간부터 무기가 명중할 때까지의 시간을 최대한 짧게 유지하는 것이 표준적인 운영 방식이다. 이 경우, 초기 조준 정확성이 어느 정도 요구되는데, 이

---

82 펄스 코드: 레이저 유도 무기 시스템에서 미사일이 올바른 목표를 찾도록 돕는 암호 같은 고유한 신호 패턴을 의미한다. 펄스 반복 주기(PRF, Pulse Repetition Frequency) 유형 코드와 펄스 반복 주기(PRI, Pulse Repetition Interval) 유형 코드, 이 두 가지 종류가 있다.

는 탐색기가 레이저 조사 지점을 찾는 시간이 줄어들기 때문이다. 이를 위해서는 표적지시기와 무기 플랫폼 간의 원활한 통신이 필수적이다. 만약 드론이 표적지시기 역할을 할 뿐만 아니라 직접 미사일과 같은 무기를 탑재하고 있는 경우는 조율이 쉬워진다.

레이저표적지시기를 사용할 때는 한 번에 하나의 목표물만 조준한다는 것을 의미한다. 동일한 코드를 적용해 여러 미사일을 같은 목표물을 향해 발사할 수도 있다. 표적지시기와 미사일에 올바른 코드를 설정하고 표적지시기가 정확한 타이밍에 목표물을 조준하게 하는 것은 상당히 노동집약적인 작업이다. 만약 하나의 작전에서 여러 개의 목표물을 공격해야 한다면, 그날은 상당히 바쁜 하루가 될 것이다.

수류탄 및 폭탄

비유도 폭탄 및 수류탄은 호버링하고 있는 드론에서 수직으로 투하할 수 있다. 하지만 드론이 이동 중이거나 멀티로터 또는 고정익 드론일 경우에는 폭격조준기$^{bomb\ sight}$가 필요하다. 투하 타이밍이 매우 중요하기 때문에, 폭격조준기가 드론에 내장되어 있어야 한다. 또한, 드론을 조종하는 장치는 통신 링크의 지연^{latency}으로 인해 폭격조준기로는 유용하지 않다.

폭탄에는 유도 키트$^{guidance\ kit}$를 장착할 수 있다. 꼬리날개 부분에 장착하는 유도 키트는 레이저탐색기 및(또는) GPS 수신기로 제어해 비행을 조종할 수 있는 작은 조종날개들^{fins}로 구성되어 있다. 하지만, 레이저

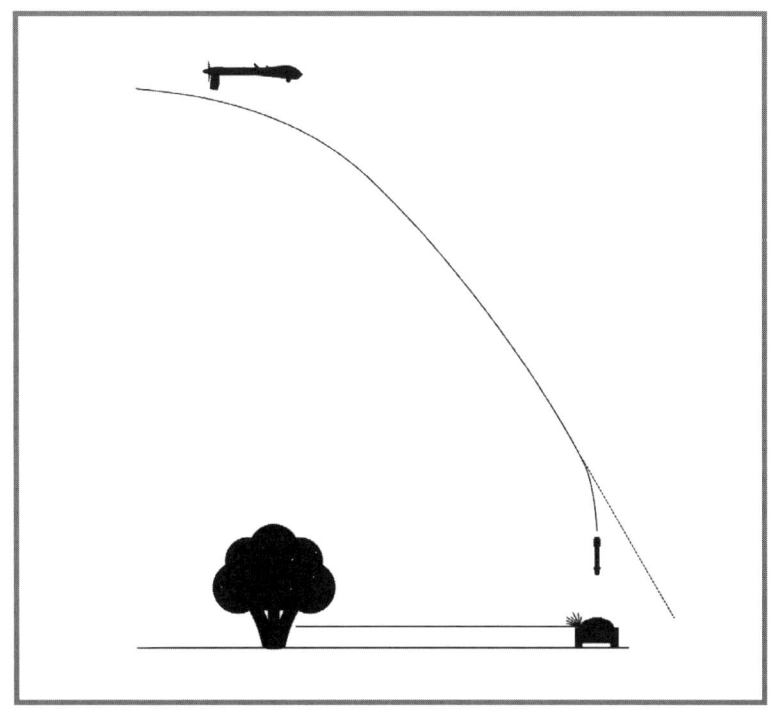

●●● 레이저 유도. 위 그림은 드론이 목표물을 향해 레이저 유도 미사일을 발사할 때 작동하는 원리를 보여준다. 미사일의 조준점은 목표물보다 약간 위쪽이었지만, 미사일이 레이저 반사 신호를 감지하여 이를 따라 목표물로 유도되었다. 만약 미사일이 제때 레이저 반사를 감지하지 못했다면, 목표물을 빗나갔을 것이다. 미사일은 레이저 빔과 대략 같은 방향에서 목표물로 접근해야 반사 신호를 감지할 수 있다. 만약 미사일이 목표물보다 조금 앞에 떨어졌을 경우, 표적지시기가 드론 바로 아래에 있으면 위험할 수 있으므로 드론은 표적지시기 바로 위가 아닌 약간 떨어진 위치에서 접근하는 것이 더 안전하다.

유도 탄약과 마찬가지로 유도 키트가 비행 경로를 조정하는 데는 한계가 있기 때문에, 여전히 목표물과 비교적 가까운 거리에서 폭탄을 투하해야 한다. 정확한 투하 거리는 고도에 따라 달라진다. 고도가 높을수록 폭탄이 비행 경로를 수정하는 데 더 많은 시간이 소요된다. 대략적인 계산으로, 폭탄의 사거리는 고도의 최대 2배 정도이다. 고속 제트기는 고도 대신 속도를 활용하여 폭탄을 목표물을 향해 투하할 수 있다.

이 방법은 사거리는 짧지만 저고도에서 접근이 가능하기 때문에 강력한 대공 방어망을 상대할 때 종종 유용하다. 특히 아군 무기의 사거리가 적 대공무기의 사거리보다 짧아서 접근이 어려운 경우에 더욱 유용한 방법이다.

정확한 유도를 위해, 공격자는 자신이 목표물보다 얼마나 높은 고도에 있는지 알아야 한다. 이를 확인하는 방법은 목표 지역의 등고선 지도를 저장해두는 방법과 레이저거리측정기를 장착하는 방법, 이 두 가지가 있다. 만약 정확한 고도 정보를 확보하지 못하면, 폭탄 투하 경로는 수직에 가까워야 하므로 목표물에 더 가까이 접근해야 한다.

레이저탐색기가 장착된 폭탄을 사용하려면, 드론은 폭탄이 목표물에 명중할 때까지 계속해서 레이저표적지시기로 목표물을 조준해야 한다. 목표물 명중은 드론이 기동하는 동안에 완료해야 한다. 반면, GPS 유도를 사용할 경우, 드론은 폭탄을 투하하기 전에 목표물의 좌표를 설정하면 된다. 폭탄이 투하된 후에는 추가적인 유도가 필요하지 않다.

날개가 장착된 폭탄은 훨씬 더 멀리 활공할 수 있기 때문에 목표물로부터 아주 멀리 떨어진, 드론 비행 고도의 최대 10배에 달하는 고도에서도 투하할 수 있다. 하지만 가장 큰 단점은 레이저표적지시기를 가지고 있거나 목표물의 좌표를 받은 다른 사람이 유도해야 한다는 점이다. 목표물에 가까이 접근하지 않아도 되어 더 안전하지만, 그만큼 높은 고도에서 비행해야 하므로 덜 안전한 면도 있다.

드론은 전장에 어떤 것이든 투하할 수 있다. 지뢰, 추적기, 도청장치, 항복지시문과 같이 상황에 가장 적합한 것을 투하할 수 있다. 아군 부상자에게는 응급처치 키트와 물을 투하할 수도 있다. 집게가 장착된 드론은 전장에서 물건을 집어 올릴 수도 있는데, 예를 들어 잃어버린 드론을 회수하는 데 사용할 수 있다. 한편, 전사한 러시아 병사에게서 노획한 무전기를 이용해 우크라이나 부대가 며칠 동안 적의 통신을 감청할 수 있었다고 한다(이 일화에 따르면, 감청만 했을 뿐 적에게 교란 명령을 내리지는 않았다고 한다).

소총과 화염방사기

소총이나 화염방사기 같은 보다 정교한 무기도 장착할 수 있다. 그러나 무게, 반동, 그리고 비용 등의 제한 때문에 이러한 무기들은 주로 대형 멀티로터 드론에 사용된다.

공대지 미사일

최소한 공대지 미사일을 탑재할 수 있을 만큼 큰 드론에 가장 널리 사용되는 선택지는 대전차 미사일이다. 대전차 미사일의 중량은 보통 약 50kg 정도이다. 이 정도면 대부분의 차량부터 전차까지 확실하게 파괴할 수 있는 탄두를 장착할 수 있는 크기이다. 이러한 대전차 미사일을 운반할 수 있는 드론은 종종 여러 기의 미사일을 탑재하기도 한다.

유도는 일반적으로 드론 자체의 레이저표적지시기를 통해 이루어진다. 레이저표적지시기는 드론에 내장될 수도 있고, 별도의 타게팅 포드

targeting pod에 장착될 수도 있다. 드론은 목표물로부터 몇 킬로미터 이내로 접근해야 한다. 그런 다음 미사일이 목표물을 향해 발사된다. 레이저는 목표물을 조준하기 시작해 타격할 때까지 계속 조준해야 한다. 조준하는 동안 드론은 레이저의 목표물 조준을 방해하는 기동을 해서는 안 된다. 또한 미사일이 목표물에서 반사된 레이저를 포착할 때까지 미사일 발사를 지연할 수도 있는데, 이를 통해 명중률을 더욱 높일 수 있다.

또 다른 유형의 미사일은 내부에 레이더 장비를 탑재하고 있다. 이러한 미사일은 사용하기 매우 간편하다. 이 미사일은 정밀한 표적 데이터 없이도 올바른 표적 방향으로 발사되며, 일단 발사되고 나면 더 이상 신경쓸 필요가 없다. 추가적인 조작 없이 자동으로 목표물을 탐색하며, 목표물을 찾지 못할 경우 저절로 폭파된다. 이는 매우 편리하지만 동시에 위험하기도 하다.

미사일에 탑재된 안테나가 달린 레이더는 그 크기가 제한적이기 때문에 해상도가 필연적으로 낮을 수밖에 없는데, 이러한 문제는 고주파 레이더를 사용함으로써 일부분 보완할 수 있다. 레이더 유도 미사일은 목표물을 찾아 파괴하려고 하지만, 해상도가 낮아 목표물을 정확하게 선별하는 능력이 떨어진다. 모든 레이더 유도 미사일은 매우 빠르지만 시력이 좋지 않아 무언가를 보기 위해 눈을 가늘게 뜨고 열심히 쳐다보는 것과 같다고 할 수 있다. 따라서 특별한 주의가 필요하며, 아군이나 민간인을 공격하지 않도록 '안전구역sandbox'을 설정하는 등의 조치가 요구된다. 브림스톤Brimstone이나 헬파이어Hellfire 미사일에 사용되는 레이더는 94GHz(=3mm 파장)에서 작동하며 약 150mm 크기의 안테나가 달려 있다. 이 경우 이론적인 해상도는 약 50×50픽셀 수준이다. 하지만 이 정도 해상도면 차량처럼 전파를 강하게 반사하는 목표물을 탐색하기에는 충분하다. 레이더의 해상도는 도플러 빔 샤프닝$^{Doppler\ Beam\ Sharpening}$[83]과 같은 기술을 활용해 향상시킬 수 있다. 이는 합성개구레이더^{SAR}와 유사한 방식으로, 미사일의 비행경로를 안테나로 활용하여 정밀도를 높이는 기법이다. 그러나 해상도와 목표물 선별 능력이 떨어지기 때문에, 이러한 미사일은 재머나 디코이, 혹은 이미 파괴된 차량에 속을 위험이 있다. 그럼에도 불구하고 미사일이 자율적으로 목표물을 탐색하는 특성을 이용하여 다수의 미사일을 동시에 발사할 수 있다. 이론적으로는 단 한 대의 항공기에서 한 번의 공격으로 적의 전차부대를 전멸시킬 수 있다.

●

공대공 미사일

대형 드론은 레이더와 미사일을 장착한 적 전투기에 취약하다. 따라서 드론은 이러한 위협에 대비해 자기 방어 능력을 갖출 필요가 있다. 실제로 현대 전투기 간의 교전은 장거리 시계외 교전$^{BVR,\ Beyond\ Visual\ Range}$인 경우가 많은데, 이 경우 사거리가 길고 성능이 뛰어난 미사일이 승패

---

[83] 도플러 빔 샤프닝: 레이더의 해상도를 높이는 기술 중 하나로, 미사일, 항공기 등 이동하는 물체가 레이더를 사용할 때, 움직이는 속도를 활용해 더 선명한 이미지를 얻는 방법이다. 미사일이나 항공기가 움직이면서 다양한 각도에서 목표물을 바라보면 차가 가까워질 때와 멀어질 때 소리가 다르게 들리는 도플러 효과를 이용해 더 정밀한 정보를 얻을 수 있다.

를 좌우한다. 조종 기술은 크게 중요하지 않다. 근접공중전^{Dogfight}이 없는 경우, 전투기의 역할은 본질적으로 공대공 미사일을 목표물에 도달시킬 수 있도록 필요한 고도와 속도를 제공하는 운반체에 가깝다. 드론은 더 높은 스텔스 성능과 지속성을 갖추면 이러한 임무를 더 적은 비용으로 수행할 수 있다.

CHAPTER 6
드론 탐지
Detecting Drones

Mk I 아이볼(Eyeball)

인간의 눈은 동물 세계에서 가장 뛰어난 눈 중 하나이며, 특히 드론을 탐지하는 데 매우 유용하다. 인간의 눈은 약 0.3밀리라디안^{milliradian}[84]의 각도 분해능^{angular resolution}[85]을 가지며, 이보다 더 높은 각도 분해능을 가진 것은 독수리와 매뿐이다. 0.3m 크기의 드론을 사용할 경우, 약 1,000m 거리에서도 육안으로 탐지가 가능하다. 그러나 실제로 소형 쿼드콥터에 대한 육안 탐지거리는 약 200m 정도에 불과하다.

인간은 수평면에서 목표물을 더 잘 탐지하는 경향이 있다. 수평면에서 주변을 살피는 것이 더 자연스럽기 때문이다. 반면, 하늘을 살피는 것은 더 의식적인 노력이 필요하다. 탐색은 오랜 시간 동안 효과적으로 수행하려면 연습과 훈련이 필요하다.

쌍안경을 사용하면 탐지거리는 증가하지만, 탐색속도는 감소하는 단점이 있다. 허용된 시간 내에 목표물 탐색을 완료하려면 여러 사람이 구역을 나눠서 각각 맡은 구역을 탐색해야 한다.

---

[84] 밀리라디안: 주로 군사 관련으로 사용되는 각도(평면각)의 단위로, 1밀리라디안은 1,000분의 1라디안이다. 라디안은 원주를 반지름으로 나눈 값이다.

[85] 각도 분해능: 서로 떨어져 있는 두 물체를 구별할 수 있는 능력을 의미한다. 주로 광학기기의 성능을 나타낼 때 사용된다.

광학 센서

광학 센서$^{Optical\ Sensors}$는 가시광선(전자광학)이나 적외선을 감지한다. 가시광선은 가시성이 좋은 낮에 유용하다. 또한, 밤의 어두운 정도와 카메라의 저조도 성능에 따라 야간에도 활용 가능하다.

드론은 주야간에 모두 적외선을 방출하는데, 이를 열 신호$^{thermal\ signature}$라고 한다. 전기 모터를 사용하는 소형 쿼드콥터는 잔디 깎는 기계와 유사한 내연기관을 사용하는 대형 드론보다 더 적은 열을 방출한다. 따라서 실제 탐지거리는 드론이 방출하는 열의 양과 열영상 카메라의 성능에 의해 결정된다.

가장 민감한 열영상 카메라는 냉각 방식을 사용하기 때문에 냉각수나 전력 공급원이 필요하다. 최고 성능의 열영상 카메라는 휴대하기에 너무 무거워 일반적으로 차량에 장착한다.

광학 센서의 가장 큰 장점은 수동형 센서[86]라는 점이다. 즉 사용 중에 자신의 존재를 드러내지 않는다는 것이다. 또 다른 중요한 장점은 재밍에 강하다는 점이다. 가장 큰 단점은 거리 정보를 제공하지 못한다는 것이다.

---

[86] 수동형 센서: 물체 자체에서 나오는 신호를 이용해 감지하는 센서를 말한다. 반면, 능동형 센서는 센서에서 임의의 신호를 내보내 반사되어 오는 신호를 분석해서 감지하는 센서를 말한다.

음향 센서

인간의 귀는 눈만큼 뛰어나지는 않지만, 드론을 탐지하는 데 여전히 유용하다. 청력을 향상시키기 위해 집음기(확대된 외이外耳 형태의 장치)를 사용할 수 있다. 이 장치는 다른 방향의 청력을 희생하는 대신 특정 방향의 청력을 향상시킨다. 항공기음향탐지장치는 1930년대에 널리 사용되었으며, 대부분의 군대가 이에 대한 연구와 개발을 활발히 진행했다. 그러나 레이더가 더 긴 탐지거리를 제공할 뿐만 아니라 탐지거리 정보까지 제공할 수 있어 더 유용한 것으로 밝혀졌다. 그럼에도 불구하고, 일부 음향탐지장치들은 제2차 세계대전 기간 동안 여전히 운용되었다.

일부 드론에 사용되는 가솔린 엔진은 소음기를 장착하지 않은 잔디 깎는 기계처럼 소음이 심하다. 드론의 가솔린 엔진 소리는 가까운 거리에서 사람이 들을 수 있다. 그러나 최신 마이크와 신호 처리 기술을 이용하면 탐지거리를 수백 미터까지 확장할 수 있다. 효과적인 신호 처리를 위해서는 대잠전ASW, AntiSubmarine Warfare에서처럼 음향 특성sound signature 데이터베이스가 구축되어 있어야 한다.

레이더에 비해 음향 센서의 가장 큰 장점은 수동형 센서라는 점이다. 따라서 적이 감청 기지의 위치를 알 수 없다. 또한, 조명 조건에 영향을 받지 않으며, 탐지를 위해 가시선line-of-sight[87] 확보가 필요하지 않다. 음향 센서는 일반적으로 비용이 저렴하다. 일반적인 휴대전화는 기본적인

---

[87] 가시선: 관측자가 물체를 직접 볼 수 있는 경로.

●●● 1939년 독일군이 사용하던 항공기음향탐지장치. 레이더가 개발되기 전인 제2차 세계 대전에서 이 장치는 엔진 소리를 듣고 접근하는 적 항공기를 탐지하는 데 사용되었다. 〈사진 출처: WIKIMEDIA COMMONS | CC BY-SA 3.0 DE〉

드론 탐지기로 활용할 수 있다.

그러나 탐지를 어렵게 만들기 위해 예를 들어 소음기^{muffler}를 사용해 드론의 음향 특성을 줄이거나 다른 방법으로 음향 특성을 조작하는 것은 쉽다. 음향탐지기는 저가이어야 하고 적이 음향 특성에 대한 조치를 취하는 데 무관심하거나 그럴 여력이 없는 틈을 노려야 하기 때문에 신속하게 배치해야 한다.

지상 기반 레이더

드론은 일반적으로 작고 느리게 움직이는 목표물이다. 표준 도플러 레이더$^{Doppler\ radar}$[88]는 움직이는 목표물의 도플러 편이$^{Doppler\ shift}$[89]를 이용하여 배경 반사파와 목표물 반사파를 구별한다. 그러나 드론의 속도가 느릴 경우, 도플러 편이가 작아져 탐지가 어려워진다. 특히 구형 레이더 시스템은 전자 장치의 성능이 떨어지기 때문에, 도플러 편이가 작은 목표물을 탐지하기 어렵다. 게다가 드론 자체가 크기가 작아서 반사파가 약하기 때문에, 구형 레이더로는 드론을 탐지하기 더욱 어려울 수 있다.

최신 레이더 시스템은 향상된 전자 기술을 바탕으로 작고 느리게 움직이는 목표물을 훨씬 더 효과적으로 탐지할 수 있다. 현재는 드론 탐지가 가능한 다양한 레이더 시스템이 존재한다. 일반적인 드론 탐지 레이더 시스템은 X-대역에서 작동하는 여행용 가방 크기의 레이더가 주·야간 카메라(경우에 따라서 열영상 카메라도 함께)가 연결된 회전식 마운트 위에 장착되어 있다. 이러한 레이더 시스템 중 다수는 재머도 포함하고 있다.

---

[88] 도플러 레이더: 도플러 효과(전자기파를 방출하는 목표물이 관측자 기준으로 가까워지거나 멀어지는 운동을 할 때, 관측자가 측정하는 전자기파의 파장이 실험실 파장과 달라지는 현상)를 이용하여 목표물의 방향과 속도를 측정하는 레이더이다.

[89] 도플러 편이: 도플러 효과에 의한 주파수 변화.

가장 작은 드론은 새와 크게 다르지 않은 반사파를 생성한다. 따라서 이러한 드론을 정확하게 탐지하려면 레이더가 반사파 외에 다른 무언가를 이용할 필요가 있다. 한 가지 기술은 (적어도 "퍼덕이며 날갯짓하는 드론$^{flappy\ drones}$"이 등장하기 전까지는) 회전 운동이 아닌 플래핑 운동$^{flapping\ motion}$[90]으로 일어나는 미세 도플러 편이$^{micro\text{-}Doppler\ shift}$를 이용하는 것이다. 결론적으로, 초소형 드론을 탐지하기 위해서는 특수한 레이더 시스템이 필요하다. 그러나 이러한 시스템이 반드시 크거나 비쌀 필요는 없다. 핵심은 첨단 전자 장치, 신호 처리 기술, 그리고 소프트웨어 알고리즘에 달려 있다.

레이더는 능동형 장치로, 방사선을 방출하여 감지되고 주목을 끌게 된다. 생존성을 높이기 위해서 레이더는 이동이 가능해야 하며, 저전력이어야 하고, 특정 구역별 스캔 또는 간헐적 송신 방식을 사용해야 한다. 그러나 이동성을 갖추면 위장이 어려워진다는 문제가 있다. 움직이는 차량은 쉽게 탐지될 가능성이 높다. 또한, 레이더의 또 다른 주요 단점은 재밍에 취약하다는 점이다.

이러한 시스템은 일반적으로 비용이 많이 든다. 그럼에도 불구하고, 레이더는 드론을 탐지하고 표적으로 삼는 데 있어 가장 신뢰성이 높고 효과적인 방법이다.

---

[90] 플래핑 운동: 드론의 로터들은 회전하면서 항상 같은 높이로 돌아가는 것이 아니라 조종 입력에 따라 특정 구간을 지나면서 상하 운동을 하는데, 이것이 조류의 날갯짓과 비슷하여 플래핑 운동이라고 한다.

공중 레이더

지상 기반 레이더는 매우 낮은 고도로 비행하거나 지형을 활용하면 회피할 수 있다. 반면, 공중 레이더는 회피하기가 더 어렵다. 지평선까지의 탐지거리가 일반적으로 200km 이상일 정도로 훨씬 더 길기 때문이다.

그러나 공중 레이더의 가장 큰 단점은 비용이다. 이는 레이더를 탑재할 항공 플랫폼 자체의 비용뿐만 아니라, 경량화 및 소형화된 레이더 제작 비용도 상당하기 때문이다.

신호 정보

일반적인 드론은 공중에서 촬영한 영상을 실시간으로 운용자에게 전송하며, 운용자는 드론에 제어 명령을 지속적으로 송신한다. 둘 다 신호 정보$^{Signals\ Intelligence}$로 탐지, 위치 파악, 식별이 가능하다.

스텔스

스텔스^{Stealth}의 목적은 드론을 탐지하기 어렵게 만드는 것이다. 그러나 스텔스 기술은 드론을 완전히 탐지할 수 없게 만드는 것이 아니라 단지 드론이 탐지될 수 있는 거리를 줄이는 역할을 할 뿐이다.

가시광선 스팩트럼에서 스텔스는 일반적으로 배경과 조화를 이루는 색상으로 도색하는 것을 의미한다. 위장은 가장 오래된 형태의 스텔스이다.

열 감지 센서에 대응하기 위해, 드론은 열 방출을 줄여야 한다. 적외선^{IR} 탐지기에 대한 스텔스 기술은 일반적으로 뜨거운 배기 가스를 숨기거나 희석하는 방식으로 작동한다. 엔진이 강력할수록 열출력이 높아진다. 스텔스와 성능 사이에는 상충관계가 있다. 적외선 탐지가 적에게 방향 정보만 제공할 뿐, 거리 정보는 제공하지 않기 때문에 적외선 탐지에 대한 스텔스는 레이더에 대한 스텔스만큼 중요하지는 않다.

레이더에 탐지되지 않으려면, 드론은 레이더반사면적$^{RCS,\ Radar\ Cross\text{-}Section}$이 작아야 한다. 이는 여러 가지 기술을 통해 구현된다. 기체 본체와 부속 구조물은 정밀한 공차로 정교하게 형상을 설계해 제작한 다음 레이더 흡수 소재$^{RAM,\ Radar\text{-}Absorbing\ Material}$를 칠한다. 이러한 스텔스 형상 설계는 적의 레이더가 쏜 레이더파를 레이더 송신기 방향이 아닌 다른 방향으로 분산시킴으로써 탐지를 어렵게 만든다. 이때 레이더파가 분산되는 방향의 수도 제한해야 한다. 결과적으로 반사 레이더파의 극히 일부만 레이더 송신기 방향으로 되돌아오고, 대부분의 반사 레이더파는 레이더가 탐지 및 추적하기 어려운 방향으로 흩어진다. 따라서 스텔스 성능은 드론과 레이더의 상대적인 방향, 즉 측면, 정면, 후면 등에 따라 달라진다.

또한 스텔스는 레이더의 파장에 따라서도 달라진다. 앞에서 설명한 파동 전파를 다시 떠올려보면, 바다에서 기둥에 부딪히는 파도는 그 기둥의 표면이 무광이든 유광이든 상관없이 파동은 동일하게 산란된다.

●●● 제너럴 아토믹스(General Atomics)가 설계하고 제작한 공군 연구소(Air Force Research Laboratory)의 XQ-67A가 2024년 2월 첫 비행을 하고 있다. 이 드론은 스텔스 기능을 갖추고 있다. 스텔스 드론의 형상은 일반적으로 스텔스 성능과 공기역학을 절충해 결정한다. 스텔스 성능의 수준은 설계 과정에서 이루어지는 절충의 결과로서, 이는 제작 비용 대비 가치, 그리고 스텔스 기술이 초래하는 단점 등을 종합적으로 고려하여 결정한다. 〈사진 출처: WIKIMEDIA COMMONS | Public Domain〉

스텔스 기능보다 긴 파장을 사용하는 레이더는 스텔스 기능에 영향을 받지 않는다. 이러한 파장, 일반적으로 VHF 및 UHF 대역은 일부 탐색 레이더에서 사용된다. 이러한 레이더는 유효 측정 범위$^{useful\ range}$에서 스텔스 표적을 탐지하고 추적할 수 있지만 정확도가 떨어진다. 실제로 스텔스 기능을 갖춘 목표물을 상대할 때 가장 큰 문제는 '탐지 자체'가 아니라 '정확한 조준'이다. 정확한 조준을 위해서는 더 높은 정밀도가 필요하며, 이를 위해서는 더 짧은 파장을 사용하는 고주파 레이더가 필요하다. 이러한 종류의 레이더를 상대할 때는 스텔스가 효과적이다. 그러나 스텔스 성능은 레이더의 파장, 유형, 그리고 운용 방식에 따라 달라진다. 이러한 세부 사항은 매우 민감한 군사 기밀 정보에 해당한다.

스텔스 드론이나 항공기의 형상은 일반적으로 스텔스 성능과 공기역학을 절충해 결정한다. 기체는 모든 장비를 내부에 수용할 수 있어야 한다. 이는 외부 연료 탱크, 무기, 타게팅 포드, 전자전 포드의 스텔스 여부에 따라 유연성이 제한될 수 있음을 의미한다. 모든 장비를 기체 내부에 넣으려면 더 큰 공간이 필요하지만, 이는 항력^{drag}을 증가시키는 요인이 된다. 따라서 기체 내부 공간과 작전 수행 능력 사이에서 적절한 절충이 필요하며, 이러한 결정은 나중에 변경할 수 없기 때문에 설계 단계에서 이루어져야 한다. 또한, 공격에서 가장 중요한 순간에 무장창 도어가 열리면, 스텔스 성능이 크게 저하된다.

스텔스에 필요한 특수한 레이더 흡수 코팅과 그 유지 관리에는 상당한 비용이 소요된다. 또한, 이러한 코팅은 견딜 수 있는 열의 양에 한계가 있을 수 있기 때문에 항공기의 성능에도 제약을 줄 수 있다.

스텔스 성능과 레이더 및 네트워킹과 같은 다른 기능들도 상충관계에 있다. 스텔스 기능이 없는 레이더를 켜는 순간, 레이더의 존재가 즉시 노출되며, 스텔스 기능이 없는 무선 통신 링크도 마찬가지로 탐지될 위험이 크다. 저피탐$^{LO,\ Low\ Observability}$ 대역 확산 링크$^{spread\ spectrum\ link}$를 사용하는 무선통신장치는 훨씬 은밀하지만, 이러한 통신을 사용하려면 다른 아군도 동일한 방식의 무선통신장치를 사용해야 하기 때문에, 여전히 잠재적인 약점으로 작용할 수 있다.

스텔스 기술은 처음 등장했을 때 게임 체인저였다. 이로 인해 항공기를 스텔스 기능을 갖춘 항공기와 전혀 갖추지 않은 항공기로 나누는 이분법적인 시각이 생겼다. 하지만 이러한 시각은 잘못되었다. 오늘날 새롭게 설계되는 항공기들은 대개 어느 정도 스텔스 기능이 있다. 스텔스 성능의 수준은 설계 과정에서 이루어지는 절충의 결과로서, 이는 제작 비용 대비 가치, 그리고 스텔스 기술이 초래하는 단점 등을 종합적으로 고려하여 결정한다.

 스텔스 성능을 높이는 데는 여러 기술이 있지만, 사실 가장 중요한 한 가지 요소는 바로 기체의 '크기'이다. 크기를 줄이면 비용을 절감할 수 있을 뿐만 아니라, 스텔스 성능도 동시에 향상된다. 전술 드론이 탐지하기 어려운 주된 이유도 바로 크기가 작기 때문이다.

 물론, 일단 적이 드론을 발견하고 조준할 수 있는 상황이 되면, 스텔스의 효과는 거의 무의미해진다.

항법 방해

가장 간단한 형태의 재밍(전파방해)은 동일한 주파수의 잡음으로 GPS 신호를 방해하는 것이다. 그러면 GPS 수신기는 항법 데이터를 제공하지 못하게 된다. 드론은 이를 감지하고, 해당 상황에 맞게 프로그래밍된 대응 조치를 취한다. 매우 기본적인 드론이라면 착륙을 시도할 수도 있다. 만약 관성항법 시스템[INS]이나 추측항법[DR]과 같은 백업 항법 시스템이 있다면, 드론은 기지로 복귀하거나 미리 지정된 특정 지점으로 이동하려고 할 수도 있다. 아군 영토에 가까워질수록 재밍이 줄어들고 정확한 GPS 내비게이션이 다시 가능해질 것이다.

단순한 잡음 재밍은 넓은 지역을 커버하기에는 너무 많은 전력이 필요하므로, 현실적으로 좁은 지역에서만 사용할 수 있다. 보다 정교하고 전력효율이 좋은 재밍 방식은 GPS 수신기에 스푸핑[spoofing][91] 신호를 송출하는 것이다. 이는 수신기가 모든 것이 정상이라고 생각하기 때문에 훨씬 더 교활한 재밍이다. 수신기가 계속해서 내비게이션 데이터를 제공하므로, 드론이 상황을 인식하고 적절한 조치를 취해야 한다. 예를 들어, 추측항법이나 관성항법 시스템을 확인함으로써 스푸핑을 탐지하고 완화할 수 있다. 스푸핑에 대응하기 위해 최신 군용 GPS는 암호화 및 기타 다양한 기술을 광범위하게 활용한다. 반면, 민간용 GPS 수신

---

91 스푸핑: 가짜 신호나 데이터를 만들어 시스템이나 사용자에게 이를 진짜로 인식하도록 속이는 기술 또는 행위를 말하며, GPS 스푸핑은 가짜 GPS 신호를 방출하여 GPS 수신기가 잘못된 위치 정보를 수신하게 만드는 공격 방법이다.

기는 여전히 스푸핑에 취약하다.

재밍에 대응하는 한 가지 방법은 특정 방향에서 오는 신호만 수신하고 다른 방향에서 오는 신호를 차단하는 안테나 조립체$^{\text{antenna assembly}}$를 사용하는 것이다. 이를 수신 패턴 제어 안테나$^{\text{CRPA, Controlled Reception Pattern Antenna}}$[92]라고 한다. 이것은 아주 복잡한 작업으로, 초기의 수신 패턴 제어 안테나^{CRPA}는 중량이 수 킬로그램이었고, 전력소비량도 수십 와트 이상이었다. 그러나 최근 개발된 수신 패턴 제어 안테나는 하키 퍽 정도의 크기로 소형화되었다. 성능이 낮은 안테나 조립체는 이보다 더 작고 가벼울 수도 있다.

통신 방해

드론이 사용하는 통신 링크를 재밍하면 그 유효거리를 크게 감소시킬 수 있다.

재밍의 대상이 되는 것은 항상 수신기이다. 송신기는 주변 환경에 상관없이 단순히 신호를 송출할 뿐이다. 드론 제어 링크는 낮은 대역폭만 필요하므로 재밍에 대한 저항성이 꽤 높다. 반면, 드론에서 전송되는 영상 링크는 더 높은 대역폭을 사용하기 때문에 상대적으로 취약하다. 그러나 영상 링크에 대한 재밍은 드론 자체가 아니라, 영상을 수신하는

---

92 수신 패턴 제어 안테나: GPS 신호를 받을 때 불필요하거나 재밍 또는 스푸핑 등 전파방해가 되는 신호를 차단하거나 걸러내고, 특정 방향의 필요한 신호만을 선택적으로 수신하도록 설계된 안테나로서, 점차 소형화되고 AI 기반 분석 기법을 적용하여 효율성이 향상되고 있다.

운용자를 목표로 해야 한다.

상업용 드론의 경우, 사용되는 주파수가 공개되어 있기 때문에 해당 링크를 숨기거나 재밍을 방지하려고 하지 않는다. 따라서 손에 들거나 몸에 지니고 다닐 수 있는 휴대용 재머만으로도 비교적 쉽게 재밍을 할 수 있다. 반면, 군용 드론은 일반적으로 대역 확산과 같은 기술을 사용하여 재밍에 대한 저항성을 갖추고 있다.

재밍을 완화하는 몇 가지 방법이 있다. 하나의 방법은 재머가 있는 방향으로 안테나의 널^{null93}을 조정하는 것이다. 운용자는 이와 비슷한 방식으로 지향성 안테나$^{directional\ antenna94}$를 사용해 드론과 통신함으로써 재밍 신호를 줄이는 동시에 신호 세기를 높일 수 있다. 또한, 지향성 안테나는 삼각측량^{triangulation95}에 의해 송신기의 위치가 노출될 위험도 감소시킨다.

재밍을 받게 되면 드론은 사전에 프로그래밍된 임무를 계속 수행할 수도 있고, 기지로 복귀할 수도 있다. 재밍을 하는 쪽의 관점에서는 드론이 별다른 영향을 받지 않은 채로 임무를 계속 수행할 가능성이 높

---

93 널: 안테나의 방사 패턴에서 특정 방향으로 전파가 거의 방사되지 않아 신호 강도가 국소적으로 최소가 되는 지점을 의미한다. 이러한 널은 안테나의 요소들이 서로 다른 위상으로 전파를 방사하여 발생한다. 특히 능동위상배열안테나에서 널을 형성하는 기술은 재밍 신호나 간섭 신호의 영향을 줄이는 데 활용된다.

94 지향성 안테나: 특정 방향으로 신호를 집중적으로 송출하거나 수신하는 안테나.

95 삼각측량: 어떤 한 점의 좌표와 거리를 삼각형의 성질을 이용한 삼각함수를 통해 알아내는 방법이다. 그 점과 두 기준점이 주어졌으면, 그 점과 두 기준점이 이루는 삼각형에서 밑변과 다른 두 변이 이루는 각을 각각 측정하고, 그 변의 길이를 측정한 뒤, 사인 법칙 등을 이용하여 일련의 계산을 수행함으로써, 그 점에 대해 좌표와 거리를 알아내는 방법이다.

기 때문에, 재밍이 언제 성공했는지 알기 어려울 수 있다. 한편, 운용자의 관점에서는 영상 신호가 끊기거나, 조종 및 원격측정^{telemetry} 신호가 손실되는 등의 문제가 발생할 수 있다. 드론은 실제로 제어장치나 명령 신호 전송용 상향 링크^{uplink}[96]가 필요 없이 완전자율비행을 할 수도 있다. 이 경우, 영상은 실시간으로 전송하지 않고 드론이 기지로 복귀한 뒤에 저장하거나 다운로드할 수 있다. 또 다른 방법으로 드론이 자율적으로 목표를 탐색하다가 특정 대상을 발견했을 때만 운용자와 통신하는 방법도 있다. 또 다른 변형된 방법으로 드론이 사전에 지정된 위치로 이동한 후에만 데이터를 전송하고, 이동 중에는 조용히 비행만 하는 방법도 있다.

●

감청

가장 치명적인 교란^{disruption} 방식은 어떠한 방해도 일으키지 않고 드론의 통신을 엿듣는 것일 수도 있다.

군사적 목적으로 특별히 제작된 드론은 어떤 방식으로든 통신 링크를 안전하게 보호해야 한다. 감청이 불가능해야 하지만 보안이 취약한 경우 감청이 가능할 수도 있다. 반면, 저가의 상업용 드론을 사용할 때는 신호 방식과 전송 형식이 알려져 있는 경우가 많다. 일부 제조업체는 자

---

[96] 상향 링크: 지상에 위치한 단말장치에서 위성 또는 항공기 등으로 신호를 송신하는 데 사용되는 통신 링크의 한 부분이다. 하향 링크(downlink)는 이와 반대로 위성 또는 항공기 등에서 지상에 위치한 단말장치로 신호를 송신하는 데 사용되는 통신 링크의 한 부분이다.

사가 생산한 드론의 통신을 감청할 수 있는 하드웨어 및 소프트웨어를 직접 제공하기도 한다. 이는 주로 군집 드론 관리$^{\text{fleet management}}$를 위한 기능으로, 분실된 드론을 추적하고 회수하는 등의 목적을 갖고 있다.

가장 가치 있는 정보는 드론이 어디에 있는지, 무엇을 하고 있는지, 무엇을 보고 있는지가 아니라, 운용자가 어디에 있는지이다. 드론이 기지로 복귀하는 동안 전송되는 영상 스트림을 분석하면 운용자의 위치를 추정할 수 있다. 이를 지형 정보와 비교하여 포격을 요청할 수도 있다.

CHAPTER 8

드론 격추
(하드 킬)

Shooting Down Drones
(hard Kill)

결국, 대부분의 드론은 아직까지 똑똑하지 않다. 스스로 상황을 인식하거나 인지하는 능력이 거의 없다. 드론이 위협을 의식하지 못하고 예측할 수 없는 패턴으로 움직여(징킹jinking) 스스로를 맞히기 어려운 표적으로 만들려고 시도하지 않는 것은 대개 드론 스스로 자신이 표적이 되고 있다는 사실을 알지 못하기 때문이다. 그 결과, 드론은 격추되기 쉬운 편이며 반격하는 경우도 드물다.

●
미사일

열추적 미사일은 상당한 열 신호를 생성하는 내연기관을 장착한 드론에 아주 효과적이다. 소형 전기 드론을 상대하려면 미사일 탐색기가 미약한 열 신호까지 감지할 수 있을 정도로 민감해야 한다.

드론을 격추하기 위한 또 다른 방법은 EO/IR 조준장치에서 생성된 레이저 빔을 미사일이 따라가게 하는 것이다. 이 방법은 조준장치의 운용자가 시야 내에서 드론을 포착하고 미사일을 유도해 목표물에 명중시킬 수 있어야 한다. 레이저 빔이 수평면과 수직면을 모두 훑으며 지나가면, 미사일 뒤쪽에 있는 수신기가 이러한 레이저 빔의 움직임을 감지하여 그것이 도달하는 시간 차이를 분석해 미사일이 레이저 빔의 중심에서 얼마나 벗어나 있는지를 계산한다. 미사일의 수신기가 후미에 위치해 있기 때문에, 목표물은 레이저 빔을 방해할 수 없다. 미사일은 목표물이 어떤 속임수를 써서 현혹시키려 할지 전혀 눈치채지 못한다. 목표물은 레이저 빔을 감지하고 회피 기동을 시도할 수 있을 뿐이다.

그러나 레이저 빔은 미사일이 발사될 때만 활성화되므로, 회피할 수 있는 시간은 매우 제한적이다. 여기서 반드시 강조해야 할 점은 빔 라이딩$^{beam\ riding}$[97]을 이용한 레이저 유도는, 레이저를 목표물에 쏴서 반사파가 튕겨나오게 하는 표적지시기를 이용한 레이저 유도와는 근본적으로 다르다는 것이다. 사람들은 가끔 이 두 방식을 혼동하곤 한다.

열추적 미사일과 빔 라이딩 미사일의 가격은 거의 비슷하지만, 빔 라이딩 미사일은 고가의 조준경이 필요하다. 빔 라이딩 방식은 사람이 개입해야 하므로 더 많은 훈련이 필요하지만, 대응하기가 더 어려우며 공격 가능한 목표물의 유형이 더 다양하다.

비용이 많이 드는 해결책은 소형 미사일에 완전한 레이더 장치를 탑재하는 것이다. 이렇게 하면 지상에서 유도할 필요가 없으며, 열 신호가 약하거나 혼란을 일으킬 수 있는 열원으로 인해 발생하는 문제도 피할 수 있다. 문제는 이것을 비용 효율적으로 구현하는 것이다.

●

총포

어떤 대상을 격추하기 위해 사용되는 탄환의 최적 질량은 일반적으로 표적 질량의 1만 분의 1~1,000분의 1 사이이다. 이보다 무거우면 불필요하게 과잉 파괴를 불러일으키고, 이는 어떤 의미에서 비경제적이

---

[97] 빔 라이딩: 유도 미사일이 발사된 후 레이저 빔이나 레이더 빔을 따라 이동하여 목표물로 향하는 유도 방식이다. 이 방식은 미사일이 직접 목표물을 감지하는 것이 아니라, 지상 발사 장치, 전투기 등 발사 플랫폼이 쏜 레이저나 레이더 빔을 타고 이동한다.

●●● 스웨덴의 RBS 70 체계는 고급형 MANPADS(휴대용 대공 방어 시스템)이다. RBS 70 체계는 삼각대, 조준경, 미사일, 이 세 부분으로 구성되며 몇 초 만에 조립할 수 있다. 이 미사일은 사수가 목표물을 계속 조준하는 레이저 빔을 따라 유도된다. 열추적 방식의 MANPAD와 달리, 플레어(flare)에 의해 방해받지 않는다. 다른 MANPAD와 마찬가지로 숨기기도 쉽고 건물이나 언덕 위 등 어느 곳에나 배치할 수 있다. 〈사진 출처: SAAB〉

다. 반대로 이보다 가벼우면 표적을 격추하기 위해 여러 차례 명중시켜야 하므로, 이 역시 최적의 방법이 아니다.

지상에서 소총 사격으로 드론을 격추할 수 있지만, 성공 확률은 낮다. 그러나 훈련을 통해서나 레드 닷 사이트$^{red-dot\ sight98}$, 스코프^{99}, 또는 선도각 계산 조준기$^{lead-computing\ sight100}$와 같은 조준보조장치를 소총에 장착함으로써 성공 확률을 높일 수 있다. 그러나 소총은 여전히 소총이며, 작은

---

98 레드 닷 사이트: 사수에게 빨간색 조준점을 제공하는 조준기.

99 스코프: 총기, 특히 소총이나 저격총 등에 부착하여 목표물을 더 정확하게 조준할 수 있도록 돕는 조준 장치를 의미하는데, 쉽게 말하면 총에 부착하는 망원조준경이다.

100 선도각 계산 조준기: 주로 전투기, 공격 헬기, 지상 발사 시스템 등에서 사용하는 조준 장치로서, 움직이는 목표물을 정확히 맞히기 위해 표적의 이동 방향과 속도에 맞게 예상되는 위치를 계산하여 표적의 앞쪽을 조준해주는 장비이다.

●●● 영국의 스토머(Stormer) 시스템은 레이더를 사용하여 목표물을 탐색한 후, 전자광학/적외선 조준 장치로 목표물을 조준한다. 이후 스타스트릭(Starstreak) 미사일이 조준된 레이저 빔을 따라 목표물로 유도된다. 〈사진 출처: WIKIMEIDA COMMONS | OGL v1.0〉

목표물은 여전히 작은 목표물이기 때문에 사거리는 제한적이다. 자동 산탄총을 포함한 산탄총은 약 25~50m의 아주 근거리에서 유용하다.

 기관총은 삼각대^{tripod}나 차량 등의 안정적인 거치대가 제공될 경우 효과적으로 사용할 수 있다. 하지만 이러한 거치대가 없으면 반동으로 인해 총기가 심하게 흔들려 명중률이 크게 떨어진다. 예광탄은 사수가 드론을 향해 날아가는 총알의 궤적을 육안으로 확인할 수 있게 해주기 때문에 유용하다. 특히 사수가 거리감, 깊이감, 공간감(입체시^{stereopsis101}라 하며 개인차가 크다)이 좋은 경우 더욱 효과적이다. 야간에 조명이 필요한

---

101 입체시: 두 눈이 조금 다른 각도에서 본 이미지를 뇌에서 융합해 거리감, 깊이감, 공간감을 느낄 수 있게 하는 능력이다.

●●● 독일 게파르트(Gepard) 시스템은 레이더로 제어되는 쌍둥이 30mm 대공포를 사용한다. 〈사진 출처: WIKIMEIDA COMMONS | CC BY-SA 3.0〉

경우는 제2차 세계대전 때처럼 탐조등을 사용할 수 있다. 다른 곳은 몰라도 인구밀집지역에서 드론을 격추하기 위해 화기를 사용할 때 문제는 총탄이 지상으로 떨어지면서 여전히 위험할 정도의 에너지를 갖고 있다는 것이다. 기관총 사용도 예외는 아니다. 하지만 이는 화기 사용 시 치를 수밖에 없는 대가이다.

소총과 기관총의 사거리와 효과는 총기 자체의 성능뿐만 아니라, 더 중요한 목표물의 특성에 따라 달라진다. 하늘을 비행하는 소형 쿼드콥터는 어떤 거리에서도 명중시키기 어렵다. 직선 비행하는 더 크고 조용한 드론은 장거리에서도 거의 모든 무기로 공격할 수 있다.

20mm 자동포와 같은 중화기는 드론을 격추할 수 있지만, 거치대의 안정성이 매우 중요한 변수로 작용한다. 예를 들어, 픽업트럭에 장착된

●●● 러시아 판치르(Pantsir) 시스템은 총과 미사일을 모두 사용한다. 〈사진 출처: WIKIMEIDA COMMONS | CC BY-SA 4.0〉

총기는 안정적인 발사 플랫폼이 아니므로 정확도가 낮아질 수 있다. 목표물이 소형 드론일 경우, 직접 명중시키기는 어려우므로 드론 근처에서 폭발하는 스마트 탄약이 필요하다. 만약 레이더가 있다면, 목표물까지의 거리와 시간을 계산하여 '시한 신관$^{time\ fuze}$'[102]을 사용할 수 있다. 그렇지 않다면 목표물 근처에서 자동으로 폭발하는 '근접 신관$^{proximity\ fuze}$'[103]을 사용해야 한다. 또한, 아군의 피해를 막기 위해 시한 신관을 사용하여 포탄이 지면에 도달하기 전에 폭발하도록 설정할 수도 있다. 그러나 스마트 탄약의 가장 큰 문제는 가격이다. 몇 발만 사용해도 드론

---

[102] 시한 신관: 발사 전에 미리 설정한 시간이 지나면 자동으로 폭발하는 신관을 의미한다. 즉, 목표물과의 거리에 상관없이 '설정된 시간 후에' 포탄이나 탄약이 자동으로 폭발하는 신관이다.

[103] 근접 신관: 포탄, 미사일 등 탄약이 목표물로부터 일정 거리 이내에 접근하면 자동으로 감지하여 폭발하는 신관이다. 즉, 목표물을 직접 맞히지 않더라도 가까이 접근하면 자동으로 터지는 신관이다.

과의 '가격 경쟁'에서 불리해질 수 있다. 만약 일반 탄약만 사용 가능하다면, 명중 확률은 매우 낮아질 것이다.

●

레이저

레이저^{Laser}의 핵심 특성은 작은 목표물에 유용할 만큼 강력하면서도 좁고 집중된 광선을 생성할 수 있다는 것이다. 그러나 어떤 레이저 빔이라도 일정 거리를 지나면 퍼지게 된다. 레이저 빔은 2차원으로 확산되며 그 감쇠율$^{rate\ of\ decrease}$은 송신기에서 특정 지점까지의 거리의 제곱에 비례한다. 또한, 안개, 먼지, 연기, 비 등에 의해 빔이 흡수되거나 산란될 수도 있다. 레이저의 출력은 최대 수백 킬로와트^{kW}에 달하며, 사거리는 수 킬로미터 정도이다. 레이저 광선의 파장은 보통 적외선 영역에 속한다. 이러한 유형의 레이저는 트럭에 장착할 수 있을 정도로 소형화가 가능하다.

이와 관련된 물리학의 예로, 출력 50킬로와트의 레이저로 1kg의 물로 구성된 목표물을 쏜다고 가정해보자. 이 경우, 완벽한 조준과 흡수가 이루어진다면, 물은 초당 12℃의 속도로 가열될 것이다. 물론, 조준과 흡수가 100% 완벽할 수는 없지만, 알루미늄과 같은 재료는 열용량$^{heat\ capacity}$이 낮아 더 빠르게 가열될 것이다. 레이저는 드론을 녹일 수 있지만, 그 속도는 레이저의 출력과 드론의 설계에 따라 달라질 수 있다.

레이저 공격으로부터 드론을 보호하기 위해 드론에 열차폐막$^{heat\ shield}$을 사용하거나 고온을 견딜 수 있는 장치를 장착할 수도 있다. 드론이 자신이 가열되고 있다는 것을 감지하면, 회피 기동을 시작하거나 레이저의 사거리에서 벗어나려고 시도할 수 있다. 또 다른 방법은 반사율이 높은 소재를 사용하는 것이다. 드론에 코너 반사경corner reflector[104]을 장착하면, 적어도 원칙적으로 코너 반사경이 레이저 빔을 다시 레이저가 있는 방향으로 반사시키고, 그렇게 되면 누가 먼저 녹느냐의 게임으로 바뀌게 된다.

저출력에서도 레이저는 드론의 카메라를 교란하거나 시야를 가리거나, 심지어 태워버릴 수 있다. 그러나 사용된 레이저의 파장을 알고 있다면, 적절한 필터나 편향장치를 카메라의 광학적 경로에 삽입하거나 카메라가 단순히 다른 방향을 보게 함으로써 이를 회피할 수 있다.

레이저의 가장 큰 문제는 녹일 수 있는 목표물에 비해 비용이 많이 든다는 것이다. 드론 하나를 녹이는 비용 자체는 낮다. 탄약이 필요하지 않고, 레이저를 가동하는 데 필요한 전력만 소비되기 때문이다. 그러나 레이저의 경제성을 확보하려면, 매우 많은 드론을 격추해야 한다. 레이저는 작동 범위가 짧고, 한 번에 하나의 목표물만 공격할 수 있으며, 각 드론을 녹이는 데 시간이 걸린다는 한계를 가지고 있다. 이러한 이유로 고가치 목표물을 방어하는 용도로만 사용해야 한다. 그 외의 상황에서는 경제성이 낮아 효과적인 무기가 되기 어렵다. 특히, 대부분의 다른 목표물에 대해서는 효용성이 제한적이다. 예를 들어, 전차를 레이저로 녹이려면 너무 많은 시간이 걸리고, 병사는 심각한 화상을 입기 전에 엄폐물로 피할 수 있다.

---

[104] 코너 반사경: 광선을 입사 광선의 반대 방향으로 되돌리는 반사경.

레이저의 기본 원리

LASER는 'Light Amplification by Stimulated Emission of Radiation(유도 방출에 의한 빛의 증폭)'의 약어이다. 빛이 어떤 물질에 닿아 흡수되면, 빛 입자(광자 photon[105])의 에너지가 원자를 들뜬 상태excited state(여기 상태)[106]로 만든다. 그 반대 현상도 일어날 수 있다. 들뜬 상태에 있는 원자는 안정된 바닥 상태ground state(기저 상태)[107]로 떨어질 때 광자를 방출한다.

만약 들뜬 상태에 있는 원자의 수가 안정된 바닥 상태에 있는 원자의 수보다 많다면, 흡수되는 광자보다 방출되는 광자가 더 많아지게 된다. 여기 상태에 있는 원자를 통과하는 광자가 그 원자를 자극하여 에너지를 광자의 형태로 방출한다. 이때 새롭게 방출된 광자는 원래의 광자와 정확히 동일한 파장을 가지게 된다. 이렇게 해서 빛의 증폭light amplification이 이루어진다.

여기서의 문제는 어떻게 하면 안정된 바닥 상태에 있는 원자의 수보다 들뜬 상태에 있는 원자의 수가 더 많아지게 할 수 있느냐, 즉 어떻게 하면 '밀도 반전population inversion'[108]을 일으킬 수 있느냐이다. 이 상태는 안정된 상태가 아니다. 이처럼 안정된 상태가 아닌 밀도 반전 상태를 만드는 과정을 '펌핑pumping'[109]이라고 한다. 펌핑은 외부 에너지를 필요로 하며, 일반적으로 에너지 효율이 높지 않다. 또한, 에너지 준위가 높아질수록 펌핑이 더욱 어려워지므로, 효율을 높이는 한 가지 방법은 에너지가 낮고 파장이 긴 광자를 사용하는 것이다. 레이더와 마찬가지로, 파장이 길어진다는 것은 빔이 더 넓게 퍼진다는 것을 의미한다. 즉, 레이저와 레이더 모두 이와 같은 회절diffraction[110]의 법칙을 따른다.

강력한 레이저의 핵심 문제는 두 가지로 요약할 수 있다. 첫째, 충분히 높은 출력의 레이저 빔을 생성할 수 있는 레이저 매질과 적어도 어느 정도 효율적인 펌핑 메커니즘의 조합을 찾는 것이다. 또 다른 접근 방식은 중간 출력의 효율적인 레이저로 시작하여 여러 레이저를 조합하여 원하는 출력에 도달하는 방법이다. 이 경우, 문제의 초점은 '레이저들을 어떻게 효과적으로 조합할 것인가'로 바뀌게 된다.

어떤 접근 방식을 사용하든, 관련된 물리적 문제들은 결코 단순하지 않다. 물리 법칙은 변함없이 일정하기 때문에, 역사적으로 발전은 더디게 이루어져왔다.

---

105 광자: 빛을 이루는 가장 작은 입자이자 에너지를 운반하는 기본 단위이다.

106 들뜬 상태: 양자론에서 원자나 분자에 있는 전자가 바닥 상태에 있다가 외부의 자극에 의하여 일정한 에너지를 흡수하여 보다 높은 에너지로 이동한 상태를 말한다.

앞의 예시에서 사용된 50킬로와트 출력의 레이저는 단순한 상업용 드론을 녹이는 데는 충분할 수 있지만, 더 크고 단단한 목표물을 상대하려면 출력이 대략 1메가와트^{MW} 정도로 더 높아야 할 것이다. 그 정도로 성능을 향상시키려면 그만큼 비용이 많이 든다. 교전 시간이 5초라고 가정하면, 목표물에 전달되는 총에너지는 5메가줄^{MJ}이다. 이는 약 1kg의 고성능 폭약이 가진 에너지와 비슷한 수준이다. 대략 계산해보면, 1kg의 폭약이 1밀리초 만에 폭발할 경우, 폭발 순간의 출력은 약 5,000메가와트이다. 레이저는 분명 활용 가치가 있지만, 전통적인 무기들이 여전히 '비용 대비 효과' 면에서 훨씬 더 낫다.

●

고출력 마이크로파

고출력 마이크로파$^{HPM,\ High\text{-}Power\ Microwave}$의 목적은 드론을 녹이는 것이 아니라 전자장치를 망가뜨리는 것이다. 강한 전자기장을 드론에 직접 쏘면 과전압이 유도되어 전자장치가 오작동하게 된다. 그것은 아직 '죽

---

107 바닥 상태: 양자역학적인 계에서 가장 낮은 에너지를 가진 상태이다.

108 밀도 반전: 일반적으로 원자는 안정된 바닥 상태에 있는 경우가 많고 들뜬 상태에 있는 원자의 수는 적은데, 특정한 조건에서 더 많은 원자가 들뜬 상태로 유지되는 경우가 발생할 수 있다. 이를 밀도 반전이라고 한다.

109 펌핑: 외부 에너지를 이용해 바닥 상태에 있는 원자나 분자를 가역적으로 들뜬 상태로 만드는 과정을 말한다.

110 회절: 빛이나 파동이 장애물이나 틈을 통과할 때 휘어지는 현상을 말한다. 즉, 빛 또는 소리, 물결 같은 파동이 좁은 틈을 지나거나 장애물에 부딪히면, 직진하지 않고 퍼지면서 휘어지는 현상을 말한다. 회절의 정도는 틈의 크기와 파장에 영향을 받는다. 틈의 크기에 비해 파장이 길수록 회절이 더 많이 일어난다. 그리고 파장이 일정할 때는 틈의 크기가 작을수록 회절이 잘 일어난다.

음의 광선'까지는 아니지만 그것에 점점 가까워지고 있다.

중요한 것은 순간 최대 출력peak power이므로, 이러한 장치는 극도로 높은 에너지를 가진 짧은 펄스를 사용한다. 이 방법은 평균적으로 사용하는 전력이 매우 낮기 때문에 레이저보다 전력 효율성이 훨씬 더 높다. 사용되는 파장은 중요하지 않지만, 일반적으로 이러한 장치는 적외선 레이저보다 훨씬 긴 마이크로파 파장에서 작동한다. 빔이 넓어지면 넓어질수록 에너지 밀도는 낮아진다. 반면 드론들이 서로 가까이 날아다니면서 협력한다고 가정할 때, 더 넓은 빔은 여러 대의 드론을 동시에 포착할 수 있다. 하지만 빔이 더 넓게 퍼지면 주변의 아군에까지 영향을 미칠 수 있으므로 이러한 무기체계를 사용할 때는 주의가 필요하다.

고출력 마이크로파는 —번개로부터 드론을 보호하는 것처럼— 비교적 간단하게 막을 수 있지만, 방호 장치를 제대로 갖추지 않은 드론에는 여전히 효과적이다. 또한, 고출력 마이크로파 무기 몇 개만으로도 적이 드론에 방호 장치를 추가하게 만들거나 비용 효율적인 민간용 드론의 사용을 제한하게 만들 수 있다는 점에서 고출력 마이크로파 무기는 비용 대비 효과가 크다.

고출력 마이크로파 무기의 사거리는 출력과 목표물인 드론의 취약성에 따라 달라진다. 일반적으로 레이저와 마찬가지로, 고출력 마이크로파 무기는 고가치 점표적point target[111]을 보호하는 데 사용되는 단거리 시스템이다.

---

111 점표적: 특정한 건물이나 장치를 목표로 하는 표적.

유인 항공기 및 공격 헬리콥터

전투기는 드론, 특히 대형 드론을 격추하는 데 효과적이다. 지상에서 제공되는 정보와 기수에 장착된 레이더를 활용해 드론을 탐지한 후, 단거리 적외선 유도 미사일이나 기관포로 격추할 수 있다. 그러나 전투기를 사용하는 것은 비용이 많이 든다. 전투기는 값싼 드론을 격추하는 데 사용하기보다는 더 나은 용도로 사용해야 한다. 경공격기나 훈련기는 제트기든 터보프롭기든 운용 비용이 훨씬 적게 들지만, 드론을 격추하는 데 효과적으로 운용하려면 레이더를 장착해야 한다. 공격 헬리콥터 역시 비용이 많이 들지만, 드론 격추용으로는 그다지 효과적이지 않다. 공격 헬리콥터는 적절한 기관포와 미사일을 갖추고 있지만, 레이더가 없는 경우가 많다. 또한, 속도가 느려 일정 시간 안에 감시할 수 있는 지역이 제한적이며, 목표물에 도달하는 데 시간이 더 오래 걸린다.

독수리

네덜란드 경찰, 프랑스 군대, 그리고 인도 육군은 모두 소형 민간용 드론을 공중에서 낚아채기 위해 독수리를 훈련시켜왔다. 독수리는 가장 크고 강력한 맹금류이기 때문에 선택되었다. 훈련을 통해 어느 정도 성과를 거두기는 했다. 그러나 네덜란드 경찰은 결국 그만한 가치가 없다고 판단해 이 프로그램을 포기했다. 독수리를 훈련시키는 데 많은 노력을 했지만, 훈련 후에도 여전히 독수리의 행동이 일정하지 않아 신뢰하기 어려웠고, 군사적 태도 면에서 다소 부족했다. 프랑스 역시 같은 결론에 도달했다.

  그러나 독수리는 실제로 훈련을 받지 않아도 효과가 있다. 독수리뿐만 아니라 일부 조류들은 드론이 자신의 공역에 침입하면 자발적으로 공격하는 것으로 알려져 있다. 이는 드론이 비행하는 하늘에서 마주치는 위험 중 하나이다. 대응책으로는 드론에 반사 테이프를 붙이거나 깜빡이는 스트로브 라이트$^{strobe\ light}$[112]를 사용하는 방법이 있다. 군사적 맥락에서 공격해오는 새보다 더 높이 비행하는 것이 더 효과적인 전술일 수 있다. 이는 먹이사슬에서 누가 더 상위에 있는지를 보여주는 자연의 방식을 따른 것이다.

●

전투 드론

공격용 장비가 없는 쿼드콥터끼리 서로 공격할 때 가장 일반적인 방법은 자신의 하부 구조로 상대 드론의 프로펠러를 세게 밀쳐서 파괴하거나, 그물 같은 것을 떨어뜨려 프로펠러가 그것에 얽히게 만드는 것이다. 하지만 이 두 가지 공격 방법은 프로펠러에 프레임이나 보호 케이지를 설치함으로써 비교적 쉽게 막을 수 있다.

  이것은 서로 불쾌한 듯 쳐다보며 가끔 밀치는 것 외에 별 다른 큰 충

---

[112] 스트로브 라이트: 짧은 시간 동안 아주 밝은 빛을 내는 섬광등.

돌이 없는 '새벽의 핸드백 싸움handbags at dawn'[113]과 비슷하다. 이것은 제1차 세계대전 초기에 일어났던 것처럼 '새벽의 권총 싸움pistols at dawn'[114]으로 업그레이드되어야 한다. 적 포병의 위치를 찾는 양측의 정찰기들이 같은 지역에서 마주치자, 조종사들은 서로 권총을 쏘기 시작했다. 곧이어 정찰기에 기관총이 장착되었고, 그 뒤의 일은 너무나 잘 알려져 있으니 생략하겠다.

드론은 작고 가볍다. 총기 플랫폼으로서 최상의 안정성을 유지하기 위해서는 발사체의 무게가 가능한 한 가벼워야 한다. 발사체의 무게는 격추하려는 목표물 무게의 1만 분의 1~1,000분의 1이어야 한다는 경험 법칙을 사용하면, 1~10kg급 드론을 격추시키기 위한 발사체의 무게는 약 1g 정도여야 한다.

공기총 탄환은 납으로 만들어지며 대구경 공기총에 사용되는 무거운 탄환을 제외하면 무게는 0.5~1.0g이다. BB총[115]은 0.3~0.5g의 무게를 가진 강철 볼을 사용한다. 서바이벌 게임에 사용되는 탄환은 플라스틱으로 만들어지며 무게는 0.12~0.4g이다. 압축 공기나 CO_2 카트리지로 구동되는 이 탄환들의 발사 속도는 분당 400~1,400발이다. 드론에

---

[113] 새벽의 핸드백 싸움(Handbags at dawn): 영국 속어로, 서로를 심하게 다치게 할 수 없거나 그럴 의지가 없는 싸움을 말한다. 이는 여자아이들이 핸드백으로 서로를 때리며 싸우는 방식을 비유적으로 이르는 말이다.

[114] 새벽의 권총 싸움(Pistols at dawn): 전통적인 결투의 형태에서 유래한 표현으로, 결투가 매우 진지하고 위험한 상황임을 상징하며, 주로 서로 극단적인 대립이나 갈등을 해결하기 위한 치열한 싸움을 비유적으로 나타낸다.

[115] BB총: 구경 0.18인치인 공기총의 일종.

탑재되는 배터리로 구동되는 전기 모터 메커니즘을 사용하여 탄환을 발사할 수도 있다. 각각 10J의 총구 에너지를 가진 100개의 탄환을 발사한다고 가정하면, 전기 에너지가 운동 에너지로의 변환 효율이 50%라고 할 때 이를 발사하기 위해 필요한 추가 리튬 폴리머 배터리[lithium-polymer battery][116]의 무게는 2g에 불과하다.

나토 표준 5.56×45mm 탄환은 4.0g의 총알을 사용한다. 이 탄은 매우 빠른 속도로 날아가기 때문에 대부분의 소형 드론에 사용하기에는 과잉 파괴를 불러일으킬 소지가 있다. 헤클러 운트 코흐[Heckler & Koch][117]가 MP7 기관단총용으로 만든 4.6×30mm 소형 탄환은 2.0~2.7g의 탄두를 사용한다. 그보다 더 작은 것은 1.1g의 17 HMR[Hornady Magnum Rimfire]이다. 이 두 탄환은 편평 궤도[flat trajectory][118]를 그리며 고속으로 날아간다. 이 탄환들은 모두 자체 추진제를 가지고 있지만, 이를 처리하기 위해서는 견고한 강철 메커니즘과 총열이 필요하다. 이러한 복잡한 사항을 감수할 만한 가치가 있다면, 강철 대신 티타늄을 사용하면 그 무게를 대략 절반으로 줄일 수 있다.

1g짜리 총알 10발이 각각 1,000m/s의 속도로 날아간다고 가정하면, 충격량은 10kg·m/s가 된다. 이때 반동으로 인해 10kg 드론의 속

---

116 리튬 폴리머 배터리: 액체 전해질 대신 폴리머 전해질을 사용하는 리튬 이온 배터리 중 하나이다. 배터리가 과손되어도 발화하거나 폭발할 위험이 거의 없고, 무게를 기존 배터리의 31%까지 줄일 수 있으며, 특히 제조 공정이 간단하여 대량생산이 가능하다. 휴대 전화기, 노트북 컴퓨터, 캠코더 따위의 소형 기기에 주로 사용한다

117 헤클러 운트 코흐: 권총, 소총, 기관단총 등을 생산하는 독일의 총기 제조업체.

118 편평 궤도: 고속으로 날아가는 비행체가 만들어내는 곡률이 매우 적은 궤도.

도는 1m/s만큼 감소할 것이다. 이는 그 자체로 큰 문제는 아니지만, 드론은 분명히 흔들리게 될 것이다.

산탄총은 새를 사냥할 때 많이 사용되며, 그중 일부는 소형 드론과 무게가 비슷하다. 산탄총 탄약에는 많은 작은 탄환이 들어 있다. 이 탄환들은 소총 총알보다 속도가 느리며, 총구 속도는 대략 절반 정도이다. 산탄총의 탄환은 크기가 작기 때문에 속도가 더 빨리 줄어든다. 사거리는 짧지만, 한 발의 탄약에 많은 탄환이 들어 있어 목표물을 명중시킬 확률이 높아진다.

총이 장착된 드론은 필연적으로 적의 참호와 대피호 위 또는 내부를 사격하는 데 사용할 수밖에 없다. 그렇다면 논리적으로 다음 단계는 수류탄을 떨어뜨리는 것이다. 호버링을 하지 않을 경우, 수평 폭격^{level} ^{bombing}[119]의 정확도가 낮다는 오래된 문제를 해결해야 한다. 수평 폭격의 낮은 정확도는 드론으로 융단폭격을 하듯 폭탄을 많이 투하함으로써 보완할 수 있다. 급강하 폭격은 급강하 각도에 따라 정확도가 달라지는데, 이를 위해서는 특별한 훈련이 필요하다. 급강하 폭격 시 급강하하면서 폭탄을 투하한 뒤 풀아웃$^{pull\ out}$[120]을 하는 동안 주요 제약 요소는 중력가속도$^{g\text{-}force}$[121]이며, 정확도를 높이기 위해서는 급강하한 후 가

---

119 수평 폭격: 폭격기가 수평비행을 하면서 목표물에 폭탄을 투하하는 것이다. 이 방법은 폭격기가 목표물 위를 일정한 고도로 비행하면서 폭탄을 정확히 떨어뜨리려는 것이다.
120 풀아웃: 급강하 폭격 시, 거의 수직에 가까운 각도로 하강하여 폭탄을 투하한 뒤, 조종간을 당겨 기체를 급상승시켜 수평비행으로 전환하는 과정을 말한다. 이 과정에서 조종사는 순간적으로 매우 큰 중력가속도(g-force)를 견뎌야 한다.
121 중력가속도: 우리가 일상에서 느끼는 중력의 강도를 나타내며, 보통 'g'로 표시된다. 1g는 지구에

능한 한 낮은 고도에서 풀아웃하는 것이 바람직하다. 드론의 경우, 구조적인 이유와 조종사가 없기 때문에 이것이 문제가 되지 않는다. 드론과 관련이 있는 더 중요한 문제는 지상까지의 거리를 아는 것이다. 그래야 풀아웃이 필요한 시점을 알 수 있기 때문이다. 예를 들어 나무나 나뭇가지를 어떻게 피할 것이냐 하는 문제도 이것과 관련이 있다. 급강하 폭격은 정확도가 높을 수 있고, 수평 폭격은 특정한 폭격조준기를 사용하면 가능하겠지만, 기총소사와 결합하여 가장 쉽게 사용할 수 있는 것은 정면으로 발사되는 로켓일 것이다.

유도탄은 정확도가 더 높은데, 전술적인 적합성, 소형화, 낮은 비용 등을 고려할 때 우리가 선택할 수 있는 가장 확실한 유도 방식은 레이저 유도이다. 그럼에도 불구하고 짧은 사거리를 고려하면 레이저로 유도되는 유도탄을 사용하는 것은 필요 이상으로 너무 복잡한 방식일 수 있다.

드론 간의 근접공중전은 실제로 인기 있는 취미이다. 쿼드콥터는 너무 느리기 때문에 날개 달린 드론이 사용된다. 드론에는 가상현실 헤드셋에 자이로 센서가 달린 카메라가 장착되어 있다. 운용자는 마치 조종석에 앉아 있는 것처럼 드론을 조종한다. 이제 남은 것은 총격전에 사용하기 위해 총기를 장착하는 것이다.

카메라를 사용하면 피아식별 문제를 해결할 수 있다. 이제는 모든 정체를 알 수 없는 드론을 격추하기 전에 '적'인지를 시각적으로 확인할

서 우리가 느끼는 중력의 힘을 의미한다.

수 있다. 전장에서 드론의 밀도가 높아지면 신뢰할 수 있는 피아식별이 필요해지고, 아군과 적군이 섞일 경우에는 무선 기반 피아식별장비는 제대로 작동하지 않을 가능성이 크다.

자율근접공중전$^{Autonomous\ dogfighting}$이 가능한 드론은 탑재된 카메라를 사용하여 목표물을 탐지하고 추적한다. 이 과정에서 운용자는 필요하지 않다. 공중에 있는 드론이 적군인지 아군인지를 자율적으로 식별하는 작업은 오늘날의 인공지능 기술로 충분히 수행할 수 있다. 그러나 자율적인 기총소사와 폭격은 특히 목표물이 위장되어 있는 경우 훨씬 더 어려운 문제이다.

전투 드론$^{Fighter\ drone}$의 가장 큰 문제는 적의 드론을 찾는 것이다. 전투 드론이 적의 드론을 요격하기 위해서는 어딘가에서 정보를 제공받아야 한다. 전투 드론은 지상에서 적의 드론을 발견한 누군가가 배낭에서 꺼내 손으로 적의 드론이 있는 방향으로 간단히 날리기만 하면 된다. 이것은 최소한 아군 보병에게 반격할 수 있는 수단을 제공해준다. 이렇게 하는 것이 적의 공격에 취약하다고 느끼면서 무기력하게 있는 것보다 더 낫다.

다른 드론들을 찾기 위해 드론 기반 레이더를 사용하는 것은 자연스러운 선택이며, 능동전자주사배열레이더^{AESA}, 측방감시레이더^{SLAR} 및 합성개구레이더^{SAR}가 일반적인 대안이 될 수 있다. 일반 드론에 장착된 카메라는 탐지거리가 더 짧지만, 공중에 충분한 수의 드론이 있으면 여전히 유용한 탐지거리를 제공할 수 있다.

전투 드론은 지상 기반 대공포와 비교할 수 있다. 대공포의 가장 큰 문제는 제한된 사거리이다. 사거리를 늘리는 한 가지 방법은 더 강력한 화기를 사용하는 것이다. 전투 드론이 대신 하는 일은 화기를 목표물에 좀 더 가까이 가져가는 역할을 하는 것이다. 전투 드론은 사거리에 상관없이 빠르게 이 임무를 수행할 수 있다. 과거에는 제한된 사거리 문제를 대부분 하드웨어로 해결하려 했지만, 이제는 비용 대비 효과 면에서 더 좋은 소프트웨어로 해결할 수 있게 되었다.

CHAPTER 9
드론 전술
Drone Tactics

위장

드론의 하부는 하늘이 배경으로 보이기 때문에 일반적인 연한 회색으로 도색해야 한다. 반면, 드론의 상부는 지상이 배경이 되기 때문에 연한 회색은 오히려 눈에 띄므로 피해야 한다. 드론의 상부는 지상 차량과 유사한 위장 패턴으로 칠해야 한다. 이것은 주로 날개가 달린 드론에 적용된다. 날개 면적wing area[122]이 작고 '거미처럼 생긴' 멀티로터 드론은 위장을 하지 않아도 배경과 잘 어울려서 잘 눈에 띄지 않는 경향이 있다.

드론이 상공에서 뚜렷하게 보이는 것이 더 좋은 경우도 있다. 예를 들어, 감독 드론supervising drone[123]은 공격 드론을 명확하게 식별하여 목표를 향해 더 정확하게 유도할 필요가 있다. 또한, 공격 드론은 기지로 돌아오지 않기 때문에 위치가 노출될 위험이 없다.

기지 구축

드론 운용자가 가장 먼저 해야 할 일은 기지를 구축하는 것이다. 기지는 어떤 적 자산을 목표물로 삼든 드론이 해당 목표물에 도달 가능한 거리 내에 위치해야만 실질적인 작전 효과를 기대할 수 있다. 적 보병

---

[122] 날개 면적: 항공기의 양력을 생성하는 날개의 전체 표면적을 의미한다. 이는 보통 위에서 보았을 때의 투영 면적을 말한다.

[123] 감독 드론: 다른 드론(특히 공격 드론)의 작전을 모니터링하고 지원하는 역할을 수행하는 드론이다. 일반적으로 고고도에서 작전 상황을 파악하며, 공격 드론을 보다 효과적으로 목표로 유도하거나 작전의 성공률을 높이는 데 사용된다.

과 차량을 추적하는 소형 전술 드론의 운용자는 아군 보병과 긴밀히 협력하여 기지를 구축한다. 전선과 가까울수록 아군과 적군의 지뢰 위치를 포함하여 적의 위치를 정확히 파악해야 한다.

드론 운용자 외에도 더 많은 인력이 필요하다. 무장 드론의 경우, 무장 및 신관 장치를 포함하여 적절한 무장을 안전하게 장전하는 방법을 아는 훈련된 인력이 필요하다. 작전 환경에 따라 정찰 드론과 공격 드론 등 다양한 종류의 드론을 운용할 수 있다. 드론 운용을 위해서는 충전기 및 연료보급장비, 조종장치, 무선장비 등 다양한 장비를 상시 점검하고 관리할 인력이 필요하다. 몇 시간 이상 지속적으로 작전을 수행하려면 교대 근무가 필수적이다. 드론을 탄약처럼 운용할 수도 있는데, 그럴 경우 아주 세심한 유지관리가 필요하다.

대부분의 무선 링크radio link[124]는 가시선line-of-sight 범위 내에서 이루어진다. 대부분의 경우, 드론은 일정 높이 이상의 고도에서 비행함으로써 가시선을 유지하려 한다. 그렇기 때문에 드론 운용 기지를 비교적 고지대에 설치하는 것은 여전히 바람직하다. 그렇다고 반드시 큰 언덕 꼭대기에 설치할 필요는 없다. 오히려 그런 위치는 지나치게 눈에 띄어 노출될 수 있기 때문이다. 그 대신, 기지를 언덕의 후사면에 설치하면 적의 눈에 띄지 않는다. 반면, 산마루는 드론 운용자에게 적합한 장소이자, 적을 전반적으로 관찰하기에도 좋은 장소이다. 또한, 고지대는 배수가 잘 되어 참호나 엄폐호를 건조하게 유지할 수 있다.

---

[124] 무선 링크: 물리적인 케이블 없이 무선 신호로 두 장치 간에 데이터를 주고받는 연결을 말한다.

드론의 실효 운용 반경을 최대화하고 드론 운용자가 가능한 한 전선에서 최대한 멀리 떨어져 조종할 수 있게 하기 위해서는 일반적으로 지향성 안테나$^{directional\ antenna}$가 필요하다. 지향성 안테나는 임시로 설치된 마스트에 장착된다. 드론 운용자가 드론을 조종하기 위해 송출한 신호를 적이 탐지하면 드론 운용자의 위치가 노출될 수 있다. 따라서 안테나는 드론 운용자로부터 멀리 떨어진 곳에 설치하는 것이 바람직하다. 이때 안테나로 가는 신호의 손실을 최소화하기 위해 긴 고품질의 동축 케이블이 필요하다.

드론의 발사와 회수는 적의 눈에 띌 수 있으므로, 기지에서 수행해서는 안 된다. 드론 발사는 기지로부터 어느 정도 떨어진 곳에서 수행하는 것이 더 안전하다. 또한 드론 회수는 발사 장소가 아니라 기지로부터 멀리 떨어져 있는 다른 장소에서 수행하는 것이 좋다. 적이 드론을 발견한 후 기지로 복귀하는 드론을 조용히 추적해 포격을 가할 수 있기 때문이다. 낙하산을 이용해 착륙하는 고정익형 드론은 회수 과정에서 비교적 쉽게 적의 눈에 띌 수 있다.

적은 드론을 주시하고 있다가 기지를 파괴하려고 할 것이다. 소형 드론을 효과적으로 운용하기 위해서는 기지가 전선에서 너무 멀리 떨어져 있어서는 안 된다. 보병은 엄폐시설을 갖춘 엄폐호 안에서 기지를 방어해야 하며, 무엇보다도 기지는 위장이 잘 되어 있어야 한다. 만약 기지가 공중에서 발각되면, 박격포와 포병 공격을 받을 가능성이 크다. 드론 운용자는 파편에 맞을 것에 대비해 전신 방탄복을 착용해야 한다. 드론 운용자에게 기동성은 중요한 고려사항이 아니므로 전신 방탄복을 착용해 전투중량이 증가하더라도 그만한 가치가 있다.

적 포병 추적 임무는 단거리 드론이 수행하기에는 무리가 있다. 적 포병은 통상적으로 전선에 멀리 떨어진 후방에 배치되기 때문이다. 장거리 드론을 이용하면 전선으로부터 몇 킬로미터 후방에 배치할 수 있어 덜 위험하지만, 여전히 엄폐시설과 위장이 필요하다.

주요 문제는 다양한 드론, 제어기, 무선통신 장치, 컴퓨터 등에 필요한 모든 배터리를 어떻게 충전할 것인가이다. 이것은 모든 현대 군대에서 중요한 문제이며, 드론의 사용이 증가함에 따라 점점 더 심각해지고 있다. 여분의 배터리를 가지고 다니는 것은 일시적으로 도움이 되지만, 이 또한 결국에는 발전기나 전력망을 통해 전력을 공급받아야 한다.

기지는 오래 가지 않을 것이다. 기지가 탐지되는 즉시 적의 재밍(전자방해)과 포병 공격으로 인해 기지를 옮길 수밖에 없을 것이다. 따라서 그것에 대비해 이동 수단을 준비해두어야 한다. 민간용 험로주행차량offroad vehicle으로도 충분하지만, 장갑차량이 더 바람직하다.

●

임무 계획

임무 계획Mission Planning에는 탐지해야 할 목표물, 해당 목표물이 위치할 가능성이 높은 지역, 그리고 탐지되거나 격추당하지 않고 목표물에 접근할 수 있는 위치를 확보하는 전술적 방법이 포함된다.

이러한 질문에 답하는 것은 복잡한 일이다. 여기에 약간의 통계 기법을 적용하면, 탐색의 효율성을 두 배로 높이고 드론의 수를 두 배로 늘

서버에 저장된 크라스노폴(Krasnopol)* 탄약 설명서

군수품 보급 기지의 철도수송종점에서 특수 탄약 취급

약한 다리도 교통량이 있지만 하중을 더 견디는 튼튼한 다리가 더 많은 교통량을 감당

주차장에 많은 차량 주차   지면에 남은 차량 흔적   전방에서 멀리 떨어진 숲 인근에서 차량 궤적 발견   포격 검토   추론된 예비 부품 수량

* 크라스노폴: 1970년대 후반부터 개발되어 1986년에 등장한 소련 KBP사에서 개발한 152mm/155mm 구경 지능형 목표물 추적 상부 장갑 공격 지능탄으로, 반자동 레이저 목표물 추적장치, 안정익, 베이스블리드(Base Bleed)탄(비행중 받는 항력을 줄여서 사거리를 늘리기 위해 후방에 가스 분사관을 설치한 유형의 포탄) 설계가 적용되었다.

●●● 빅데이터 분석: 다양한 출처에서 온 여러 유형의 데이터를 통합하여 전장의 상황을 보여주는 개념도.

리는 것보다 비용을 절감할 수 있다. 예를 들어, 많은 경찰서에서는 통계적 방법을 사용하여 다양한 유형의 범죄 발생 가능성을 추정하고 이를 바탕으로 가용 인력을 더 효과적으로 배치하고 있다. 이러한 방법 중 하나가 분류, 군집화clustering[125], 이상치outlier[126], 시계열time series[127] 및 예측을 포함하는 빅데이터 분석이다. 부대에서 가장 치명적인 인물은 구석

---

[125] 군집화: 비슷한 특성을 가진 데이터들을 그룹으로 분류하는 기법이다. 이를 통해 데이터를 더 잘 이해하고, 주요한 패턴이나 경향을 찾아낼 수 있다.

[126] 이상치: 보통 관측된 데이터의 범위에서 많이 벗어난 아주 작은 값이나 큰 값을 말한다. 어떤 의사결정을 하는 데 필요한 데이터를 분석 혹은 모델링할 경우, 이러한 이상치가 의사결정에 큰 영향을 미칠 수 있기 때문에 데이터 전처리 과정에서 적절한 이상치 처리는 필수적이다.

[127] 시계열: 확률적 현상을 관측하여 얻은 값을 시간의 차례대로 늘어놓은 계열. 기상 현상, 경제 동향 따위의 통계 이론에 쓰인다.

에 숨어 키보드를 두드리고 있는 사람일 가능성이 높다.

예를 들어, 적의 교리에 따라 적 포병이 최전선에서 15~20km 떨어진 곳에 배치되어야 한다고 가정해보자. 그런 다음 드론이 전선으로부터 23km 떨어진 적 후방에서 적 포병을 발견했다고 해보자. 이때 적 포병을 탐색하기 위해 드론의 비행 패턴을 어떻게 바꿔야만 할까? 이와 같은 과정은 적 포병 부대나 포병과 관련된 것들이 발견될 때마다 반복된다.

그 다음은 드론의 실제 비행경로를 계획하는 단계이다. 드론은 저고도 비행을 함으로써 탐지를 피할 수 있지만, 이것은 전장을 관찰하는 드론의 주요 목적과 상충된다. 특히 적이 드론의 통신 전파를 탐지하는 데 능숙한 경우, 드론은 전장 진입 및 이탈 시 저고도 비행을 함으로써 탐지를 피할 수 있다. 저고도 비행은 잘 위장된 목표를 찾을 때 유용하다. 중고도에서 비행하면 적의 대공포와 단거리 지대공 미사일을 피할 수 있으며, 더 비싼 미사일의 사용을 강요할 수 있다. 고고도 비행은 가장 비싼 미사일을 제외한 모든 미사일을 피할 수 있다.

적의 레이더 기지 위치가 알려져 있다면(종종 그런 경우가 있다), 드론은 비행 경로를 신중하게 계획하여 탐지를 피할 수 있다. 만약 적의 레이더 탐지거리 내에서 비행해야 하는 경우에도 탐지를 피할 방법은 있다. 최신 레이더는 도플러 효과를 이용해 움직이는 물체와 배경의 혼란을 구분한다. 만약 드론이 레이더 방향으로 전혀 움직이지 않으면 도플러 편이가 발생하지 않아 화면에서 사라지게 된다. 이 전술은 '노칭notching'[128]으로 알려져 있다. 변형된 방법은 주기적으로 노칭을 포함하는 패턴으로 비행하는 것이다. 이렇게 비행하면 드론이 레이더 화면에서 사라졌다가 다시 나타나는데, 이러한 패턴이 함께 반복되면 레이더 운용자에게 큰 혼란을 줄 수 있다.

마지막으로, 계획은 지나치게 정교해서도 안 된다. 계획이 너무 정교하면, 적이 그 패턴을 파악할 수 있다. 적을 계속해서 혼란스럽게 만들기 위해 임무에 어느 정도의 무작위성을 도입하는 것[129]이 바람직하다.

●

군집 비행

드론들은 대형을 이루어 비행할 수 있으며, 대형을 역동적으로 바꿀 수도 있다. 전형적인 시나리오는 대형을 분산시켜 넓은 지역을 탐색한 후에 한곳에 집중시켜 방어체계에 과부하가 걸리도록 하는 것이다. 또 다른 시나리오는 탐색 과정을 생략하고 바로 조직적인 공격을 수행하는 것이다.

군집 비행^{Swarming}이 이렇게 구현된다는 가정 하에 이러한 능력을 갖추기 위한 진입 비용은 드론 간 통신 링크를 구축하는 데 드는 링크 비용$^{link\ cost}$[130]이다. 적은 이 링크를 탐지하고 방해할 수도 있다.

---

128 노칭: 레이더 탐지를 피하는 기술 중 하나로, 드론이나 다른 이동하는 물체가 레이더의 탐지거리에서 사라지게 만드는 방법이다. 이 기법은 도플러 효과를 활용하는 방식으로, 드론이나 물체가 레이더 방향으로 전혀 움직이지 않게 비행하는 것이다.

129 무작위성 도입: 계획에 일정 부분 예측할 수 없는 요소나 변화를 도입하여 적이 예측하거나 분석하기 어렵게 만드는 전략을 말한다. 이는 적이 반복되는 패턴을 인식하지 못하게 하고, 혼란을 주기 위해 계획에 일부 예상치 못한 변수를 추가하는 것을 의미한다.

130 링크 비용: 네트워킹 장비들의 각 인터페이스에 연결된 링크에 드는 부담, 노력, 비용을 말한다.

군집 드론에 대해 논의할 때 종종 많은 수의 저가 드론 운용을 언급한다. 이때 염두에 두어야 할 두 가지 사항은 다음과 같다. 첫째, 저가 드론은 일반적으로 체공시간이 짧아서 전선 근접지역에서 대량의 드론을 어떻게 보급할 것인가 하는 군수 문제가 발생한다는 점이다. 둘째, 민간 분야에서는 군집 드론의 활용 사례[131]가 거의 없기 때문에 군집 비행이 가능한 드론이 저렴하지 않을 가능성이 있다는 점이다.

동일한 목표물을 향해 동시에 여러 대의 드론을 발사하는 기본적인 군집 드론 전술만으로도 적의 방어체계에 과부하를 주기에 충분하다. 이러한 방식은 군집의 일부 드론이 파괴되더라도 나머지 드론이 임무를 수행할 것이기 때문에 임무 성공에 대한 일정 수준의 확실성을 담보한다.

또한, 군집 드론 운용은 물리적인 의미의 군집보다는 한 명의 운영자가 여러 대의 반자율 드론을 제어할 수 있도록 하는 드론 관리의 문제에 더 가깝다고 할 수 있다.

드론 간 통신이 여전히 유용한 경우들이 있는데, 바로 여러 대의 드론이 공격 패키지로 협업하는 경우이다. 이 경우, 일부 드론은 적의 레이더를 재밍하는 임무를 수행하고, 나머지 다른 드론은 적의 재머를 공격하는 임무를 수행할 수 있다.

---

131 군집 드론을 위한 제어 기술에는 중앙집권식 통제 방식과 분권화 통제 방식, 이 두 가지 방법이 있다. 이 두 가지 방법은 드론들이 협력적으로 작업을 수행하는 방식에 있어서 관리와 조정의 중심화 정도에 따라 차이를 보인다. 민간에서는 주로 상업적 목적을 위해 중앙집권 통제 방식을 사용하며, 군사적으로는 임무의 융통성을 높이고 위험을 줄이기 위해 분권화 통제 방식을 사용한다.

특정 드론이 촬영한 영상은 인근의 지상군이나 공격을 준비 중인 헬리콥터 또는 폭격기 등 관련자들에게 전송된다. 이는 분명히 유용하지만, 다른 부대나 병과에서 사용하는 장비가 다르기 때문에 전송하기 어려울 수 있다.

드론들은 통신 링크가 없어도 서로 협력할 수 있다. 예를 들어, 정찰 드론이 공격 드론이 목표물을 찾는 것을 돕는 경우이다. 이 경우 두 드론은 각각 서로 다른 한 명의 운용자가 조종하는 단순한 드론으로, 두 운용자는 서로 옆에 앉아 정보를 공유한다.

실제로 전장 전체는 다양한 협업을 수행하는 다양한 종류의 드론으로 구성된, 본질적으로 이질적인 하나의 거대한 군집이라고 할 수 있다. 이러한 드론 군집은 사실상 전통적인 전투부대와 크게 다르지 않은 방식으로 조직되고 관리된다.

●
지속적인 압력

전장에서 드론이 널리 사용되면 모든 것이 무너진다. 만약 드론이 저렴하고 대량 생산이 가능해지면, 미사일이나 심지어 총기조차도 너무 비싼 수단이 될 것이다. 이것은 정말 위험하다. 물리학과 전자공학 측면에서 보더라도 정찰 드론이 고성능화·스마트화되면서 전장을 가득 채울 수 있을 정도로 저렴해지는 것을 막을 수 있는 것은 거의 없다.

전선의 병력과 차량 밀도를 고려해보자. 최근 몇 년 동안 발생한 전쟁과 현재 진행 중인 전쟁의 데이터를 바탕으로 대략 추정해보면, 전선 1km당 평균적으로 100명의 병사, 1대의 전차, 3대의 기타 장갑차, 1문의 포가 배치된다. 비용과 인력 측면에서 보면, 전선 1km당 약 5대의 드론이 운용될 것으로 예상된다. 전선의 종심이 몇 킬로미터라고 가정하면, 드론 밀도는 $1km^2$당 약 1대 정도가 된다. 이제 전선에 있는 병사는 적의 드론으로부터 500m 이내에 있게 된다. 이는 비행 속도가 25m/s(90km/h)인 드론이 20초 동안 비행했을 때의 거리이다. 이렇게 되면 더 이상 적의 드론으로부터 도망칠 방법은 없게 된다.

CHAPTER 10
대드론 전술
Anti-Drone Tactics

위장

위장^{Camouflage}은 드론에 대한 첫 번째 방어 수단이다. 하늘에서 감시하는 눈에 끊임없이 노출되기 때문에 숨어 있는 것이 살아남는 주요 방법이 된다.

위장의 목적은 반드시 완전히 보이지 않게 하는 것이 아니다. 대부분의 경우, 눈에 잘 띄지 않는 것만으로도 적의 탐지, 인지 또는 식별 능력을 한계치 이하로 떨어뜨리기에 충분하다.

위장이 잘 되어 있을수록 드론은 특정 지역을 더 가까이에서 집중적으로 탐색해야 한다. 드론의 탐색 범위가 좁을수록 주어진 임무의 범위는 줄어든다. 어느 순간 목표물을 찾는 것이 너무 지루하고 어려워지면, 더 이상 노력과 인력을 투입할 가치가 없게 되어 결국 그것을 중단하게 된다. 이것이 일반적으로 위장이 성공하는 방식이다.

병사들은 가시광선과 적외선 대역 모두에서 눈에 잘 띄지 않는 않는 위장 효과가 우수한 전투복을 착용해야 한다. 차량은 위장망으로 덮어야 하는데, 가급적이면 다중 스펙트럼 탐지에 대한 일정 수준의 은폐 기능을 제공하는 위장망이 바람직하다. 병사와 차량 모두에게 가장 좋은 위장 방법은 작전지역의 나뭇잎으로 위장하는 것이다. 이 위장 방법은 나뭇잎을 끊임없이 교체해주어야 하지만, 실제 작전지역의 나뭇잎처럼 보이는 것보다 더 좋은 위장 방법은 없다.

나무의 잎들이 무성하면 병력을 은폐하기에는 충분하지만, 차량을 숨기기에는 충분하지 않을 수도 있다. 수목지대는 언제나 숨어서 주변을 관찰하는 데 유용하다. 건물은 차량을 숨기기에 좋은 장소이며, 포장도로와 같이 노면이 단단한 도로는 공중에서 볼 수 있는 어떠한 흔적도 남지 않는다. 도시에서 전투가 벌어질 경우, 건물 사이를 이동할 때 적의 시야를 차단하기 위해 차양이나 천막을 통로 위에 걸어두는 광경을 흔히 볼 수 있다. 이러한 지형적 특성을 가진 지역은 전투를 벌여 점령할 가치가 있다.

소형 포병 장비는 숨기기가 더 쉽다. 무게가 가벼운 장비일수록 땅에 흔적을 남기지 않고 사격 진지 변환이 쉽다. 흔적이 남은 경우는 흔적을 제거해야 한다. 흔적이 무성한 숲으로 이어진다면, 그 안에 무언가가 숨겨져 있다는 것을 쉽게 추측할 수 있다. 장비의 무게가 무거울수록 흔적을 감추기가 더 어려워진다.

지형지물 뒤에 숨는 것은 전술의 기본이다. 하지만 적절한 지형지물이 없다면, 직접 땅을 파서 은폐물을 만들어야 한다. 보병들이 사용하는 군용 접이식 삽은 참호를 파거나 엄폐물을 구축하는 데 가장 유용한 도구 중 하나이다. 그러나 폭발 파편을 막기 위해 파놓은 참호나 은폐호는 공중에서 쉽게 식별할 수 있기 때문에, 이를 보이지 않게 위장해야 한다. 간단한 그물만으로도 드론에서 투하된 수류탄으로부터 어느 정도 보호할 수 있다. 보다 튼튼한 엄폐물을 구축하면 공격 드론이나 공중 폭발형 탄약으로부터 보호받을 수 있다.

그리고 열 발산을 줄여야 한다. 엔진은 반드시 꺼야 하며, 나무를 태우는 난로는 눈에 보이는 연기를 발생시키므로 디젤과 같은 더 깨끗한 연료를 사용하는 작고 효율적인 난로로 교체해야 한다. 계속 가동해야 하는 열원은 반드시 단열 시트로 덮어야 한다. 추운 날씨에 보온을 유지하는 것은 병사와 장비 모두에게 큰 문제가 될 수 있다. 열 감지 센서는 기온이 낮을 때 보온을 유지하는 것에 민감하게 반응한다는 점을 항상 기억해야 한다.

숨어 있다는 것은 무선침묵$^{radio\ silence}$을 유지하고 있다는 것을 의미한다. 현대 전장에서 신호 정보는 매우 중요한 요소이므로, 무선통신은 최소한으로 줄여야 한다. 반드시 사용해야 한다면, 가능한 한 가장 낮은 출력으로 설정하고, 시간이 걸리더라도 지향성 안테나를 설치하는 것이 좋다. 가능하다면 은신처가 아닌 다른 장소에서 무전을 송신하고, 지형을 이용해 신호가 노출되지 않도록 해야 한다. 작전 보안은 철저히 유지되어야 한다. 만약 누군가가 휴대전화를 꺼내 이메일을 확인하려 한다면 심각한 위험을 초래할 수 있다. 휴대전화를 꼭 사용해야 한다면, 보안에 영향을 주지 않는 장소에서 짧은 시간 동안 데이터를 송·수신하고, 즉시 비행기 모드로 전환한 후 전원을 완전히 끄거나(가능하면 배터리를 분리하고), 패러데이 백$^{Faraday\ bag}$[132] (투명한 패러데이 백을 사용하면 휴대전화를 그 안에 넣은 채 계속 조작할 수 있다)에 넣어야 한다.

위장 상태를 유지하면 이동과 전투 작전에 방해가 될 수 있다. 병사가 이동하면 에너지를 소모하게 되고, 이 에너지는 결국 열로 방출된다. 일정 시간 동안은 열 차단 기능이 있는 의류를 사용해 열을 내부에

---

[132] 패러데이 백: 전자기파 차단을 위해 설계된 특수한 가방으로, 내부에 전도성 소재(보통 금속섬유)가 포함되어 있어 외부의 전자기 신호(예: 와이파이, 블루투스, GPS, 셀룰러 신호 등)가 내부 장치에 도달하지 못하도록 차단할 수 있게 만들어진 용기이다.

가둘 수 있지만, 결국에는 과열될 것이다. 야간, 안개, 낮은 구름층은 이동을 은폐하는 데 유용하지만, 신뢰할 수 있는 은폐 수단은 아니다. 긴급한 상황에서는 연막을 사용할 수도 있지만, 연막은 적의 주목을 끌게 되어 연막 속에 무엇이 있는지 탐색하려 할 가능성이 높다. 그러나 어떤 방법을 사용하든, 어느 정도라도 은폐하는 것이 훨씬 낫다.

위장에 대한 모든 사항은 전선의 전투 지역뿐만 아니라 후방 지역에도 동일하게 적용된다. 적 드론의 작전 범위 내에 있는 모든 지역에서 위장은 필수적이다.

결국 위장의 핵심은 철저한 규율을 지속적으로 유지하는 것이다. 위장은 시간이 남을 때 하는 선택적인 일이 아니라, 모든 행동에서 자동으로 실행해야 하는 필수 요소이다. 위장을 얼마나 소홀히 하느냐에 따라 적에게 얼마나 눈에 띄게 될지가 결정되며, 적에게 얼마나 눈에 띄느냐에 따라 얼마나 손해를 감수하느냐가 결정된다. 속담에도 있듯 땀을 많이 흘릴수록 피를 적게 흘린다.

●
기동성

숨는 것의 대안은 끊임없이 이동하면서 적의 조준 및 공격 주기보다 빠르게 위치를 변경하는 것이다. 소형 드론 대부분은 무장이 없거나, 있어도 가벼운 무장만 달려 있다. 따라서 더 강력한 무기로 무장하려면 일반적으로 몇 분 정도의 시간이 소요된다. 목표물이 계속 이동 중인 상태에서 이러한 시간 지체는 목표물을 명중시킬 수 있는 타이밍을 놓친다는 것을 의미한다. 물론 적도 조준 및 공격 속도를 더 빠르게 하려고 하겠지만, 목표물은 더욱 기동성을 높여 대응해야 할 것이다.

이동은 결국 일시적인 해결책일 뿐이다. 언젠가는 멈춰야 한다. 결국 사람은 식사하고, 잠을 자거나 연료를 보충하는 등 정기적으로 정비를 해야 하기 때문이다. 그때가 되면 다시 위장하거나 소산消散[133]해야만 한다.

●

소산

모든 것을 소산시키면 드론 조종사가 목표물을 찾기가 어려워진다. 또한, 그 지역에 실제로 무엇이 있는지, 왜 그곳에 있는지, 그리고 얼마나 중요한 목표인지 추정하기 어렵다.

그러나 소산을 하는 가장 큰 이유는 피해를 최소화하기 위해서이다. 소산은 적의 공격이 성공할 것이라는 전제 하에 공격 효과가 너무 적어서 더 이상 공격할 가치가 없게 만드는 작용을 한다.

소산의 가장 큰 문제는 지휘 및 군수 체계에 문제를 초래하고, 목표물에 병력을 집중적으로 투입하기 어렵다는 점이다.

소산의 또 다른 문제는 인간의 본능에 반한다는 것이다. 인간은 사회적 동물이기 때문에 특히 위험에 처했을 때 본능적으로 함께 모이려고

---

[133] 소산: 군사작전이나 재난 대비에서 인원, 장비, 시설 등을 한곳에 집중시키지 않고 여러 지역으로 분산시키는 것을 뜻한다. 소산은 공격받을 위험을 줄이고, 생존 가능성을 높이며, 작전 수행 능력을 유지하기 위한 목적으로 시행한다.

한다. 함께 모여 있는 것은 먹힐 위험을 줄여주기 때문에 포식자를 피하는 데 효과적이다. 이는 인간뿐만 아니라 물고기 떼, 새 떼, 풀을 먹는 초식동물 무리에게도 적용된다. 그러나 포탄은 포식자가 아니다. 포식자는 자신이 먹을 수 있는 만큼만 죽인다. 반면, 포탄은 반경 내의 모든 것을 파괴하기 때문에, 최소한 그 반경만큼 떨어져 있어야 한다. 이러한 거리를 유지하면서도 다른 이유로 인해 지나치게 떨어지지 않도록 하기 위해서는 훈련과 규율이 필요하다.

●

진지 강화

숨고, 도망치거나 소산하는 것에는 한계가 있으므로 때로는 그 자리에 머물러서 닥쳐오는 상황을 감당해야만 한다. 이는 땅을 깊이 파고들어가 그 안에서 편안하게 지낼 수 있어야 한다는 의미이다. 지하실, 벙커 또는 기타 복합시설과 같은 기존의 지하 구조물이 있다면 당연히 큰 도움이 된다.

●

감시

작전 지역 내 드론이 출현했음을 조기에 경고하기 위해서는 지속적이고 면밀한 경계 감시가 필수적이다. 드론이 발견되면, 목표물이 될 가능성이 큰 잠재적 목표물들은 엄폐물을 찾고, 강력하고 정확한 방어 사격을 준비해야 한다. 소총 사격으로 드론을 격추하는 경우[134]는 거의 드물지만, 드론이 접근하지 못하게 함으로써 위장을 더 쉽게 할 수 있다.

운용 패턴 관찰

드론이 목표물 탐색에 통계를 활용하는 것처럼, 드론을 감시하는 측도 이를 이용할 수 있다. 적 드론의 운용 패턴을 관찰하면 향후 행동을 예측할 수 있다. 이를 활용하여 드론을 포착할 가능성이 높은 곳에 총과 미사일 포대를 배치할 수 있다. 예를 들어, 적 드론이 초계 지역으로 이동하는 동안 도로나 하천을 따라가는 '핸드레일링hand-railing' 방식을 즐겨 사용한다면, 이는 유용한 정보가 될 수 있다.

드론 운용자 공격

아군 드론이나 신호 정보를 통해 적 드론 운용자의 위치를 일단 파악하면, 박격포 또는 포병 사격으로 적 드론 운용자를 공격할 수 있다. 이는 운용자가 전방에 가까이 있어야 하는 성가신 소형 드론에 특히 효과적이다.

---

134 최근에는 기술 발전으로 인해 소총으로 드론을 격추할 수 있는 유용한 조준 장치가 속속 개발되고 있다. 그 대표적인 사례가 이스라엘의 스마트 슈터(smart shooter)이다.

전투 드론 배치

여기에서는 전투 드론이 존재한다는 가정 하에 그것을 바탕으로 논의를 전개하겠다.

공격 드론이나 간접 사격과 같은 수단을 사용하여 타격할 가치가 있는 목표물을 찾아 끊임없이 배회하는 적 전술 드론이 전장을 뒤덮은 장면을 떠올려보자. 정찰 임무를 수행하는 전술 드론은 시간적으로나 공간적으로나 전장 전체에 고르게 분포하는 경향이 있다. 전술 드론은 한곳에 몰려 있지 않으며, 기습적인 공격을 감행하지도 않는다. 전술 드론은 항상 어디에나 있어야 한다. 이제 체계 요구사항$^{system\ requirement}$은 전장에서 이러한 적 전술 드론들을 일소하는 것이다.

전투 드론의 최상위 구현 요구사항은 고속성과 장기 체공 능력이다. 이를 통해 넓은 지역을 신속하고 지속적으로 소탕할 수 있다.

이러한 요구사항을 반영하여 구현한 전투 드론은 피스톤 엔진으로 구동되며 적 드론을 한 대 이상 격추할 수 있는 총기와 충분한 탄약으로 무장한 고정익 드론이다. 전투 드론은 아마도 사출기^{catapult}를 이용해 발사될 것이며, 낙하산을 이용해 착륙할 것이다. 드론 자체에는 카메라가 장착되지만, 무게와 비용 문제로 인해 자체 레이더는 없을 수도 있다.

효율적인 소탕을 위해 전투 드론은 다른 센서들(일반적으로 네트워크로 적절히 관리되는 지상 및 공중 기반의 레이더)로부터 목표물에 대한 정보를 제공받아야 한다. 효율적인 소탕의 핵심은 전투 드론의 위치, 즉 전투 드론이 어디에 배치되어 있느냐와 어떻게 목표물을 찾아내느냐에 달려 있다.

전투 드론이 아무리 효율적으로 소탕을 하더라도 여전히 빠져나가는 적 전술 드론이 있을 수 있다. 고위험 임무에서 자신을 희생하는 드론이 단 한 대만 있어도 일부 드론은 빠져나갈 수 있다. 정찰의 관점에서 보면, 격추되기 전에 전장을 재빨리 파악하는 것만으로도 가치가 있을 수 있다. 따라서 전투 드론의 배치가 유일한 해결책은 아니며, 이는 다층 방어체계의 한 구성요소에 불과하다.

정찰 임무를 수행하는 드론들이 전투 드론에 격추되는 것을 방어할 수 있는 몇 가지 방법이 있다. 편대 비행formation flying이나 아군 전투 드론의 호위는 효과적인 방어책이 아니다. 이 두 가지 모두 더 많은 드론이 추가적인 임무에 투입되지 못하고 동일한 임무 수행에 묶여 있다는 것을 의미한다. 또 다른 방어 방법은 더 높은 고도로 비행하는 것이다. 하지만 이 방법은 지상 목표물을 탐지해야 하는 본래 임무를 수행하기 어렵게 만든다. 다른 대안으로는 비행 속도를 높여 요격을 어렵게 만드는 것이 있다.

전투 드론에 대한 가장 효과적인 방어 수단은 다른 전투 드론일 가능성이 크다. 이는 결국 어느 쪽이 공중우세를 장악하느냐의 문제로 귀결되는데, 여기에서는 드론의 관점에서만 살펴보면 결국 가장 우수한 전투 드론을 배치하고 근접공중전용 소프트웨어를 보유한 쪽이 승리하게 될 것이다.

공격 드론은 다르다. 공격 드론은 체공 시간이 짧으며, 목표물을 향해 곧장 돌진하기 때문에 요격하기가 어렵다. 반면에 공격 드론은 정찰 임무의 대부분을 수행하는 정찰 드론에 의존하기 때문에, 정찰 드론이 제거되면 목표물을 찾는 데 어려움을 겪게 된다. 공격 드론이 자체 정찰을 수행할 만큼 충분한 체공 시간을 가진다면 크기가 커지고 속도가 느려질 가능성이 크기 때문에 전투 드론의 공격에 취약해질 수밖에 없다.

CHAPTER 11

드론을 활용한 제병협동작전
Combined Arms Operations Using Drones

제병협동

지금까지 우리는 전장에서 다른 전투 요소들과 분리된 채 단독으로 운용되는 드론에 대해서 살펴봤다. 그러나 실제 전쟁에서 결정적인 요소는 제병협동combined arms이다. 팀은 개인을 이기게 마련이다.

보병을 위한 관측

이 임무는 공중에서 드론이 전장 상황 영상을 촬영해 실시간으로 제공함으로써 소규모 부대 전투 중인 보병을 지원하고 근거리 작전에서 흔히 발생하는 혼란을 줄여준다. 또한 이러한 임무에는 적의 위치, 이동 방향, 재장전 시점을 보병에게 알려주는 것뿐만 아니라, 수류탄으로 적의 참호를 파괴시킬 때까지 특정 방향으로 일정 거리를 정확하게 투척하도록 돕는 탄착수정[135]이 포함되기도 한다.

일반적으로 사용되는 드론은 시중에 판매되는 소형 멀티로터 상용제품COTS, Commercial Off-The-Shelf으로, 운용자에게 실시간으로 영상 피드video feed[136]를 제공한다. 드론은 수명이 짧지만 활용도가 높을 것으로 예상되기 때문에 예비 드론을 많이 확보해둬야 한다.

---

[135] 탄착수정: 투하 또는 발사된 폭탄이나 탄환의 탄착점을 보고 재사격 전에 영점을 수정하는 것을 말한다.

[136] 영상 피드: 실시간으로 촬영된 영상을 운용자에게 전송하는 기능 자체를 의미하며, 주로 모니터나 디스플레이를 통해 영상을 직접 확인하는 개념에 가깝다.

아주 간단히 말하면, 드론 운용자는 수류탄을 던지거나, 유탄발사기 또는 박격포를 운용하는 병사와 같은 역할을 한다. 드론이 호버링하면서 실시간으로 영상을 제공하면, 드론 운용자는 화면을 보고 원하는 목표물에 명중할 때까지 탄착점을 수정한다. 드론 운용자와 보병 간에 무선 링크가 있는 경우, 단거리 음성 교신만 가능하다. 그때그때 상황에 따라 주택이나 수목선, 개별 사격 위치 등에 대해 간략하게 설명하는 정도로 짧게 의사소통한다.

이 드론들은 소대나 중대급의 소규모 부대에서 유기적으로 운용될 가능성이 크다. 운용 시간이 짧기 때문에 전장에서 교대로 운용하기 위해서는 여러 대의 드론이 필요하다. 드론의 자율성 수준에 따라 여러 명의 운용자가 필요할 수도 있다. 드론 운용자들은 보병의 전술 운용 방식과 요구사항을 이해하기 위해서 보병과 함께 훈련을 해야 한다.

이 수준에서는 신호 정보 수집 활동이 거의 이루어지지 않는다. 무선 통신이 너무 간헐적으로 이루어질 뿐만 아니라 통신 시간도 너무 짧기 때문이다.

●

전차를 위한 관측

아군 전차가 표적에 대한 직접적인 시야 확보가 어려운 지형지물 뒤에 숨어 있는 경우, 드론이 아군 전차를 위해 탄착점을 관측하고 탄착수정을 하는 것 역시 드론을 활용한 제병협동 방법 중 하나이다. 예를 들어 적이 이용할 것으로 예상되는 도로 한 구간이 표적 지역이 될 수도 있다. 이러한 유형의 간접 사격은 일반적인 전차 사격보다 사거리가 훨씬 더 길 수 있다.

이것을 변형한 또 다른 드론 활용 방식은 아군 전차가 지형지물 뒤에 숨어 있어서 그 너머를 볼 수 없을 때 드론을 전차에 연결한 상태로 띄워 지형지물 너머를 보는 데 활용하는 것이다. 그 밖에 드론이 표적 정보를 대전차 미사일과 같은 미사일에 직접 전송하는 방식도 있다. 이 경우, 표적을 직접 볼 수 없는 조건에서도 미사일은 표적을 향해 발사된다.

이 드론들 역시 소대나 중대급의 소규모 부대에서 유기적으로 운용될 가능성이 크다. 또한, 이 수준에서도 신호 정보 수집 활동은 거의 이루어지지 않을 것이다.

●
포병을 위한 관측

아군 포병을 위한 표적 탐지는 드론의 핵심 임무이며, 주요 표적은 적의 포병 전력이다. 포병의 화기, 특히 로켓포의 사거리가 점점 길어지고 있는 추세이므로, 이러한 드론은 장거리 운용이 가능해야 한다.

이 임무에 주로 사용되는 드론은 고정익 드론으로, 사출기로 발사되고 낙하산을 이용해 착륙한다. 이 드론은 소형 멀티로터 드론보다 항속거리와 체공시간이 더 길며, 군용 사양에 맞게 제작되지만 비용 절감을 위해 일부 상용 부품을 사용했을 가능성이 크다.

드론 운용자와 포병 부대는 따로 떨어져 작전한다. 드론 운용자는 드론 및 포병 부대와의 통신을 위해 장거리 무선 링크를 사용하며, 경우에 따라 위성 통신을 활용할 수도 있다.

드론 운용자와 포병 부대는 서로 직접 통신을 주고받을 수도 있다. 이 경우, 드론 운용자와 포병은 간단한 음성 통신을 사용할 수 있으며, 같은 부대에 소속되어 함께 훈련했을 수도 있다. 또한, 이들은 표적의 종류와 좌표 정보를 담은 표준 형식의 짧은 문자 메시지를 주고받는 방식을 사용할 수도 있다.

더 나은 해결책은 드론 운용자와 포병 부대를 네트워크화하는 것, 즉 서버에 접속하게 하는 것이다. 다양한 종류의 드론뿐만 아니라 간접 사격 방식이 다양하기 때문에 서버를 활용하면 양쪽 자산을 보다 유연하고 효율적으로 운용할 수 있다. 또 다른 장점은 구현 단계에서 드론 운용자와 포병 부대가 동일한 통신 프로토콜에 합의할 필요가 없다는 점이다. 양측은 서버와만 통신할 수 있으면 되며, 서버가 중개자이자 변환기로서 다양한 통신 프로토콜을 지원할 수 있다. 이처럼 드론 운용자와 포병 부대를 느슨하게 연계하는 방식은 유연성과 확장성이 뛰어난 해결책이 된다.

부대 구조 관점에서 볼 때, 이러한 드론들은 주로 중대급 이상의 부대에 배치될 가능성이 크다. 일부 드론은 신호 정보 및 전자전 임무에 사용되기도 하고 일부는 두 가지 임무 모두에 투입될 수도 있다.

적 방공망 제압

적 방공망 제압SEAD, Suppression of Enemy Air Defenses은 적의 방공체계를 무력화하여 드론과 유인 항공기가 보다 자유롭게 작전할 수 있도록 하기 위한 것이다. 다양한 유형의 드론이 신호 정보 및 기타 전자전 자산과 협력하여 운용될 것으로 예상된다.

최우선 과제는 어떤 방식으로든 적의 레이더를 무력화하는 것이다. 레이더가 무력화되면 적 방공망의 효력은 상당히 떨어질 것이고, 특히 고속 전투기에 대응할 수 있는 시간이 절대적으로 부족하기 때문에 설사 교전이 가능하다 하더라도 효과적으로 교전하기는 어렵다.

재밍 드론은 전통적인 기술을 사용하여 레이더를 교란할 수 있다. 또한, 재밍 드론은 자신이 재밍 드론이 아닌 다른 물체인 것처럼 위장함으로써 레이더를 속일 수도 있다. 재밍은 드론이 적 레이더와 목표물 사이에 끼어들어 신호를 방해하는 방식으로 수행될 수 있는데, 이를 포그라운드 재밍foreground jamming[137]이라고 한다. 포그라운드 재밍은 대개 더 효과적이지만 위험 부담이 크다. 그러나 드론이기 때문에 이러한 위험은 감수할 수 있다.

특수한 전자전 장비가 없는 일반적인 정찰 드론도 적 레이더 및 기타 전자전 자산의 정확한 위치를 파악하는 데 사용될 수 있다. 신호 정보

---

[137] 포그라운드 재밍: 표적과 적 레이더 사이에서 강한 전파를 방출해 탐지나 추적을 방해하는 방식이다. 이에 비해 백그라운드 재밍(background jamming)은 표적 주변이나 표적의 후방에서 배경 노이즈를 만들어 표적 식별을 어렵게 만드는 기만 전자전 기법이다.

를 통해 송신기의 대략적인 위치를 알아내면 정찰 드론이 해당 지역을 수색하여 송신기뿐만 아니라 지휘소와 미사일 발사대를 포함한 은신처를 정확히 찾아낼 수 있다.

이후 이러한 목표물들을 장거리 정밀 유도탄으로 타격할 수 있다. 물론, 공격 드론을 즉각 투입하여 목표물을 파괴할 수도 있다. 이는 비용이 더 많이 들지만, 킬체인을 단축할 수 있다. 어떤 방식이든 목표물 파괴를 선호하는 경우가 많은데, 그래야 해당 전력을 영구적으로 제거할 수 있기 때문이다(이를 적 방공망 파괴$^{DEAD,\ Destruction\ of\ Enemy\ Air\ Defenses}$[138]라 함).

●
재머 무력화

적 방공망 제압^{SEAD}에 적용되는 많은 것들은 적의 재머^{jammer}를 무력화하는 데에도 동일하게 적용된다. 재머는 작동되는 순간 모든 종류의 신호 정보 수집에 의해 쉽게 노출될 수 있기 때문에 공격당하기 쉽다. 재머는 재밍이 필요한 경우(재머가 재밍이 필요한 때를 알 수 있는 방법이 있다는 가정 하에) 재밍이 필요한 방향으로만 방해 전파를 송출하려 할 것이다. 이렇게 함으로써 적의 대레이더 미사일$^{anti-radiation\ missile}$과 신호 정보 수집에 노출되는 것을 최소화할 수 있다. 또 다른 전술적 운용 방식

---

[138] 적 방공망 파괴(DEAD): 적의 레이더, 지대공 미사일, 사격 통제 장비 등 방공 자산을 물리적으로 타격하여 완전 파괴함으로써, 해당 전장에서의 방공 능력을 영구적으로 제거하는 것을 말한다. 이는 전자전 및 재밍 등으로 일시적인 무력화를 노리는 적 방공망 제압(SEAD, Suppression of Enemy Air Defenses)과 구별되며, 보통 정밀유도무기(PGM), 스텔스기, 장거리 무인기 등을 활용하여 수행된다.

은 재머를 전선에서 어느 정도 멀리 떨어진 후방에 배치하는 것이다. 하지만 이 운용 방식은 적에 대한 효과가 떨어질 뿐만 아니라 더 많은 아군 부대가 의도치 않은 부수적인 재밍에 노출될 수 있다.

  드론을 활용하는 한 가지 방법은 드론이 단순히 "있는 그대로" 모습을 드러내거나 더 적극적으로 재머가 재밍이 필요하다고 생각되는 어떤 대상인 것처럼 위장함으로써 재밍을 유발하는 것이다. 이 과정에서 신호 정보 수집으로 적 재머의 대략적인 위치를 빠르게 알아낸다. 이후, 정찰 드론이 해당 지역으로 이동해 재머의 정확한 위치를 확인한 뒤, 정밀 타격을 요청한다.

  예를 들어, 노이즈 캔슬링 헤드폰^{noise cancelling headphones}[139]이 작동하는 것과 같은 방식으로 재머의 신호를 상쇄하는 신호를 송출하여 재머를 직접적으로 방해할 수는 없다. 이는 사용되는 전파의 파장에 비해 거리가 너무 멀기 때문이다. 그러나 재머 운용자를 속이거나 혼란에 빠뜨리거나, 운용자의 통신 자체를 방해하는 방식으로 재머를 방해하는 것은 가능하다.

---

[139] 노이즈 캔슬링: 주변 소음을 줄이거나 제거하는 기술로, 물리적인 차단을 통해 소음을 줄이는 패시브 노이즈 캔슬링(Passive Noise Cancelling) 방식과 전자 신호를 이용하여 소음을 제거하는 액티브 노이즈 캔슬링(Active Noise Cancelling) 방식이 있다.

확률적 접근[140]

드론을 활용한 전투 방식은 다양하다. 어떤 방법은 다른 방법보다 더 효과적이다. 드론을 어떻게, 어디서, 언제, 그리고 어떤 목적으로 운용할 것인지에 대한 많은 결정이 필요하다. 생각해볼 만한 한 가지 방법은 이를 하나의 게임으로 보고, 게임 이론$^{game\ theory}$[141]의 도구를 활용하여 최적의 전술을 찾는 것이다. 그러나 이는 매우 복잡할 수 있다. 실전에서는 경험과 판단에 기반하여 운용해야 하는 경우가 많다.

전장에는 참호 속의 보병, 장갑차량, 포병 진지, 지휘소, 전자전 부대, 보급 센터, 트럭, 레이더 기지, 미사일 발사대, 탄약고와 같은 다양한 목표물이 존재한다. 각 목표물은 비용 대비 효과$^{cost/benefit}$가 다르다.

한 가지 전략은 이 모든 목표물들을 동일한 강도로 공격하는 것이다. 또 다른 전략은 적군 전체를 효과적으로 무력화하기 위해 특정한 핵심 목표물을 집중타격하는 것이다. 예를 들어, 유류 수송 차량을 집중타격하면 적군의 기동능력을 마비시킬 수 있다.

목표물마다 드론의 접근 능력도 다르다. 어떤 목표물은 드론으로만 도달할 수 있다. 예를 들어, 견고하게 참호를 구축한 적군은 포병이나

---

140 확률적 접근: 위험을 최소화하고, 장기적으로 가장 효과적인 결정을 내리는 방식을 의미한다. 이 개념은 단순히 기계적 판단이 아닌, 데이터 분석, 상황 인식, 전략적 목표를 종합적으로 고려한 확률 기반 접근법이다.

141 게임 이론: 게임에서와 같이 자신뿐만 아니라 다른 사람의 행동에 의해서 결과가 결정되는 상황에서 각각의 주체는 자신의 최대 이익에 부합하는 행동을 추구한다는 수학적 이론이다. 게임이론은 각 주체들이 상호작용하면서 변화해가는 상황을 이해하는 데 도움을 주고, 그 상호작용이 어떻게 전개될 것인지, 매순간 어떻게 행동하는 것이 더 이득이 되는지를 수학적으로 분석하는 데 중점을 둔다.

박격포 공격에 크게 영향을 받지 않는다. 또한, 조밀한 지뢰밭 뒤에 있는 목표물은 기계화 부대의 공격으로도 제압하기 어렵다. 그러나 드론이 이 목표물들을 집중적으로 공격하면, 더 이상 진지를 유지할 수 없을 정도로 약화시킬 수 있다.

그리고 전쟁의 유형은 다양하다. 예를 들어, 위험성은 낮지만 지속적으로 적을 소모시키는 소모전$^{attritional\ warfare}$과 위험성은 높지만 큰 보상을 얻을 수 있는 기동전$^{maneuver\ warfare}$이 있다. 속도가 느린 보병의 공격은 아군 방어선 가까이에서 드론을 운용하여 소모를 줄이는 반면, 더 깊이 파고드는 기계화 부대의 돌격은 드론이 적 점령 지역 깊숙이 침투해야 하므로, 드론의 손실이 증가하게 된다.

이때 드론을 얼마나 공격적으로 사용할 수 있고 또 사용해야 하는지, 얼마나 많은 드론을 전선에 투입해야 하는지, 허용 가능한 손실률은 얼마인지, 얼마나 많은 드론을 예비로 확보해야 하는지에 관한 문제들을 고려해야 한다.

또 다른 선택지는 적의 균형을 깨기 위해 핵심 전력을 신속하게 한 전선에서 다른 전선으로 이동시키는 것이다. 장거리 로켓 포병 부대와 이를 지원하는 드론은 이동이 용이하기 때문에 이 상황에서 유용하게 활용될 수 있다. 부분적으로 공격 항공기와 유사한 기능을 수행할 수도 있다.

마지막으로, 모든 것은 적이 이 '게임'에서 어떤 전략을 사용하고 있는지, 특히 적이 대공 및 전자전^{EW} 부대와 같은 대드론 자산을 어떻게 배치하고 사용하는지 고려해야 한다.

CHAPTER 12

테러와의 전쟁

Global War on Terrorism

2001년 9월 11일, 알카에다$^{Al\ Qaeda}$는 뉴욕의 세계무역센터 빌딩을 포함한 미국의 목표물에 대해 테러 공격을 감행했다. 이에 미국은 '테러와의 전쟁$^{Global\ War\ on\ Terrorism}$'으로 알려진 대응을 시작했다. 알카에다는 아프가니스탄에 근거지를 두고 현지 이슬람 급진 세력인 탈레반의 보호 아래 활동하고 있었다.

알카에다의 목표는 미국을 도발하여 이슬람 국가를 침공하도록 유도하는 것이었다. 미국이 이슬람 국가를 침공하면 미국 경제는 파탄에 이르고, 그 여파로 서구 사회가 붕괴하면 칼리프국^{Caliphate}을 재건할 수 있다는 논리였다. 첫 단계는 계획대로 이루어졌으나, 나머지 계획은 실현되지 않았다.

2001년 10월 미국은 아프가니스탄을 침공했고, 탈레반 정권은 신속히 축출되었다. 이는 특수부대$^{Special\ Forces}$, 공군력$^{Air\ Power}$, 그리고 탈레반에 반대하는 아프간 세력의 협력을 통해 이루어졌다. 또한, 일부 금전적 지원이 이루어졌다는 보도도 있었다.

국가 재건을 위한 21년간의 노력이 실패하자, 2022년에 미국은 아프가니스탄에서 철수했다. 탈레반은 다시 정권을 장악했으나, 이제는 자신의 한계를 보다 명확히 인식하고 타국에 칼리프국을 강요하는 데 덜 관심을 갖는 것 같다.

2003년 미국은 이라크를 침공했다. 바그다드는 교과서적인 기계화 공격에 함락되고 말았다. 사담 후세인$^{Saddam\ Hussein}$은 축출되었으며, 소수의 수니파 통치가 종식되었다. 수니파가 주도하던 이라크군은 해체되었으며, 다수인 시아파를 대표하는 군대로 재건되었다. 2010년에는 민주적인 선거가 실시되었고, 이후 미국은 철수했다. 그러나 2014년, 과거 축출되었던 수니파 세력과 이슬람 극단주의자들이 연합하여 ISIS^{Islamic State of Iraq and Syria}를 결성하고 이라크와 시리아 일부 지역을 장악하는 데 성공했다.

2011년, 아랍의 봄^{Arab Spring}의 일환으로 리비아와 시리아에서 내전이 발생했다. 아프가니스탄과 이라크에서의 국가 재건 작업이 미미한 성과에 그친 이후, 서방 국가들은 더 이상 적극적으로 개입하려는 의지를 보이지 않았다. 개입할 가치가 없다고 판단한 것이다. 현재까지도 리비아와 시리아의 내전은 계속되고 있다. 한편, 예멘과 소말리아의 내전은 오랜 역사를 가지고 있으며, 거의 영구적으로 지속될 것으로 보인다.

'테러와의 전쟁^{Global War on Terrorism}'이라는 말은 미국이 만들었다. 그러나 이 말은 사실 부정확한 표현이다. 테러는 국가, 민족, 가치체계가 아닌 전술을 의미하기 때문이다. 미국과 이슬람 극단주의 세력 간의 갈등은 여전히 계속되고 있다.

●

장비

최신 무기체계를 모두 갖춘 초강대국으로서 미국이 운용할 수 있는 군사 장비 목록은 놀라울 정도로 방대하다. 이에 반해, 미국의 적들은 소구경 화기와 급조폭발물^{IEDs} 정도만을 보유하고 있었다. 이 전쟁은 애초부터 동등한 전력 간의 싸움이 될 수 없었다. 이것은 전쟁 역사상 가장 비대칭적인 전쟁 중 하나로 손꼽힐 것이다.

●●● 소형 전술 정찰 드론인 RQ-11 레이븐은 손으로 발사하고 전기 모터로 구동되며, 중량이 1.9kg에 불과하다. 〈사진 출처: WIKIMEDIA COMMONS | U. S. Army | Public Domain〉

CHAPTER 12 테러와의 전쟁 | 207

●●● MQ-1B 프레데터는 여러 가지 면에서 무장 드론의 상징이 된 초기 드론이었다. 〈사진 출처: WIKIMEDIA COMMONS | U.S. Air Force | Public Domain〉

●●● 프레데터에서 발전한 MQ-9B 리퍼는 프레데터보다 더 크고 빨라졌다. 〈사진 출처: WIKIMEDIA COMMONS | U.S. Army | Public Domain〉

에어로바이런먼트AeroVironment사의 RQ-11 레이븐Raven은 소형 고정익 정찰 드론이다. 이 드론은 손으로 발사되고 전기 모터로 구동되며, 중량은 1.9kg에 불과하다.

제너럴오토믹스General Atomics사의 MQ-1 프레데터Predator는 고고도·장기 체공 능력을 갖춘 드론으로, 고급 드론 시장을 겨냥해 개발되었다. 일반 활주로에서 이착륙하며, 최대 중량은 1,020kg이다. 115마력의 가솔린 엔진으로 구동되며, 순항속도는 130~170km/h, 최고 속도는 217km/h, 최고 비행고도는 7,800m, 최대 체공시간은 24시간에 달한다. MQ-1 프레데터는 주간 및 적외선 카메라가 탑재되어 있으며, 일부 모델에는 합성개구레이더SAR, Synthetic Aperture Radar도 장착된다. 통신 링크로는 일반적으로 정지궤도 위성을 사용한다. 컨테이너에 설치된 전용 지휘소에서 원격조종되며, 공대지·공대공 미사일 및 각종 폭탄을 탑재할 수 있다.

제너럴오토믹스사의 MQ-1C 그레이 이글Gray Eagle은 프레데터의 다소 큰 버전으로, 프레데터보다 더 빠르지만, 그 외에는 프레데터와 동일하다.

제너럴오토믹스사의 MQ-9 리퍼Reaper는 프레데터보다 훨씬 더 크고 빠르지만, 기본적인 설계 개념은 유사하다. 미군에서는 리퍼가 기존의 프레데터를 대부분 대체했다. MQ-9 리퍼의 최대 중량은 4,760kg이다. 950마력 터보프롭 엔진으로 구동되며 순항속도는 313km/h, 최고 속도는 482km/h이고, 상승한도는 1만 5,000m이다. 체공시간은 최대 30시간이다.

전투 작전

바그다드를 점령하기 위한 전격전blitzkrieg을 제외하면, 재래식 전투는 거의 이루어지지 않았다. 주요 전투 작전이 종료되자마자, 작전의 대부분은 치안유지 작전policing operation으로 전환되었다.

드론을 이용한 표적 살해targeted killing[142]는 주로 파키스탄, 이라크, 시리아, 예멘, 그리고 아프가니스탄에서 수행되었다. 대표적인 표적은 파키스탄 와지리스탄Waziristan 지역에 있는 알카에다 조직원이었다. 대부분의 공격은 2008년부터 2017년 사이에 집중적으로 이루어졌지만, 공격은 여전히 진행 중이다.

예를 들어, 2022년 7월 31일, 알카에다 지도자 아이만 알자와히리Ayman al-Zawahiri는 리퍼 드론에서 발사된 헬파이어Hellfire 미사일 2발에 의해 사살되었다. 그는 카불Kabul에 있는 은신처의 발코니에 서 있던 중 공격을 받았다. 당시 건물 내 다른 거주자는 사망하지 않았기 때문에, 사용된 미사일이 헬파이어의 R9X 버전일 가능성이 제기되었다. R9X 미사일은 폭발물 대신 부수적인 피해를 최소화하면서 표적을 살상하기 위해 특별히 개발한 접이식 칼이 장착되어 있다.

2020년 1월 3일, 이란 혁명수비대IRGC 쿠드스군Quds Force 사령관인 카

---

[142] 표적 살해: 9·11 이후 '테러와의 전쟁'을 선포한 미국은 테러리스트를 제거한다는 명분으로 암살 대신 '표적 살해(Targeted Killing)'라는 개념을 도입했다. CIA가 무인기 프레데터를 이용해 아프가니스탄과 파키스탄 국경의 알카에다와 탈레반 지도부를 공격한 것이 표적 살해의 대표적인 경우이다. 미국의 빈 라덴 제거 작전도 표적 살해의 결과물이었다.

●●● 오늘날 표적 살해는 종종 MQ-9 리퍼와 같은 드론을 사용하여 수행한다. 2020년 이란 혁명수비대 쿠드스군 사령관인 카셈 솔레이마니와 2022년 알카에다 지도자 아이만 알자와히리 모두 MQ-9 리퍼의 공격에 의해 암살되었다. 〈사진 출처: WIKIMEDIA COMMONS | OGL v1.0〉

셈 솔레이마니$^{Qasem\ Soleimani}$ 소장이 리퍼 드론에서 발사된 헬파이어 미사일에 의해 사망했다. 솔레이마니는 몇 분 일찍 바그다드 국제공항에 도착했다. 솔레이마니와 그의 수행원들은 항공기에서 내린 직후, 곧바로 두 대의 차량에 탑승하여 공항을 떠났다. 이 모든 과정은 드론에 의해 감시되고 있었다. 보고에 따르면, 두 대의 차량을 향해 총 3발의 미사일이 발사되었는데, 두 발은 솔레이마니가 탑승한 첫 번째 차량에, 세 번째 미사일은 두 번째 차량에 명중했다. 두 차량의 탑승자는 모두 사망했다.

솔레이마니를 살해한 이 작전은 특히 논란이 많았다. 그는 이란 정규군을 대표하는 고위급 군 인사로서 공개적으로 해외를 여행하고 있었다. 쿠드스군은 이와 유사한 작전을 포함해 많은 비밀 작전을 전담해왔다. 그렇다고 이들이 일반적인 비국가 조직non-state organization은 아니다. 조지 W. 부시George W. Bush 대통령과 오바마Barack Obama 대통령은 군사적 긴장이 고조될 것을 우려하여 솔레이마니를 암살하려 하지 않았으나, 트럼프Donald Trump 대통령은 이 작전을 강행했다.

이 작전의 기술적 세부 사항은 다소 이례적인 것으로 보인다. 보도에 따르면, 한 대의 드론에서 세 발의 미사일이 거의 동시에 발사되어 두 개의 서로 다른 목표물을 타격했다. 아마도 세 발의 미사일이 동일한 코드로 설정되어 있었던 것 같다. 처음 두 발이 발사된 후 짧은 간격을 두고 세 번째 미사일이 추가 발사되었다. 첫 번째 차량이 두 발의 미사일에 피격된 직후, 드론 운용자는 레이저표적지시기를 두 번째 차량으로 전환하여 세 번째 미사일이 정확히 해당 차량에 명중할 수 있도록 유도했을 가능성이 크다.

●

전투 경험

이슬람 급진 세력은 드론을 격추할 능력이 없었기 때문에 드론이 손실될 일도, 드론 비용을 낮춰야 할 압박도 없었다. 그 후 드론은 설계가 아주 정교한 중고도 드론이나 고고도 드론으로 전환되는 경향을 보였다.

이라크 내 반군 소탕 작전에서 처음으로 광역이동영상감시WAMI, Wide-Area Motion Imagery 시스템[143]이 사용되었다. '콘스탄트 호크Constant Hawk' 시스템은 9,600만 화소의 카메라가 탑재되어 있었다. 유인 항공기에 탑재된 이 시스템은 주요 도시나 감시가 필요한 지역을 정찰하는 임무를 수행했다. 이 시스템은 본질적으로 넓은 지역을 동시에 감시할 수 있는 고해상도 비디오 카메라로, 약 0.3m의 해상도로 차량을 추적할 수 있었다. 사건이 감지되면 녹화된 영상을 다시 확인하여 이전에 해당 위치 주변에서 어떤 차량의 움직임이 있었는지 확인할 수 있었다. 이러한 광역이동영상감시 시스템은 급조폭발물 공격을 획기적으로 감소시키는 데 기여한 것으로 평가된다.

드론은 매우 유용하다는 것이 입증되었다. 보도에 따르면, 알카에다 지도부의 약 70%가 드론 공격에 의해 사망했다고 한다. 그러나 실수도 있었다. 결혼식장을 테러리스트들의 회의장소로 오인하는가 하면, 사진가의 삼각대를 소총으로 오인하기도 했다. 실제로 어느 가족이 타고 있던 차량을 수배 중인 고위 지도자가 탄 것으로 오인한 경우도 있었다. 결국, 화면 속 픽셀만 보고 판단하는 데는 한계가 있다는 점이 드러났다.

●

드론 공격의 합법성과 윤리

1648년, 끝없는 협상 끝에 마침내 베스트팔렌 조약$^{\text{Peace of Westphalia}}$이 체결되었다. 이로써 유럽을 참혹하게 황폐화시킨 30년 전쟁이 끝났다. 이 전쟁으로 800만 명이 목숨을 잃었다. 이후, 이 평화조약에서 '베스

---

143 광역이동영상감시 시스템: 특수 소프트웨어와 강력한 카메라 시스템(보통 공중에서 장시간 사용)을 사용하여 도시 규모 지역에 있는 수백 명의 사람과 차량을 탐지하고 추적할 수 있는 감시·정찰·정보 수집 시스템이다.

●●● 2020년 1월 3일 리퍼 드론의 공격으로 표적 살해당한 카셈 솔레이마니가 사망 당시 타고 있던 차량이 불타고 있다. 〈사진 출처: WIKIMEDIA COMMONS | US Special Operations Forces | Public Domain〉

트팔렌 주권Westphalian Sovereignty'이라는 개념이 생겨났는데, 이는 국제법상 각 국가가 자국 영토에 대한 완전한 주권을 가진다는 원칙이다.

베스트팔렌 주권에는 특별히 윤리적인 것이 없다. 베스트팔렌 주권은 아주 거래적인 성격을 띠고 있다. 당신은 내 국가에서 내가 원하는 대로 하도록 내버려두고, 나는 당신의 국가에서 당신이 원하는 대로 하도록 내버려두겠다. 이는 기껏해야 평화로운 공존을 가능하게 할 뿐이었다. 그러나 당시에는 이것도 진일보한 것이었다.

윤리적 관점에서 볼 때, 베스트팔렌 주권은 지도자가 자국민에 대해 윤리적이지 않을 때 무너진다. 대표적인 사례로 르완다와 우간다에서 발생한 집단학살을 들 수 있다. 이러한 경우, 국제법은 '인도적 개입

humanitarian intervention'이라는 개념을 허용한다.

이것은 드론을 사용한 표적 살해로 이어진다. 이는 인도적 개입의 문제가 아니며, 일반적으로 국제법 위반으로 간주된다.

그렇다면 드론 공격이 불법임에도 불구하고 윤리적으로 정당화될 수 있는가? 국가는 테러 조직, 반군, 마약 카르텔과 같은 비국가 조직을 어떻게 다루어야 할까? 이들은 자신들의 행동에 대해 책임을 묻는 국가가 존재하지 않지만, 국가에 버금가는 자원을 보유하고 있다.

우리는 이 모든 것에 대한 정치적 견해를 가지고 있다. 이는 주로 관찰자의 관점과 이해관계에 따라 달라지며, 적용 가능한 윤리에 대한 공통된 합의점은 거의 존재하지 않는다. 간단히 말해, 드론 공격의 법적 정당성 및 윤리성은 매우 다루기 어려운 주제이다. 다루기 어려운 주제이기 때문에, 정치권에서는 드론 공격을 종종 이용하거나 악용하기도 한다.

CHAPTER 13

아르메니아-아제르바이잔 전쟁 (2020년)

Armenia vs Azerbaijan 2020

배경

캅카스^{Caucasus}는 흑해와 카스피해 사이에 있는 지역이다. 캅카스는 주로 아르메니아, 아제르바이잔, 조지아, 그리고 러시아 남부의 일부 지역으로 구성되어 있다. 이곳은 아름다운 자연경관을 자랑하는 산악지대로 인기 있는 관광지이기도 하다. 또한, 오랜 역사와 뿌리 깊은 문화를 가지고 있다. 그러나 안타깝게도 민족 갈등으로 어려움을 겪고 있으며 여전히 빈곤한 상태이다.

나고르노^{Nagorno}-카라바흐^{Karabakh} 지역은 아르메니아와 아제르바이잔 사이에 있다. 이 지역은 남북으로 약 100km, 동서로 약 50km에 걸쳐 뻗어 있는 비교적 작은 지역이다. 인구는 약 15만 명이고, 그중 절반 정도가 지역 중심부의 계곡에 위치한 주요 도시인 스테파나케르트^{Stepanakert}에 살고 있다. 산악지대이기 때문에 도로 사정이 좋지 않고 수비 측에 유리한 지형이다.

이 지역은 국제적으로 아제르바이잔의 영토로 인정받고 있지만, 문제는 대부분의 주민이 아르메니아계라는 점이다. 1988년부터 시작된 일련의 분쟁은 1994년 휴전협정으로 마무리되었으며, 아르메니아가 분쟁 지역 대부분을 장악하게 되었다. 그러나 2020년 9월, 아제르바이잔이 공격을 개시해 짧은 전쟁 끝에 영토의 대부분을 되찾았다.

이 전쟁에서 아르메니아는 러시아의 지원을 받았고, 아제르바이잔은 터키로부터 이스라엘에서 도입한 주요 무기들을 지원받았다. 터키는 또한 아제르바이잔에 신호 정보를 제공하여 아르메니아군의 이동 경

●●● 아르메니아와 아제르바이잔 지도. 점선은 2020년 전쟁 이전에 아르메니아가 점령한 지역의 범위를 나타내며, 2020년 전쟁에서 아제르바이잔이 대부분을 다시 점령했다. 〈사진 출처: WIKIMEDIA COMMONS | Public Domain〉

로를 추적하는 데 도움을 주었다. 이를 위해 터키는 자국 측 국경 상공에 합성개구레이더를 장착한 정찰기를 투입했다. 따라서 아제르바이잔군은 아르메니아군의 전력 배치와 움직임을 상세히 파악할 수 있었다. 반면, 아르메니아는 러시아로부터 이와 유사한 지원을 받지 못해, 사실상 독자적으로 싸워야 했다. 자원이 부족한 가난한 나라인 아르메니아는 불리한 위치에 있었다.

전쟁이 발발하기 전, 아르메니아군은 진지나 참호선을 위장하지 않았으며, 적외선 센서나 신호 정보 수집 노출에 거의 신경 쓰지 않았다. 따라서 터키와 아제르바이잔의 정찰위성을 비롯한 공중 감시 자산에 모든 것이 그대로 노출될 수밖에 없었다.

장비

- 아르메니아군 -

아르메니아군은 러시아의 교리와 장비를 사용했다. 대공 전력으로는 비교적 구형인 SA-6 쿠브^{Kub}, SA-8 오사^{Osa}, SA-13 스트렐라^{Strela}-10 대공 미사일과 ZSU-23-4 자주 대공포를 보유하고 있었다. 탐색 레이더 역시 이 무기들처럼 구형이었다. 또한, 지역방어$^{Area\ Defense}$용으로 SA-10B S-300PS, 거점방어$^{point\ defense}$용으로 SA-15 토르^{Tor}-M2와 같은 비교적 현대적인 시스템도 보유하고 있었다. 공군은 최신 Su-30SM 다목적 전투기 4대와 일부 Su-25 지상 공격기를 보유하고 있었다. 그러나 Su-30SM 전투기는 아직 미사일이 제공되지 않았기 때문에 전쟁 중에 사용되지 않았다.

●●● 발사 준비 중인 기본형 전술 드론 오를란-10. 오를란-10은 휴대용 사출기를 이용해 발사하고, 낙하산을 사용해 착륙한다. 2020년 아르메니아-아제르바이잔 전쟁에서 아르메니아군은 오를란-10을 주력 드론으로 사용했다. 〈사진 출처: WIKIMEDIA COMMONS | Mil.ru | CC BY 4.0〉

아르메니아군은 중량 15kg의 기본형 전술 드론인 STC 오를란^{Orlan}-10을 주력 드론으로 사용했다. 오를란-10은 휴대용 사출기를 이용해 발사하고, 낙하산을 사용해 착륙하며, 출력 1마력의 가솔린 엔진으로 구동된다. 순항속도는 약 100km/h이고, 최대 체공시간은 16시간이다. 주로 1,000~1,500m 고도에서 비행하도록 설계되었으며, 최고 비행 고도는 5,000m에 이른다. 주요 센서로는 일반적으로 캐논^{Canon} 디지털 일안 리플렉스^{DSLR} 카메라가 사용된다.

- 아제르바이잔군 -

아제르바이잔군은 원래 러시아의 군사교리와 장비를 사용했다. 그러나 1994년 아르메니아군에게 패배한 이후, 군사교리와 무기체계를 서구식으로 개편하기 위해 노력했다.

아제르바이잔 공군은 MiG-29S 다목적 전투기, Su-25 지상공격기, Mi-35 및 Mi-24G 공격 헬기를 보유하고 있었다. 그러나 이러한 전력만으로는 아르메니아군을 상대로 제공권을 확보하기에 충분하지 않았다. 유인 항공기가 이번 전쟁에서 큰 역할을 하지 못하자, 아제르바이잔군은 그 대신 다양한 유형의 드론에 의존했다.

아제르바이잔군이 보유한 공격 드론은 크기 순으로 나열하면 이스라엘에서 생산된 오비터^{Orbiter}-1K, 스카이스트라이커^{SkyStriker}, 하롭^{Harop} 등이었다. 또한 아제르바이잔군은 이스라엘제 정찰 드론인 헤론^{Heron}, 헤르메스^{Hermes} 450, 헤르메스^{Hermes} 900을 운용했으며, 터키에서 도입한 바이락타르^{Bayraktar} TB2 드론도 일부 보유하고 있었다. 바이락타르 TB2

●●● 바이락타르 TB2 무장 드론. 아제르바이잔이 터키에서 구입한 바이락타르 TB2 드론은 헬파이어와 같은 공대지 미사일을 탑재할 수 있다. 〈사진 출처: WIKIMEDIA COMMONS | Army.com.ua | CC BY 4.0〉

는 헬파이어와 같은 공대지 미사일을 장착할 수 있었다.

에어로너틱^{Aeronautics}사의 오비터^{Orbiter}-1K는 소형 공격 드론이다. 중량은 13kg이며, 1~3kg의 탄두를 탑재할 수 있다. 오비터-1K는 사출기로 발사하고 그물 또는 낙하산과 에어백 시스템을 사용하여 착륙하며, 전기 추진 방식을 채택하여 약 100km/h의 순항속도로 최대 2.5시간 체공할 수 있다.

엘빗^{Elbit}사의 스카이스트라이커는 중량 35kg의 중형 공격 드론으로, 5~10kg의 탄두를 탑재할 수 있다. 사출기로 발사하고 낙하산으로 착륙하며, 전기 모터로 추진되고, 탄두의 크기에 따라 1~2시간 체공이 가능하다.

IAI사의 하롭은 매우 정교한 공격 드론이다. 중량은 135kg이며, 로

●●● 이스라엘 엘빗사의 중형 공격 드론 스카이스트라이커. 스카이스트라이커는 중량이 35kg이며 5~10kg의 탄두를 탑재할 수 있다. 〈사진 출처: WIKIMEDIA COMMONS | Boevaya mashina | CC BY 3.0〉

●●● IAI 하롭은 트럭에 실린 컨테이너에서 로켓의 도움을 받아 발사되는 정교하고 값비싼 체공형 무인 자폭 항공기이다. 〈사진 출처: WIKIMEDIA COMMONS | Julian Herzog | CC BY 4.0〉

●●● 중고도 장기 체공 드론 IAI 헤론은 활주로에서 이착륙한다. 약 120km/h의 속도로 순항하고 최대 52시간 동안 공중에 머물 수 있다. 〈사진 출처: WIKIMEDIA COMMONS | U.S. Air Force | Public Domain〉

켓보조이륙 방식과 가솔린 엔진을 사용하여 최대 23kg의 탄두를 탑재할 수 있다. 하롭은 415km/h라는 놀라운 순항속도로 비행하며, 최대 6시간 동안 비행할 수 있다. 목표 지역을 자율적으로 선회하면서 지휘소나 레이더 기지와 같은 고가치 표적을 탐색한다. 적절한 목표물을 발견하면 운용자에게 이를 알리고, 허가를 받으면 목표물로 돌진하여 탄두를 폭발시킨다. 목표물을 찾지 못할 경우, 미리 지정된 지점으로 복귀해 낙하산을 이용해 착륙할 수 있다.

IAI사의 헤론은 중고도 장기 체공 드론으로, 최대 중량이 1,150kg에 달한다. 115마력의 가솔린 엔진으로 구동되며, 약 120km/h의 속도로 순항하고 최대 52시간 동안 비행할 수 있다. 이 드론은 활주로를 이용해 이착륙한다.

●●● 이스라엘 엘빗사의 헤르메스 450 중고도 드론. 중량 500kg의 이 드론은 130km/h의 순항속도로 17시간 동안 비행할 수 있다. 〈사진 출처: WIKIMEDIA COMMONS | Public Domain〉

●●● 이륙하고 있는 헤르메스 900. 중고도 장기 체공 드론인 헤르메스 900은 112km/h의 순항속도로 최대 36시간 동안 비행할 수 있다. 〈사진 출처: WIKIMEDIA COMMONS | U.S. Air Force | Nehemia Gershuni-Aylho | CC BY-SA 3.0〉

엘빗사의 헤르메스 450은 중고도 장기 체공 드론이다. 최대 중량은 500kg이며, 52마력의 가솔린 엔진을 장착해 130km/h의 속도로 순항하며, 최대 17시간 동안 비행할 수 있다. 헤론과 마찬가지로 활주로를 이용해 이착륙한다.

헤르메스 900 역시 중고도 장기 체공 드론이지만, 중량은 1,100kg으로 헤르메스 450보다 더 무겁다. 115마력의 가솔린 엔진을 탑재하고 있어 최대 36시간 동안 112km/h의 속도로 순항할 수 있다.

바이카르 바이락타르 TB2는 중고도 장기 체공 드론이다. 최대 중량이 700kg에 달하는 비교적 대형 드론으로, 활주로에서 운용된다. 100마력의 가솔린 엔진으로 구동되며, 130km/h의 순항속도로 최대 27시간 동안 비행할 수 있다. 또한, 터키 기업인 로켓산^{Roketsan}사에서 제작한 레이저 유도 공대지 미사일을 장착할 수 있다.

●

전투 작전

아제르바이잔의 계획은 우다^{OODA}(관찰^{Observe}, 판단^{Orient}, 결심^{Decide}, 행동^{Act}) 매뉴얼에 기반하여 주로 센서를 무력화하고 통신을 교란하는 데 초점을 맞추었다. 최우선 목표물은 방공 레이더, 미사일 시스템, 전자전 시스템, 지휘소였으며, 차순위 목표물은 포병, 장갑차, 그리고 군수지원시설이었다.

이를 수행하기 위해 아제르바이잔군은 거의 전적으로 드론 전력에 의존했다. 기본 계획은 정찰 드론이 목표물을 식별하고 좌표를 다른 부대에 전송하는 것이었다. 공격 드론은 레이더 기지와 지휘소 같은 고가치 목표에 집중하고, 포병과 로켓 발사 시스템이 나머지 목표물을 처리했다. 드론은 낮은 레이더반사면적^{RCS}과 재머의 지원을 활용해 아르메니아의 방공망을 돌파할 수 있었다.

러시아는 아제르바이잔이 왜 30대의 안토노프^{Antonov} An-2 민간용 복엽기를 구매하려 하는지 이해하지 못했다. 하지만 돈만 받으면 상관없다는 입장이었기 때문에 신경 쓰지 않았다. 그러나 러시아가 몰랐던 사실은, 이 항공기들이 미끼로 사용될 예정이었다는 점이다. An-2 항공기들은 무인기로 개조된 후, 폭발물을 싣고 저고도 일회용 자폭 공격 임무$^{one\text{-}way\ missions}$에 투입될 계획이었다.

이처럼 느린 복엽기가 나타나면, 아르메니아군은 레이더를 가동할 수밖에 없었기 때문에 위치가 노출되었다. 아제르바이잔군은 공격 드론을 해당 지점으로 보냈다. 아르메니아군의 구형 대공 미사일 시스템은 드론을 탐지하지 못해 결국 드론에 의해 무력화되었다. 낮은 레이더 반사면적과 재밍의 조합이 효과적으로 작용했다. 최신 대공 방어 시스템은 대형 공격 드론을 상대로 어느 정도 성과를 거두었지만, 결국에는 격파당하고 말았다.

아르메니아군은 자신들의 방공망이 사실상 제압당하자, 단거리 휴대용 방공 시스템^{MANPADS}에만 의존할 수밖에 없었다. 이제 아제르바이잔군의 드론은 포병과 로켓 시스템에 필요한 모든 목표물 데이터를 자유롭게 제공할 수 있게 되었다. 아르메니아군의 진지, 장갑차, 그리고 포병 부대는 체계적으로 파괴될 수밖에 없었다. 아르메니아군은 야간에 보급을 시도했지만, 드론에 의해 탐지되어 포격과 로켓 공격을 받았다.

제공권이 완전히 확보되자, 지상 작전을 지원하기 위해 아제르바이잔 공군이 투입되었다. 약 600회의 임무가 수행되었는데, 주로 원거리 공격 무기$_{\text{stand-off weapon}}$를 사용하여 공격이 이루어졌다. 아제르바이잔군은 어떠한 손실 없이 임무를 완수했다.

이제 아르메니아군에게 상황은 절망적이었다. 아르메니아군은 지형적으로 방어에 유리한 지역을 점령하고 있었지만, 아제르바이잔군에게 그 지역을 함락당하는 것은 시간 문제일 뿐이었다. 아르메니아군은 안개가 낀 틈을 이용해 반격을 시도했으나, 결국 실패했다. 44일간의 전투 끝에 아르메니아군은 대부분의 분쟁 지역에서 밀려났다. 주요 도시인 스테파나케르트가 위협받는 상황에 놓이자, 아르메니아는 결국 아제르바이잔의 조건에 따라 평화협정을 체결할 수밖에 없었다.

●

전투 경험

아르메니아의 패배로 인해 드론이 전통적인 제병협동작전에서 능숙하게 운용될 경우, 얼마나 효과적인지가 입증되었다. 아르메니아는 이를 이해하고 대비하지 못한 채, 준비해놓은 방어 진지에 의존했다. 아제르바이잔은 더욱 공세적인 전략을 펼치면서 신기술을 활용해 전쟁에서 승리하고 전쟁 목표를 달성할 수 있었다.

또 다른 교훈은 의사결정 과정의 속도이다. 조종사가 없는 드론은 무선 링크를 사용해야 한다. 이는 취약점이 될 수도 있지만, 지휘소가 드론이 내려다보는 목표물을 동시에 볼 수 있다는 의미이기도 하다. 이것을 극단적으로 보여주는 사례가 바로 공격 드론이다. 공격 드론은 목표물을 발견한 순간부터 타격하기까지의 시간이 몇 초에 불과하다.

세 번째 교훈은 드론이 촬영한 영상 클립을 자주 공개함으로써 적군의 사기를 저하시키고 자국민과 동맹국에게 전쟁의 성공을 홍보하여 전쟁에 대한 지지를 높일 수 있다는 점이다.

이 전쟁은 단기간에 끝났다. 전술을 발전시킬 시간이 충분하지 않았다. 아제르바이잔은 효과적인 작전 계획을 실행했고, 그 결과 전쟁은 아제르바이잔의 승리로 끝이 났다.

CHAPTER 14

러시아– 우크라이나 전쟁 (2022년~)

Russia vs Ukraine 2022-

●
배경

지정학적으로 러시아는 절망적인 상황에 처해 있다. 명확하고 방어가 가능한 국경이 없는 러시아는 스웨덴, 프랑스, 독일, 그리고 다시 독일의 침략을 받았다. 러시아는 완충국가$^{buffer\ state}$[144]들로 둘러싸여 있어서 이런 침략으로부터 자신을 보호할 수 있었다. 러시아는 제국이 아니라 완충국가들의 집합체이다. 러시아는 본질적으로 스프링처럼 행동한다. 외부 세력에 저항할 수 없을 때는 압축된다. 그리고 저항이 가능할 때는 팽창하여 위대함을 추구할 뿐만 아니라 다음 압축에 대비한 안전을 확보하려 한다.

지정된 완충국가들은 일반적으로 자신들이 완충 역할로 이용되는 것을 싫어한다. 러시아는 지정된 완충국가들이 자발적으로 완충 역할을 해줄 것이라고 기대할 수 없다. 따라서 러시아는 그들이 완충 역할을 하도록 만들기 위해 그들을 지배할 권리를 스스로에게 부여한다. 러시아는 이것이야말로 완충국가들의 국민들이 진심으로 원하는 것이라는 믿음으로써 이러한 권리를 정당화한다. 이 믿음은 부분적으로 단순한 우월주의에 뿌리를 두고 있지만 러시아가 그들을, 그리고 어떤 의미에서는 유럽 전체를 나치로부터 해방시켰다는 생각에서 비롯된 것이다. 이로 인해 러시아는 이웃국가들과 끊임없이 충돌하고 있다.

1991년 소련이 붕괴한 이후, 러시아는 비우호적인 유럽 국가들에 맞

---

[144] 완충국가: 강대국 사이에 위치하여 그 나라들 사이의 충돌 위험을 완화하는 역할을 하는 나라.

서 다시 완충지대를 구축하려고 노력해왔다. 지정학적·역사적 이유로 우크라이나는 특히 중요하다. 만약 우크라이나가 나토^{NATO}에 가입하면, 러시아는 더 이상 의미 있는 완충지대를 갖지 못하게 될 것이다. 나토군은 히틀러가 그랬던 것처럼 러시아의 심장부에 가까이 다가갈 것이다. 러시아인, 특히 고령의 러시아인들에게 이것은 결코 받아들일 수 없는 일이다. 반면, 우크라이나인들은 오랫동안 러시아로부터의 독립을 원해왔다. 그들은 자신들이 어느 정도의 안전, 자유, 그리고 번영을 누리는 미래를 원한다면 나토와 유럽연합에 속해야 한다는 것을 알고 있다.

2022년 2월 24일, 러시아는 우크라이나를 침공했다. 러시아는 우크라이나를 러시아와 러시아 문화의 일부로 만들어 우크라이나의 모든 것을 없애려는 의도를 가지고 있었다. 이것은 전형적인 집단학살^{genocide}이다. '탈나치화$^{de\text{-}Nazification}$'에 대한 이야기는 이데올로기와는 아무런 관련이 없다. 이는 '탈유럽화$^{de\text{-}Europeanization}$'를 의미하는 암호에 불과하며, 나치는 그저 최근에 침략한 세력일 뿐이다. 물론, 반대 세력을 비인간화하는 것은 전 세계의 독재자들이 사용하는 전형적인 수법이다.

우크라이나인들은 저항했으며, 매우 단호한 결의로 맞섰다. 그들은 상황의 중대함을 인식하고 있었다. 나토와 유럽연합의 군사적·경제적 지원 덕분에 우크라이나는 러시아의 압박을 견뎌낼 수 있었다.

우크라이나는 1991년에 독립하기 전까지 소련의 일부였기 때문에 러시아와 같은 군사교리와 장비를 사용했다. 그러나 이후, 특히 2014년 러시아가 우크라이나 영토를 침공한 이후, 우크라이나는 서방과의 군사적 협력을 강화하려고 노력해왔다. 여기에는 서방식 전쟁 방식의 상당부분을 도입하는 것도 포함된다. 리더십 측면에서 의사결정이 덜 중앙집권적으로 이루어졌고, 자신의 의견을 자유롭게 말하고 스스로 판단할 수 있는 권한이 하급 장교들에게 더 많이 주어졌다. 그 결과, 의사결정 과정이 더욱 빠르고 유연해졌다. 그러나 제한된 국방비로 인해, 소련으로부터 물려받은 군사장비의 상당 부분이 여전히 그대로 유지되었다.

●
장비
- 러시아군 -

오를란-10은 최대 이륙중량이 15kg인 기본형 전술 드론이다. 1마력 가솔린 엔진으로 구동되며, 100km/h의 순항속도로 최대 16시간 동안 비행할 수 있다. 오를란-10은 사출기로 발사되며, 낙하산을 이용해 회수된다. 오를란-10은 구조가 단순하지만 모듈식 임무장비$^{modular\ payload}$[145]를 장착할 수 있는 드론이다. 센서는 임무와 제재로 인한 가용성에 따라 달라진다. 대량생산된 개량형 오를란-30은 레이저표적지시기와 레이저거리측정기를 갖추고 있어 목표물의 정확한 위치를 제공할 수 있으며, 크라스노폴^{Krasnopol} 레이저 유도 포탄을 유도하는 역할도 수행할 수 있다.

잘라^{ZALA} 421은 중량이 3.9kg에 불과한 소형 전술 드론이다. 전기

---

[145] 모듈식 임무장비: 다양한 임무 수행을 위해 특정 기능을 수행하는 구성 요소를 표준화된 모듈 형태로 만들어 필요에 따라 추가하거나 교체할 수 있도록 설계된 장비를 말한다. 해당 무기체계의 유연성과 확장성을 높여주고 유지보수가 용이하다는 장점이 있다.

모터로 구동되며 최대 2시간 동안 80~100km/h의 속도로 순항할 수 있다. 사출기로 발사되며 낙하산을 이용해 착륙하는 이 드론은 소형 저해상도 EO/IR(전자광학/적외선) 카메라를 탑재하고 있다.

잘라^{ZALA} 란셋^{Lancet}-1과 란셋-3은 공격 드론으로, 중량은 각각 5kg과 12kg이며, 1kg 또는 3kg의 탄두를 탑재할 수 있다. 사출기로 발사되고 배터리로 구동되며, 최고 속도는 110km/h이고, 최대 작전반경은 40km, 체공시간은 40분이다. 지상 무선 링크를 갖춘 EO/IR 카메라를 장착하고 있으며, 인공지능^{AI}을 이용해 자율적으로 목표물을 선택할 수 있는 기능을 갖춘 것으로 알려져 있다.

포르포스트^{Forpost}-R은 이스라엘의 라이선스를 받아 러시아에서 제작된 IAI 서처^{Searcher} 드론의 개량형이다. 이 드론은 중고도 장기 체공$^{MALE,\ Medium-Altitude\ Long-Endurance}$ 드론으로, 최대 이륙중량은 450~500kg에 달한다. 47마력 또는 85마력의 가솔린 엔진으로 구동되며, 약 130km/h의 순항속도로 최대 18시간 동안 비행할 수 있다. 일반적인 활주로에서 이착륙이 가능하며, 위성통신 링크를 갖춘 것으로 보인다. 또한, 표준 EO/IR 센서, 레이저거리측정기 및 표적지시기를 장착하고 있으며, 공대지 유도 미사일을 탑재할 수 있다.

헤사 샤헤드$^{Hesa\ Shahed}$ 129는 이란에서 제작된 중고도 장기 체공 드론으로, 기본적으로 미국의 프레데터^{Predator}의 복제품이다. 100마력 가솔린 엔진으로 구동되는 이 드론은 최대 탑재량이 450kg이고 150km/h의 속도로 24시간 동안 비행할 수 있다. EO/IR 센서와 레이저거리측정기 및 표적지시기가 장착되어 폭탄과 유도 미사일을 탑재할 수 있지

●●● 오를란-30은 오를란-10의 개량형 드론으로, 레이저표적지시기와 레이저거리측정기가 탑재되어 있어 목표물의 정확한 위치를 제공할 수 있으며, 크라스노폴 레이저 유도 포탄을 유도하는 역할도 수행할 수 있다. 〈사진 출처: WIKIMEDIA COMMONS | Vitaly V. Kuzmin | CC BY-SA 4.0〉

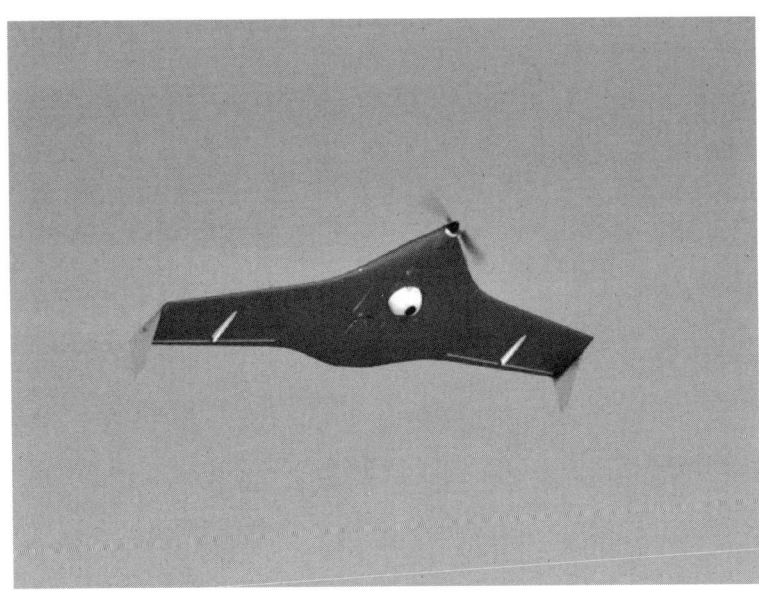

●●● 잘라 421 소형 전술 드론은 전기 모터로 구동되며 80~100km/h의 순항속도로 최대 2시간 동안 비행할 수 있다. 〈사진 출처: WIKIMEDIA COMMONS | QwasERqwasER | CC BY-SA 3.0〉

●●● 잘라 란셋은 공격 드론으로 최고 속도는 110km/h이고 최대 40km까지 또는 40분 동안 비행할 수 있다. 러시아는 자폭 드론인 란셋 드론의 정확도와 파괴력을 높이기 위해 인공지능(AI)을 탑재한 란셋 드론으로 우크라이나군 지상 병력을 공격하고 있다. 〈사진 출처: WIKIMEDIA COMMONS | Nickel nitride | CC0 1.0〉

●●● 이스라엘의 라이선스를 받아 러시아에서 제작된 IAI 서처 드론의 개량형인 포르포스트-R은 중고도 장기 체공 드론이다. 〈사진 출처: WIKIMEDIA COMMONS | Boevaya mashina | CC BY-SA 3.0〉

●●● 이란에서 제작된 샤헤드 136 자폭 드론. 그러나 실제로 드론이라기보다는 저렴한 순항 미사일에 가깝다. 〈사진 출처: WIKIMEDIA COMMONS | Idmental | CC BY-SA 4.0〉

만, 위성통신 링크가 없고 지상 통신 링크만 있어 운용 범위가 거의 가시거리로 제한된다.

헤사 샤헤드 136은 이란에서 제작된 무기로, "자폭 드론"("shaheed" 또는 "shahid"는 "순교자"를 의미)으로 알려져 있다. 그러나 실제로 드론이라기보다는 저렴한 순항 미사일에 가깝다. 헤사 샤헤드 136의 중량은 200kg이고, 탄두 중량은 30~50kg이며, 60마력의 가솔린 엔진을 탑재하여 최고 185km/h의 속도로 비교적 느리게 비행한다. 하지만 느린 속도에 비해 사거리는 훨씬 길어서 1,800~2,500km인 것으로 추정된다. 샤헤드 136에는 센서는 없고 위성항법장치만 탑재되어 있나(만일의 경우에 대비하여 백업용으로 기본 관성항법장치^{INS}가 탑재된다). 샤헤드 136은 로켓 보조 추진을 이용해 트럭에서 발사되며, 저고도로 프로그래밍된 좌표로 비행한 후 급강하하여 폭발한다. 비교적 격추가 쉬운 무기이지만, 대량으로 발사될 경우 위치가 알려진 고정 목표물에는 여전히 위협적이다. 러시아에서는 이를 "제란^{Geran}-2"로 부르며, 현재 개량형을 생산하고 있다.

- 우크라이나군 -

우크라이나는 70종 이상의 드론을 운용하는 것으로 알려져 있다. 이는 수입 부품을 활용한 지속적인 기술 혁신과 다양한 종류의 드론을 지원하는 나토 동맹국들 덕분이다. 다음은 그중 가장 잘 알려진 일부 드론들이다.

바이카르 바이락타르 TB2는 터키에서 제작된 중고도 장기 체공 드론이다. TB2는 중량이 최대 700kg에 달하는 대형 드론이다. 100마력 가솔린 엔진으로 구동되며, 순항속도는 130km/h이고 항속시간은 27시간이다. 활주로에서 이륙하고 착륙한다.

러시아와 우크라이나 모두 중국 DJI사의 드론을 사용하고 있지만, 우크라이나가 이를 더 광범위하게 운용하고 있다. DJI는 소형 전동 멀티로터 드론의 여러 모델을 생산하는데, 가장 인기 있는 모델은 매빅^{Mavic} 시리즈와 매트리스^{Matrice} 시리즈이다. 중량은 각각 1kg 미만과 3.6kg이며, 최고 속도는 모델에 따라 13~20m/s이고, 비행시간은 21~45분이다. 최고 고도는 소프트웨어에서 500m로 제한된다. 센서는 짐벌이 장착된 주간 카메라로 줌 기능을 갖추고 있으며, 적외선 카메라를 탑재한 버전도 있다. 통신 링크는 민간용 2.4GHz 및 5GHz 대역을 사용하며, 모델에 따라 최대 5~12km 범위까지 연결이 가능하다. 드론은 화면이

●●● 비행 중인 DJI 매빅 에어 2 드론. 2020년 봄에 출시된 중량 570g의 이 드론은 어디에서나 구입할 수 있는 전형적인 소비자용 드론이다. 〈사진 출처: WIKIMEDIA COMMONS | C.Stadler/Bwag | CC BY-SA 4.0〉

●●● DJI 매트리스 30은 더 많은 무거운 수류탄을 탑재할 수 있으며 열영상 카메라와 레이저거리측정기가 장착되어 있어 전장에서 매우 유용하다. 〈사진 출처: https://enterprise.dji.com/matrice-30〉

내장된 소형 휴대용 컨트롤러나 모바일 또는 태블릿에 연결된 컨트롤러로 제어된다. 매빅 시리즈는 어디에서나 쉽게 구할 수 있는 전형적인 소비자용 드론이다. 매트리스 30 시리즈와 같은 대형 모델은 더 크고 무거운 수류탄을 탑재할 수 있으며, 열영상 카메라와 레이저거리측정기를 탑재한 경우도 많아 전장에서 매우 유용하다.

DJI는 원래 법 집행 기관을 위해 고안된 "에어로스케이프^{Aeroscape}" 애플리케이션[146]을 출시했다. 이 애플리케이션은 매빅을 포함한 일부 모델에서 자동으로 전송되는 위치 및 식별 정보를 수신한다. 물론 이는 전투 지역에 있는 운용자에게는 매우 위험한 기능이다. 이 기능은 드론을 해킹해야만 해제할 수 있다.

DJI는 교전국에게 판매하지 않는다고 주장하지만, 민간 시장에서 제품을 자유롭게 구입할 수 있기 때문에 드론을 확보하는 것은 전혀 문제가 되지 않는다. 지오펜싱^{Geofencing}[147]을 사용하여 전투 지역에서 DJI 드론의 사용을 효과적으로 차단할 수 있었지만, 이 조치는 취해지지 않았다.

우크라이나의 아에로로즈비드카^{Aerorozvidka}[148]는 최대 17kg에 달하는

---

146 에어로스케이프 애플리케이션: DJI에서 개발한 소프트웨어로, 실시간으로 드론의 위치, 비행경로, 고도 등 드론의 비행 데이터를 관리하고 분석할 수 있는 도구이다.

147 지오펜싱: GPS, RFID 등 위치 기반 기술을 활용해 특정 지역을 가상의 경계로 설정하고, 그 경계 내외의 행동을 관리하거나 제어하는 기술이다.

148 아에로로즈비드카: 원래 자원봉사 단체로 시작했지만, 현재는 정식 드론 부대로 운영되고 있는 우크라이나군의 특수 공군 정찰 및 드론 전투 부대이다. 이 조직은 2014년 러시아의 크림 반도 강제 병합 이후 창설되었으며, 러시아–우크라이나 전쟁(특히 2022년 러시아의 우크라이나 침공)에서 중요한 역할을 수행하고 있다.

●●● 우크라이나 항공정찰부대인 아에로즈비드카가 제작한 R18은 8개의 팔에 프로펠러가 달린 옥토콥터이다. 최대 중량이 17kg에 달하는 R18은 최대 5kg의 수류탄을 장재할 수 있으며, 옥토콥터이기 때문에 한 개의 프로펠러가 손상되어도 비행을 계속할 수 있다. 〈사진 출처: WIKIMEDIA COMMONS | Trydence | CC BY-SA 4.0〉

상당히 큰 옥토콥터^{octocopter}인 R18을 제작했다. 이 드론은 최대 5kg의 수류탄을 탑재할 수 있으며, 옥토콥터이기 때문에 한 개의 프로펠러가 손상되어도 비행을 계속할 수 있다. 우크라이나인들이 직접 제작했기 때문에 작동 방식과 통신을 완전히 제어할 수 있다.

우크라이나에서 제작된 레레카^{Leleka}-100은 최대 이륙중량이 5.5kg인 고정익 전술 정찰 드론이다. 손으로 직접 던지거나 번지 코드$^{bungee\ cord}$[149]를 이용해 발사되며, 배면착륙하거나 낙하산을 이용해 착륙한다.

---

[149] 번지 코드: 탄성이 강한 고무 밴드로, 내부에 고무 또는 탄력 있는 합성 소재가 들어 있으며, 외부는 직물로 덮여 있는 것이 일반적이다.

●●● 우크라이나 방위군이 최대 이륙중량이 5.5kg인 고정익 전술 정찰 드론 레레카-100을 선보이고 있다. 레레카-100은 손으로 직접 던지거나 번지 코드를 이용해 발사되며, 배면착륙하거나 낙하산을 이용해 착륙한다. 〈사진 출처: WIKIMEDIA COMMONS | 4th Rapid Reaction Brigade of National Guard of Ukraine | CC BY-SA 4.0〉

전기 모터로 구동되며, 다양한 EO/IR 모듈을 탑재해 최대 2.5시간 동안 비행할 수 있다. 지상 통신 링크를 통해 최대 45km까지 운용할 수 있다.

램^{RAM} II 공격 드론은 레레카-100을 기반으로 제작된 드론으로, 3kg급 탄두를 장착할 수 있으며, 최대 55분간 비행하거나 최대 30km 까지 작전 수행이 가능하다.

우크라이나에서 제작된 샤크^{Shark} 드론은 중량이 12.5kg인 다소 큰 고정익 전술 정찰 드론이다. 사출기를 이용해 이륙하며, 낙하산으로 착륙한다. 전기 모터로 구동되며, 4시간 이상 비행할 수 있다. 지상 통신 링크를 통해 최대 60km 범위까지 운용할 수 있으며, 다양한 EO/IR 모

●●● 미 해병대원이 소형 무인 항공 시스템인 스위치블레이드 300을 발사하고 있다. 미국은 중량이 2.5kg인 이 공격 드론을 우크라이나에 제공했다. 스위치블레이드 300은 배터리로 구동되며 〈사진 출처: WIKIMEDIA COMMONS | U.S. Marine Corps/Cpl. Timothy J. Lutz | Public Domain〉

듈을 탑재할 수 있다.

미국은 스위치블레이드^{Switchblade}와 피닉스 고스트$^{Phoenix\ Ghost}$ 공격 드론을 제공했다. 스위치블레이드 300과 스위치블레이드 600의 중량은 각각 2.5kg와 15kg이며, 탄두의 중량은 공개되지 않았다. 두 드론 모두 배터리로 구동되며, 항속시간은 각각 15분과 40분이다. 피닉스 고스트는 전반적으로 스위치블레이드와 유사하지만, 6시간이 넘는 긴 체공시간을 가진 것으로 알려져 있다.

●
전투 작전

러시아가 우크라이나를 공격했을 때, 공격군들은 방어군들만큼이나 놀랐던 것으로 보인다. 러시아군은 자신들이 해야 할 일이 무엇인지 제대로 알지 못했으며, 군수 지원은 불안정했고, 혼란은 극에 달했다. 명확한 목표나 우선순위 없이 가능한 모든 진격 경로를 따라 공격이 이루어졌다. 이 공격은 러시아군이 아니라 보안 기관이 계획했다는 점에서 대규모 군사작전이라기보다는 정치적 목적을 위한 작전에 가까웠다. 러시아는 우크라이나의 저항 의지와 방어 능력을 과소평가했다. 실질적인 저항에 직면하자, 러시아의 공격은 곧바로 흔들리기 시작했다.

러시아가 대규모 공격을 개시했다는 것이 분명해지자, 우크라이나 국민들의 자유를 지키려는 강한 의지에 고무된 나토 국가들의 지원이 본격적으로 이루어지기 시작했다. 주요 무기에는 대전차 및 대공 미사일, 그리고 장거리 로켓포 등이 포함되었다.

처음 며칠 동안 러시아군은 완전한 공중 우세를 확보할 것이라고 예상했고, 실제로 그랬다. 아군의 오인 사격을 피하기 위해 러시아군은 대공 부대에 사격을 자제하도록 지시하거나, 아예 전장에 배치하지 않

●●● 목표물 상공에서 하버링하는 동안 수류탄을 투하하도록 개조된 민간용 멀티로터 드론 DJI 매빅 3. 이 드론은 폭탄 조준경이나 탄도 컴퓨터가 필요하지 않다. 〈사진 출처: Ministry of Defense of Ukraine〉

았다. 이로 인해 우크라이나의 바이락타르 드론은 정찰뿐만 아니라 많은 기회 표적$^{targets\ of\ opportunity}$[150]을 공격하기 위해 전장에 자유롭게 접근할 수 있었다. 며칠 동안 큰 손실을 입은 후, 러시아군은 대공 부대를 작전에 투입하기 시작했다. 바이락타르 드론은 손실을 입기 시작하자 후퇴해야 했고, 결국에는 그 역할이 축소되어 안전한 거리에서 정찰 임무를 수행하게 되었다.

우크라이나는 '중앙 위치$^{central\ position}$'[151]라고 알려진 이점을 가지고 있

---

150 기회 표적: 원래 계획된 목표물이 아니라, 전장에서 우연히 발견되어 즉시 공격할 가치가 있는 표적을 의미한다.

151 중앙 위치: 국가 단위에서 전략적으로 활용하며 전장 중심에 위치해 위협받는 지역으로 병력을 신속하게 이동할 수 있는 장점이 있다.

●●● 우크라이나의 아에로즈비드카에서 제작한 옥토콥터 R18은 목표물 상공에서 호버링하면서 수류탄을 투하할 수 있다. 랜딩 기어가 없으므로 누군가가 손으로 잡아야 한다. 〈사진 출처: WIKIMEDIA COMMONS | Аеророзвідка / Aerorozvidka | CC BY-SA 4.0〉

●●● 2022년 4월 공중 정찰을 수행 중이던 러시아의 드론이 도네츠크 지역 상공에서 우크라이나 국경수비대에 의해 격추되었다. 〈사진 출처: WIKIMEDIA COMMONS | State Border Guard Service of Ukraine | CC BY-SA 4.0〉

었다. 이는 가장 위협받는 지역으로 병력을 신속하게 이동시킬 수 있는 전략적 위치를 점하고 있다는 의미이다. 우크라이나는 키이우^{Kyiv} 방어가 최우선 과제였다. 러시아군은 키이우에서 저지당하자, 보급이 불가능한 상황에서 전선을 과도하게 확장한 결과 심각한 손실을 입었다. 러시아군은 키이우로의 진격을 포기하고 후퇴할 수밖에 없었다. 하르키우^{Kharkiv} 지역에서도 상황은 비슷했다. 러시아군은 우크라이나군에게 가로막혔고, 열악한 군수 지원 문제로 인해 결국 후퇴할 수밖에 없었다.

헤르손^{Kherson} 지역에서 러시아군은 초기에 상당한 성과를 거두었다. 그들은 크림 반도 지협$^{Crimean\ isthmus}$과 동쪽의 도네츠크^{Donets} 및 루한스크^{Luhansk}주를 연결하는 육상 통로를 장악했다. 그러나 드네프르^{Dnepr}강 서

●●● 우크라이나 군용 정찰 드론인 샤크 드론은 장시간 심해 침투 정찰에 최적화되어 있다. EO/IR 짐벌은 다른 짐벌과 비슷해 보이지만, 실제로는 오렌지나 자몽 크기에 불과하다. 이 짐벌은 다양한 크기로 제공된다. 대형 드론의 경우 농구공 크기나 그보다 더 큰 것도 있다. 〈사진 출처: WIKIMEDIA COMMONS | Iryna Supruniuk25 | CC BY-SA 4.0〉

쪽에 주둔한 러시아군은 마지막 다리가 반복적인 로켓 공격으로 사용 불가능해지면서 고립되었다. 이에 우크라이나군은 이 지역을 탈환하기 위한 대규모 반격 작전을 발표했다. 러시아군은 이에 대응하여 병력을 증강했지만, 이를 위해 다른 전선의 병력을 줄여야 했다. 이러한 기회를 포착한 우크라이나군은 '중앙 위치'의 이점을 활용하여 주요 로켓 및 포병 부대를 신속하게 하르키우 지역으로 이동시켰다. 이 핵심 전력의 지원을 받은 우크라이나군은 제병협동작전을 전개하여 러시아 방어선을 돌파하고, 쿠피안스크Kupiansk 방향으로 광범위한 지역을 탈환하는 데 성공했다. 이후 우크라이나군은 다시 전력을 헤르손 지역으로 재배치해, 결국 러시아군을 드네프르강 동쪽으로 후퇴하게 만들었다.

●●● 우크라이나 지도. 점선은 교착 상태였던 2023년 말 기준 러시아가 점령한 지역의 범위를 나타낸다. 〈사진 출처: WIKIMEDIA COMMONS | Karte: NordNordWest | CC BY-SA 3.0 DE〉

　겨울과 해빙기$^{muddy\ season}$152 동안, 러시아는 2014년에 점령했던 일부 지역을 포함한 루한스크와 도네츠주를 전체를 점령하기 위해 공격을 감행했다. 우크라이나군은 바흐무트^{Bakhmut}와 불레다르^{Vuhledar}를 격전을 위한 주요 거점으로 삼아 방어선을 유지했다. 그러나 전선은 거의 변화가 없었으며, 포격전과 참호전이 지배하는 교착 상태에 빠졌다. 양측 모두 드론을 집중적으로 운용했다. 러시아군은 전진에 성공하기는 했지만, 매우 느린 속도로 움직였으며 막대한 피해를 감수해야 했다.

　기온이 상승하고 땅이 다시 건조해지면서 차량 통행이 가능해지자,

152　해빙기: 눈과 얼음이 녹아 진흙탕이 되는 늦겨울에서 초봄까지의 기간. "라스푸티차Rasputitsa"라고도 불리며, 우크라이나와 러시아, 벨라루스 등 동유럽 지역에서 가을과 봄철에는 도로가 진흙으로 변해 통행이 어려워진다.

우크라이나군은 반격 작전을 개시했다. 서방의 군사 지원이 계속되고 있었지만, 새로운 장비를 익히고 병사들을 훈련시키는 데는 시간이 필요했다. 우크라이나군은 점점 강해지고 있었고, 러시아군은 약해지고 있었기에 서두를 필요는 없었다.

우크라이나군의 첫 번째 반격은 서방에서 지원받은 최정예 장비를 활용한 교과서적인 기동 전술에 따른 기계화 부대 중심의 공격이었다. 그러나 이 작전은 큰 손실을 입고 실패했다. 공격 부대는 러시아군의 광범위한 지뢰밭에 갇힌 채 드론에 포착된 후, 러시아군의 포병과 공격 헬리콥터의 집중 공격을 받았다.

이제 전장은 완전히 투명해졌다. 드론을 활용하여 양측 모두 실시간으로 적의 위치를 정확히 파악할 수 있게 되었고, 기습은 더 이상 불가능해졌다. 드론을 사용하면서 양측은 고지대에서 기능적으로 동등한 위치를 갖게 되었으며 어느 정도의 제공권을 확보했다. 기동전은 더 이상 기습이나 혼란을 유발하지 못하고 단지 연료 소모를 증가시킬 뿐이었다. 대규모 병력 집중은 위협이 되기보다는 오히려 적의 표적이 될 위험이 더 컸다. 이로 인해 이제 공격보다 방어가 유리한 전장이 되었다.

이 '투명한 전장'에 대한 해답은 '비어 있는 전장empty battlefield'이었다. 우크라이나군은 소규모 보병 부대 전술로 전환해 기계화 부대와 많은 간접 사격의 지원 하에 작전을 수행했다. 이로 인해 진격 속도는 느려졌지만, 위험 부담은 줄어들었다. 분산된 상태를 유지함으로써 지속적인 공격이 가능했다.

전투 경험

우크라이나군이 가장 많이 사용한 정찰 드론은 중국 DJI사의 매빅이었다. 적어도 초기에는 그랬다. DJI사의 매빅 드론은 전형적인 소형 쿼드콥터 형태의 드론이라고 할 수 있는데, 헥사콥터 및 옥토콥터와 같은 더 큰 다양한 드론들이 보조적으로 사용되었다.

이 드론들의 주요 역할은 목표물을 탐지하는 것이다. 임무에 맞게 개조된 이 드론들은 목표물 상공에서 호버링하며 수류탄을 투하하는 용도로도 자주 사용된다.

이러한 소형 전술 드론을 안정적으로 조종하기 위해서는 무선 링크를 위한 가시선을 확보할 필요가 있다. 즉, 드론 운용자는 탁 트인 야외에 나와 있어야 하며, 햇빛이 강한 날에는 화면에 햇빛가리개^{visor}를 씌우면 눈부심을 줄이고 화면을 더 선명하게 보는 데 도움이 된다. 추운 날씨에는 손가락이 빨리 차가워진다. 드론을 조종하려면 섬세한 손놀림이 필요하므로 손을 따뜻하게 유지하기 위해 장갑을 착용해야 한다. 터치스크린을 사용하는 경우에는 터치 기능이 지원되는 장갑을 사용해야 한다. 이보다 더 정교한 대안으로는 원격조종 모델 동호인들 사이에서 인기가 있는 앞면에 투명창이 있는 목걸이식 방한 핸드워머 백$^{hand\text{-}warmer\ bag}$도 있다. 운용자가 야외에서 직접 드론을 조종하지 않으려면, 안테나와 조종기의 화면을 분리하는 방법이 있다. 안테나와 조종기를 분리해서 운용하는 방법은 더 성능이 뛰어난 안테나를 사용할 수 있다는 장점이 있지만, 별도의 케이블 연결이 필요하고 전송 손실이 발생한다. 결국, 저렴한 상업용 드론은 저렴한 상업용 드론일 뿐이다. 10배 더 많은 드론을 운용하기 위해서는 추운 날씨에 개방된 공간에 앉아 조종해야 하는 대가를 치러야 할 수도 있다.

드론은 추운 날씨에 큰 영향을 받지 않는다. 추운 날씨에도 배터리를 쉽게 보온할 수 있기 때문이다. 식품보관용 보온 백을 사용하면 배터리를 보온할 수 있다. 추가로 12V 히터를 사용하거나 따뜻한 물체를 함께 넣어두면 온도를 유지하는 데 도움이 된다. 또한, 배터리를 체온으로 따뜻하게 유지하기 위해 몸 가까이에 지니고 다니는 방법도 있다. 따뜻하게 유지하지 않으면 배터리가 빨리 방전되거나 드론이 이륙 전에 배터리를 가열하는 데 일부 전력을 사용하기 때문에 배터리 수명이 크게 단축된다. 또한, 드론은 건조한 상태로 유지해야 한다. 카메라 렌즈와 짐벌은 서리나 얼음으로 덮힐 수 있으므로 깨끗하게 관리해야 한다. 눈 덮인 지형에서 멀티로터 드론이 이륙할 때 눈보라를 일으켜 드론에 얼음이 생길 위험이 있다. 이런 문제는 휴대용 헬리패드^{helipad}처럼 사용할 수 있는 작은 매트 위에서 이착륙하면 피할 수 있다. 영하 상태에서 형성된 안개 속에서 비행할 경우에도 드론 표면에 얼음이 생길 위험이 있다.

배터리로 구동되는 드론의 일반적인 단점은 체공시간이 짧다는 것이다. 특히 적의 포병을 상대할 때는 더 긴 체공시간이 요구된다. 재밍과 같은 여러 가지 대드론 방어 체계가 운영되고 있기 때문에 소형 드론의 수명은 매우 짧은데, 통상 한 자릿수의 임무 수행만이 가능한 것으로 보고되고 있다. 따라서 드론은 탄약처럼 지속적으로 보충되어야 하며, 더 많은 드론을 확보할수록 더욱 공격적으로 운용할 수 있다.

이러한 소형 드론 운용자의 생존 기간은 드론보다는 길지만, 손실율은 여전히 높다. 드론 운용자는 고가치 표적$^{high\text{-}value\ target}$이다. 전투에 투입되기 전에 드론 운용자는 저격수처럼 자신의 위치를 숨기는 방법에 대한 훈련을 받아야 한다. 저격수와 마찬가지로, 드론 운용자들도 서로를 사냥하는 데 특별한 자부심을 느낀다. 만약 신호 정보 등을 통해 드론 운용자의 대략적인 위치가 노출되면, 해당 지역 전체가 적의 포격을 받을 가능성이 크다.

러시아군이 가장 많이 사용하는 드론은 오를란-10이다. 오를란-10은 소형 내연기관으로 구동되는 전형적인 고정익 드론이다. 포병과 란셋 공격 드론의 정찰기로 사용되는 오를란-10은 휴대용 대공 미사일과 대공포의 사거리가 닿지 않을 정도로 높은 고도로 비행할 수 있기 때문에 격추하기 위해서는 고가의 장비가 필요하지만, 드론 자체의 가격은 저렴하다. 또한 재밍을 어렵게 만드는 강력한 군용 대역 확산 통신 링크 덕분에 전선 깊숙이 들어가도 끊김 없이 통신이 가능하다. 오를란-10은 수시간 동안 비행할 수 있기 때문에, 우크라이나군 머리 위를 끝없이 맴도는 것처럼 보이기도 했다. 그리고 무장은 없지만, 크기가 작아 전장에서 직접 발사 및 회수가 가능하다는 장점이 있다.

우크라이나군도 유사한 드론을 다수 보유하고 있으며, 러시아군과 비슷한 방식으로 운용하고 있다. 초기에는 훨씬 더 무거운 바이락타르 TB2 드론으로 큰 성과를 거두었다. TB2 드론은 대전차 미사일을 탑재할 수 있어 탐지부터 식별, 추적, 타격에 이르는 일련의 과정을 빠르게 시행하여 킬체인을 단축할 수 있다. 하지만 이러한 능력을 갖추기 위해 크기도 커지고 가격도 비싸지는 바람에 결국 TB2는 격추되기 쉬운 표적이 되어버렸다. 결국, 오를란-10처럼 생존성이 높고 손실을 감수할 있는 저가 드론이 실제 전장에서 더 효과적인 무기로 판명되었다.

- 대보병 드론 -

병사가 일단 드론에 포착되면, 그가 할 수 있는 일은 많지 않다. 드론 소리를 들었거나 드론을 보았다면, 자신이 곧 수류탄, 박격포, 심지어는 포격의 표적이 되리라는 것을 직감하게 된다. 소총으로 드론을 격추하려고 시도할 수도 있지만, 성공할 가능성은 낮다. 위장을 하거나 나무 아래에 숨을 수도 있지만, 움직이지 않으면 오히려 더 쉬운 목표물이 될 가능성이 크다. 어려운 목표물이 되기 위해 도망치는 방법도 있을 것이다. 드론의 배터리가 방전되기를 기다리며 어딘가에 웅크리고 있는 것도 효과가 있을 수는 있지만, 그 지역에는 종종 많은 드론들이 번갈아 가며 목표물을 찾기 때문에 이것도 확실한 방법은 아니다.

병사가 드론에 항복을 시도할 수도 있지만, 그러려면 어느 정도 협조가 필요하다. 무기와 헬멧을 내려놓는 것은 항복 의사를 나타내는 일반적인 신호이다. 이후 드론의 반응은 상황에 따라 달라진다. 항복이 즉시 이루어지지 않고 시간이 걸릴 수도 있다. 이때 한 가지 대응 방법은 드론이 기지로 돌아가 항복 절차에 대한 지침이 담긴 패키지를 실은 후, 그것을 항복 의사를 밝힌 병사 근처에 투하하는 것이다. 또 다른 대응 방법은 항복하는 병사를 지상군이 있는 곳으로 유도하는 것이다. 항공 분야에서 "나를 따라오라"는 표준 신호는 날개를 흔드는 것이지만,

현재 전장에서 이러한 방식이 사용된 사례는 없는 것으로 보인다. 병사의 수신호에 반응하여, 멀티로터는 '예'를 의미하는 상하 운동이나 '아니오'를 의미하는 좌우 운동을 할 수 있다. 이는 고개를 끄덕이거나 좌우로 흔드는 사람의 동작을 모방한 것이다.

우크라이나군은 때때로 러시아 보병을 상대로 몰이 전술$^{\text{herding tactic}}$[153]을 사용했다. 쿼드콥터 드론이 러시아 병사를 발견하면 수류탄을 투하하지 않고 그 대신 낮은 고도로 하강하여 자신의 존재를 알렸다. 이는 병사가 드론에게 추적당하고 있다는 사실 그 자체가 얼마나 공포스러운지를 이용한 것이다. 수류탄이 투하될 것을 두려워한 병사는 즉시 대피소나 건물 안으로 뛰어든다. 이로 인해 대피소의 위치가 드러나게 된다. 이 과정이 반복되면, 더 많은 병사들이 같은 대피소로 몰려들게 된다. 두려움에 휩싸인 병사들은 서로 의지하기 위해 한데 모이려는 경향이 있다. 그 순간, 포병 지원이 요청되고, 대피소는 포격으로 파괴된다.

또 다른 우크라이나의 전술은 1939~1940년 겨울 전쟁 당시 핀란드인들이 사용한 '모티^{motti}' 전술의 변형이다. 핀란드어로 '모티'는 겨울이 지나면 주워갈 수 있도록 길가에 쌓아둔 통나무 더미를 의미한다. 이 전술의 원래 개념은 러시아군의 거점을 고립시킨 다음, 그곳에 갇힌 러시아군이 서서히 굶주림과 추위로 죽게 만드는 것이다. 이 전쟁에서 드

---

153 몰이 전술: 군사전략에서 적을 의도적으로 특정 위치로 몰아넣는 전술을 의미한다. "Herding"이라는 단어는 본래 가축을 몰아가는 행위를 뜻하는데, 이 전술에서는 공포와 심리적 압박을 이용해 적군을 특정 공간으로 이동시키고, 이후 효과적으로 공격하는 방식이다. 우크라이나 전쟁에서 이 전술은 드론을 이용해 적군을 위협하고, 그들이 본능적으로 안전한 장소로 피하도록 유도한 뒤, 포격을 가하는 방식으로 활용되었다.

론은 적군이 여러 거점 사이를 오갈 때 어떤 경로를 이용하는지 파악하는 데 처음 사용되었다. 드론은 이 경로를 따라 이동하는 병사들에게 수류탄을 직접 투하하거나 박격포 사격을 하도록 유도함으로써 이들을 괴롭혔다. 이동 중인 병사들을 공격하는 것은 쉽지 않지만, 공격 위협만으로도 거점 간의 연결을 끊는 효과가 있었다. 며칠이 지나 식수나 무전기 배터리가 바닥이 나면, 해당 진지는 버려질 수밖에 없었다.

몰이 전술과 모티 전술 모두 병사들이 드론을 두려워하는 심리를 이용한다. 때로는 실제 위험보다 더 큰 공포를 느끼기도 한다. 드론이 나타나면, 병사들은 그것이 무엇을 하고 있는지 알기 어렵다. 수류탄을 탑재하고 있는가? 만약 드론이 호버링을 하고 있다면, 그럴 가능성이 높다. 혹시 다른 목표를 탐지 중인가? 단순한 정찰 임무를 수행하고 있을 수도 있고 포병 부대가 포격을 준비하고 있을 수도 있다. 포격을 경험하고, 굉음에 귀가 먹먹해지고, 땅이 흔들리는 것을 느끼고, 고통스러운 비명과 도움을 요청하는 외침을 들어본 사람이라면 누구나 그 공포를 이해할 수 있을 것이다. 제2차 세계대전 당시 슈투카^{Stuka} 급강하 폭격기에 사이렌을 장착한 것처럼 의도적으로 드론을 더 쉽게 발견하거나 드론의 소리를 들을 수 있게 함으로써 이러한 공포를 증폭시킬 수 있다. 일반적으로 전술 드론은 적 보병과 아주 가까운 거리에서 운용되기 때문에 그들의 행동을 아주 자세히 관찰할 수 있다. 적 보병의 얼굴 표정은 물론 이름표까지 식별할 수 있다. 만약 적 보병이 장갑을 벗는다면, 상처를 치료하려는 것일 수도 있다. 적 보병이 소총을 옆에 내려놓는다면 드론은 부상 정도를 확인하고 추가로 수류탄 투하가 필요한지 결정하기 위해 적 보병에게 더 가까이 접근할 것이다. 이제 전쟁은 아주 개인적인 동시에 일방적인 양상으로 바뀌게 된다.

참호나 엄폐된 공간에 있는 적을 몰아내기 위해 연막탄이나 CS 가스[154] 수류탄을 사용할 수도 있다. CS 가스는 법 집행 기관이 사용하는 일반적인 최루 가스보다 더 강력한 최루 가스이다. 그러나 1925년에 제정된 제네바 의정서Geneva Protocol는 "질식성 가스 또는 기타 가스, 액체, 물질 또는 이와 유사한 물질"의 사용을 금지하고 있다. 일반적으로 이 조항은 CS 가스와 일반 최루 가스를 모두 포함하는 것으로 해석된다. 그럼에도 불구하고 러시아는 드론으로 최루탄을 투하하여 우크라이나 군인들이 참호에서 나오게 한 뒤, 파편 수류탄으로 그들을 사살하는 영상을 공개했다. 예를 들어 백린 연막탄을 단순히 연기를 피울 목적으로 사용하는 것은 합법적이지만, 무기로 사용하는 것은 불법이다. 그러나 화염방사기를 장착한 드론을 사용하는 것은 합법적이다.

야간 투시 기능을 갖춘 드론은 매우 유용하다. 이는 저조도 환경에 최적화된 일반 카메라 센서일 수도 있고, 보다 고가의 열영상 카메라일 수도 있다. 우크라이나 보병은 때때로 이러한 드론을 활용해 야간 작전을 수행했으며, 동일한 능력을 갖추지 못한 러시아군을 상대로 압도적인 효과를 거두었다. 그 결과, 자신들보다 10배나 많은 적 병력을 격퇴

---

154 CS가스: 2-클로로벤즈알말로노나이트릴($C_{10}H_5ClN_2$). 살상력을 가지고 있지 않은 최루 가스 중 하나로 다른 화학무기에 비해 독성이 약하나, 효과가 강하다는 장점으로 인기를 끌고 있다. CS 가스로 효과를 보기 위해서는 일단 용매에 녹인 다음에 뿌리던가 아니면 에어로졸을 이용하는 방법이 있다. 용매에 녹인 CS 비말은 증발하여 사람의 피부에 자극을 주게 된다. CS 가스에 사람이 접촉하게 되면, 구토와 더불어 피부가 타는 듯한 느낌을 받게 된다.

시킬 수 있었다.

- 대포병 및 방공 드론 -

드론은 포격할 때 발생하는 연기를 통해 포병의 위치를 탐지할 수 있다. 따라서 이 연기를 줄이거나 최소한 눈에 덜 띄게 해야 한다. 가장 확실한 해결책은 연기가 적게 발생하는 추진 장약을 사용하는 것이다. 상대적으로 덜 중요한 문제는 발사할 때 발생하는 먼지인데, 이를 해결하려면 먼지가 적은 장소를 사격 위치로 선택하는 것이다. 로켓은 멀리서도 볼 수 있는 연기 궤적을 남기기 때문에 드론에 쉽게 탐지되는 경향이 있다. 포격 시 발생하는 연기와 먼지는 비교적 빠르게 흩어지지만, 로켓이 남기는 연기 궤적은 그보다 더 오래 남는 편이다. 하지만 로켓이 남기는 연기 궤적은 안개나 구름에 쉽게 가려질 수 있으며, 야간에는 어두워 보이지 않는다. 따라서 대부분의 드론은 주로 주간에 작전을 수행한다.

우크라이나군이 러시아군 포병을 탐지하기 위해 사용한 한 가지 전술은 소규모 보병 공격을 감행하여 러시아군 포병의 사격을 유도하는 것이었다. 이 전술은 러시아군 포병 진지가 있을 것으로 의심되는 지역의 상공에 드론을 띄운 상태에서 수행되었다. 드론은 포격 이후 적 포병의 움직임을 포함한 위치 정보를 포격 대기 중이던 우크라이나군 포병 부대에 전송했다. 이와 유사한 방식으로 드론을 보내 적의 레이더가 작동하게 유도한 뒤 그 위치를 파악하는 전술도 사용되었다. 이렇게 레이더와 관련된 미사일 발사대의 위치를 파악하면 곧바로 포격으로 파괴할 수 있다.

우크라이나군 포병은 전쟁 이전에 개발된 자동화된 지휘통제 시스템을 사용했다. 이 지휘통제 시스템은 어떠한 포병 화기로든 탐지된 목표물을 즉시 타격할 수 있게 해주었기 때문에 매우 효과적인 것으로 입증되었다. 드론이 목표물을 포착한 순간부터 포탄이 목표물에 명중하기까지의 대응 시간은 일반적으로 3~5분이었다. 경우에 따라서는 1분 정도로 단축될 수도 있었다.

러시아군은 일반적으로 드론이 발견한 표적에 대한 표적 처리 주기$^{Targeting\ Cycle}$가 느렸다. 우크라이나군 포병이 발견되더라도 공격을 받기까지 몇 시간이 걸리기도 했다. 다만, 예외적으로 일부 러시아군 부대는 더 나은 대응 능력을 갖추고 있거나 자체 드론을 보유해 신속히 대응하기도 했다. 러시아군의 포격은 때때로 자국 지상군과의 조율 없이 사전에 계획된 지도상의 포격 구역에 대해 이루어지는 것처럼 보였다. 어쩌면 그들은 그날 할당된 포격량을 채우기 위해 단순히 포격하고 있었을지도 모른다.

과거에는 곡사포가 대포병 레이더에 포착되는 것은 계속 사격하고 있는 동안에만 가능했었다. 곡사포는 사격을 멈추면 추적을 피해 안전한 은신처로 이동할 수 있었다(이를 '사격 후 신속한 진지 이탈$^{shoot\text{-}and\text{-}scoot}$'이라 한다). 그러나 드론이 상공에 떠 있는 경우에는 상황이 달라진다. 사격을 통해 곡사포의 위치가 노출되면, 드론이 이를 추적하여 은신처까지 뒤쫓아간 후, 가용한 모든 수단을 동원해 파괴할 수 있다.

곡사포와 같은 포신형 포병 화기는 장거리 로켓포보다 전선에 더 가까이 배치해야 한다. 무유도탄을 사용할 경우, 정확도와 목표물의 특성에 따라 유효사거리는 15~25km 정도이다. 이로 인해 포신형 포병 화기는 대포병 사격뿐만 아니라 드론의 공격에도 더 취약하다. 양측은 모두 드론을 주로 탄착점 관측 및 수정에 이용하여 곡사포를 파괴할 수 있었다.

유도 포탄을 발사하는 곡사포는 50km가 넘는 곳에 있는 목표물도 포탄으로 정확하게 명중시킬 수 있다. 따라서 곡사포는 전선에서 더 멀리 떨어진 안전한 곳에 배치할 수 있다. 반면에 유도 포탄을 발사하는 곡사포는 이제 예를 들어 개활지를 가로질러 진격하는 대규모 보병 부대를 상대할 때 엄청난 양의 값싼 포탄으로 해당 지역을 융단포격할 수 있는 주요 이점을 잃게 되었다. 만약 유도 포탄만 사용하면 유도 로켓에 비해 곡사포가 갖는 비용 효율성 측면의 장점은 사라지게 된다. 유도 로켓은 항상 더 긴 사거리를 갖는다는 장점이 있기 때문이다. 드론의 등장으로 인해 곡사포는 장거리 유도 로켓에 비해 유용성이 감소하게 되었다.

견인곡사포는 큰 박스형 자주포보다 작고 위장하기 쉽지만, 이는 숨겨진 상태에서 조용히 있을 때만 효과적이다. 일단 드론이나 대포병 레이더에 의해 발견되면, 견인곡사포는 대포병 사격에 취약해진다. 집속탄을 사용할 경우, 단 한 발의 포탄만으로도 무력화되는 경우가 많다. 양측 모두 운용 방식에 따라 상당한 손실을 입은 것으로 보인다. 이에 비해 자주포는 포격 후 신속하게 전장을 이탈하고 장갑을 장착함으로써 대포병 사격에 대한 생존성이 더 높다.

박격포는 최대 사거리가 5~8km에 불과할 정도로 짧다. 따라서 전선에 더 가까이 배치되어야 하지만, 이동이 용이하고 배치 속도가 빠르다는 장점이 있다. 81mm/82mm 중형 박격포는 혼자서도 운반이 가능하며, 120mm 대형 박격포는 분해하면 옮길 수 있지만, 대부분 트럭 뒤에 실어 옮기거나 바퀴가 2개 달린 견인식 소형 포가로 운반하는 경우가 많다. 박격포는 포병 화기만큼 많은 주목을 받지 못하는 경향이 있지만, 실제 전투에서 발생하는 사상자는 포병 화기 못지않게 박격포로 인해 발생하는 경우가 많다.

우크라이나군은 정확한 위치가 파악된 목표물에 대해 다연장 유도 로켓 발사 시스템GMLRS, Guided Multiple Launch Rocket Systems을 효과적으로 운용하는 데 성공했다. 드론은 전선 근처의 목표물을 식별하는 데 큰 역할을 했다. 탄약고, 보급창, 교량과 같은 장거리 목표물에 대한 정보는 주로 신호 정보를 통해 확보된 것으로 보인다. GMLRS의 사거리가 80km에 달하기 때문에 러시아군은 많은 보급 물자를 이 사거리 밖으로 이동시켜야 했다. 이는 러시아군의 가장 취약한 부분인 불안정한 군수지원체계에 심각한 압박을 가했다.

러시아군은 GMLRS을 요격할 수 있다고 주장한다. 시간이 좀 걸렸지만, 러시아군은 결국 단거리 방공 시스템을 재배치하고 재구성하여 GMLRS의 목표물이 되는 지역을 방어할 수 있도록 조치한 것으로 보인다.

그러나 러시아군은 GMLRS 발사대를 거의 파괴하지 못했다. 이 발사대들은 전선에서 멀리 떨어진 후방에서 끊임없이 이동하며 은신할 곳이 많아 발견해 파괴하기가 어려운 목표물이었다. 또한, 작전 보안이 철저하게 유지된 것으로 보인다. GMLRS은 유도 로켓이기 때문에 일반 포탄처럼 탄도 궤적을 따를 필요가 없었기 때문에 대포병 사격을 위한 정확한 발사 위치의 추적이 어려웠다.

러시아의 군사교리에 따르면, GMLRS과 같은 목표물을 추적하는 임무는 Ka-52 공격 헬리콥터가 수행해야 한다. 이는 잘못된 교리는 아니지만, 충분한 수량의 효과적인 휴대용 대공 미사일 시스템이 배치된 상황에서는 실행이 불가능하다. Ka-52 공격 헬리콥터 대신 장거리 드론을 사용할 수도 있었을 것이다. 장거리 드론은 Ka-52 공격 헬리콥터에 비해 손실 부담이 적기는 하지만, 작전거리가 짧고 화력이 있다 하더라도 부족하여 효율성이 떨어진다. 그것보다는 장거리 공격 드론을 사용하는 것이 더 나은 선택이었을 것이다.

- 공격 드론 -

공격 드론은 목표물을 찾으면 급강하한 후 충돌해 폭발하는 단방향 드론이다. 그래서 이를 흔히 '가미카제^{kamikaze} 드론' 또는 간단히 '자폭 드론$^{loitering\ munitions}$(배회탄)'이라고 부른다.

가장 흔한 유형은 원래 민간에서 취미용이나 대회참가용으로 사용되던 드론을 개조해 만든 FPV$^{First\ Person\ View}$(1인칭 시점) 드론이다. FPV 드론은 강력한 모터를 장착한 쿼드콥터 드론으로, 속도가 빠르고 RPG-7 탄두와 같이 무거운 폭발물을 탑재할 수 있을 정도의 적재 능력을 갖추고 있다. 탑재량은 모터의 출력에 의해 결정된다. 그러나 체공시간이 보

●●● 우크라이나군의 FPV(1인칭 시점) 드론. FPV 드론은 원래 민간에서 취미용이나 대회참가용으로 사용되던 드론을 개조해 만든다. 강력한 모터를 탑재한 쿼드콥터 드론으로, 빠르며 RPG-7 탄두와 같은 놀라울 정도로 무거운 폭탄도 탑재할 수 있다. 〈사진 출처: WIKIMEDIA COMMONS | ApmияInform | CC BY 4.0〉

통 5~10분으로 제한되어 항속거리가 상당히 짧다. 또한, 고음의 큰 소음을 내며 비행하기 때문에 목표물은 피격 몇 초 전쯤 이를 감지할 수 있다.

 FPV 드론은 운용자와 무선 링크로 연결되어 있어 카메라가 포착한 영상을 운용자도 실시간으로 볼 수 있다(이름이 FPV, 즉 '1인칭 시점'인 이유가 여기에 있다). 카메라는 일반적으로 고정되어 정면을 향하고 있다. 운용자는 고글을 착용하거나 화면을 주시한다. 일반적으로 고글이 선호되는데, 운용자에게 더 나은 몰입감과 거리 감각을 제공하기 때문이다. 영상의 노이즈와 신호가 끊기는 현상에서 알 수 있듯이, 무선 링크는 거의 항상 아날로그 방식이다. 아날로그 영상은 단순하고, 용량이 작으며, 지연 시간이 짧아서 고속 드론을 조종하는 데 유리하다. 반면, 디지털 영상은 더 높은 해상도에 적합하지만, 압축 정도에 따라 지연

시간이 길어지는 경우가 많다. 디지털 신호가 끊기면, 잠깐 동안 '블록 현상^{blockiness}'155이 나타나면서 영상이 멈췄다가 완전히 사라진다.

무장 담당자^{armorer}는 FPV 드론 운용팀의 일원이다. 그의 역할은 단순히 포장된 드론을 조립하는 것 외에도, 목표물에 적합한 수류탄을 선택하고, 적절한 유형과 크기의 충전된 배터리를 선택하는 것이다. 그런 다음 케이블 타이$^{zip\ ties}$를 이용해 이것들을 드론에 고정시킨다. 드론이 운용자가 의도한 대로 비행하게 만들려면 균형을 유지하도록 탄두와 배터리를 잘 배치해야 한다. 신관이나 기폭장치는 보통 즉석에서 급조한 것들로, 이를 작동시키기 위해서는 전선을 연결해야 한다. 드론 전면에 흔히 보이는 구부러진 전선이나 수염처럼 생긴 '휘스커^{whiskers}' 또는 '접촉선^{contacts}'156은 안테나가 아니라 접촉식 기폭장치 회로의 일부로, 목표물과 접촉 시 기폭장치를 폭발시키는 역할을 한다. 그러나 이러한 접촉식 신관은 안전성과 신뢰성 면에서 문제가 있을 수도 있다. 이륙을 위해서는 발사대가 필요한데, 간단히 탄약상자 2개를 나란히 놓아 발사대로 이용할 수도 있다. 발사 직전에 카메라 렌즈를 닦고, 전원을 연결한다. 물론, 이러한 준비 작업은 날씨에 상관없는 유개호 안에 앉아 수행해야 한다. 준비 작업을 하는 데는 시간이 걸리기 때문에 팀이 제공할 수 있는 화력의 양에는 제한이 있다.

---

155 블록 현상: 디지털 영상이나 이미지에서 발생하는 압축 아티팩트(Compression Artifact)의 한 종류로, 원래의 부드러운 화면이 정사각형 또는 직사각형 블록 형태로 나타나는 현상을 의미한다. 주로 영상 데이터가 압축 또는 전송 과정에서 손실될 때 발생한다.

156 FPV 드론에서 '휘스커(whiskers)' 또는 '접촉선(contacts)'은 기폭장치의 일종으로, 일정한 압력이 가해졌을 때 폭발을 유도하는 회로를 구성하는 전선이나 금속 와이어를 의미한다.

일단 발사한 FPV 드론은 회수하지 않는다. FPV 드론이 목표물을 찾지 못하면 폭파시킨다. 민간용 부품을 기반으로 제작된 FPV 드론은 대부분 열영상 카메라가 없으므로 주로 주간에 운용된다. FPV 드론은 레이저표적지시기나 GPS를 사용하지 않으며, 목표물에 대한 정보를 다른 공격 수단에 알려주지도 않는다. 그 자체가 탄두이기 때문이다.

FPV 드론에 장착된 카메라는 고품질이 아니며, 줌 기능이나 짐벌을 갖추지 않은 경우가 많다. 공격 드론은 시야가 제한적이고 체공시간이 짧아서 정찰 용도로 적합하지 않다. 따라서 FPV 드론은 종종 다른 드론의 지원을 받아 목표물을 찾는다. 우크라이나군은 주로 매빅 또는 매트리스 시리즈 드론을, 러시아군은 오를란-10 드론을 활용한다. 이를 위해서는 목표물을 찾는 유도 드론과 공격을 수행하는 공격 드론 운용자 간의 협력이 필요하다.

고고도 접근과 저고도 접근 중에서 선택해야 할 때, 공개된 대부분의 영상에서는 저고도 접근이나 준저고도 접근을 하는 것을 볼 수 있다. 충돌 직전에 무선 링크가 끊어지는 경우가 종종 있는데, 이는 운용자에게 가시거리가 확보되지 않았기 때문이다. 이러한 상황은 목표물에서 상당히 먼 거리에서도 발생한다. 일부 영상에서는 운용자가 최종 급강하 단계에서 드론을 제어하는 데 어려움을 겪는 것처럼 보인다. 표적을 추적하는 긴박한 상황에서 조종사 유발 진동[PIO, Pilot Induced Oscillations][157]

---

[157] 조종사 유발 진동: 조종사가 항공기를 제어하려는 노력으로 인해 발생하는 지속되거나 제어할 수 없는 진동을 말한다. 항공기 조종사가 실수로 반대 방향으로 일련의 수정을 반복해서 명령할 때 발생한다.

처럼 운용자가 과잉 반응을 보이는 경향이 있는데, 이러한 경향은 특히 주변에서 몇몇 동료들이 화면을 보면서 뒷좌석 운전자처럼 간섭하는 경우에 더 심하게 나타난다. FPV 드론은 속도와 급선회에 적합하도록 설계되었기 때문에 비행이 불안정할 수 있다. 먼저 고정 표적$^{stationary\ target}$에 대한 훈련이 필요하다. 운용자가 더 숙련될수록 이동 표적$^{moving\ target}$에 대한 명중률이 높아지며, 알려진 약점을 잘 공략하는 능력도 향상된다. 다음 단계에서는 주변 장애물을 피하면서 움직이는 차량의 약한 부분에 부딪치는 훈련을 한다. 장갑차량에 대한 공격은 일반적으로 가장 장갑이 얇은 후방을 목표로 이루어진다. 트럭의 경우는 엔진과 운전자가 있는 앞부분을 공격하는 경우가 많다. 병사를 목표로 할 때는 주로 병사를 직접 겨냥하기보다는 폭발 범위를 고려해 병사가 서 있는 지면을 목표로 한다. FPV 드론 공격은 제대로 준비하고 실행하면 순식간에 이루어져 방어하기 어렵다. 다만, 실수로 아군을 잘못 공격하지 않도록 주의해야 한다.

   FPV 드론의 주요 목표물은 장갑차량이다. 이동 중인 장갑차량은 다른 무기로 명중시키기 어렵다. FPV 드론의 강점은 목표물이 나타났을 때 신속하게 대응할 수 있다는 것이다. 러시아군은 장갑차량을 상당히 공격적으로 운용해 우크라이나 FPV 드론에게 많은 목표물을 제공하는 결과를 낳았다. 반면, 우크라이나군은 장갑차량을 보다 신중하게 운용하여 러시아 FPV 운용자들은 상대적으로 공격 기회가 많지 않았다.

   FPV 드론 운용자는 저격수처럼 작전을 수행하며, 인내심을 가지고 목표물을 추적한다. 적절한 목표물이 탐지되어 드론 발사 결정이 내려지면, 본격적인 추적이 시작된다. 이제 운용자는 제한된 시간 내에 목표물을 찾아야 한다. 특히 목표물이 마지막으로 보고된 위치에서 이동했을 경우에는 더 어려울 수 있다. FPV 드론 운용자가 전선 가까이에서 작전을 수행하면, 목표물이 탐지된 순간부터 드론이 도달하는 시간이 짧아져 목표물을 놓칠 위험이 줄어든다. 반면, 전선에 가까울수록 운용자는 더 위험하지만, 사전 훈련을 통해 이러한 위험에 적절히 대응할 수 있다. 공격이 끝난 후 유도 드론은 목표물이 성공적으로 타격되었는지 확인하는 역할을 수행한다. 전차의 경우는 일반적으로 완전히 파괴하기까지 여러 차례의 타격이 필요하다. 반면, 경장갑차량의 경우는 상대적으로 쉽게 무력화할 수 있다.

적 차량이 없는 상황에서 저렴한 FPV 드론이 충분히 있다고 가정하면 공격할 적 보병은 항상 존재한다. 적 보병은 참호, 대피호, 폭탄 구덩이, 또는 불에 탄 장갑차 아래에 숨어 있는 경우가 많다.

장갑차량이 드론에 피격되면, 대부분의 경우 장갑차량이 정지하고 승무원들이 탈출하여 가까운 엄폐물로 대피한다. 이때 유용한 전술은 또 다른 드론을 준비해놓았다가 승무원들이 개활지에 노출된 순간을 노려 공격하는 것이다. 대피호나 건물의 입구를 담요나 문으로 막아놓은 경우에도 이와 비슷한 전술을 사용한다. 첫 번째 드론은 이러한 방어물을 파괴하는 데 사용된다. 치즈를 얻는 것은 두 번째 쥐이다.

개활지에 있는 보병은 일반적으로 드론이 접근하는 소리를 들을 수 있다. 이 시점에서 최선의 대응 전략은 드론보다 빠르게 달리려고 하는 것이 아니라, 6시 방향에 있는 적기를 회피하는 전투기 조종사처럼 우측이나 좌측으로 급격히 방향을 틀면서 드론을 회피하는 것이다. 드론은 속도를 줄이거나 선회해서 다시 공격을 시도할 수도 있지만, 대개는 그냥 다른 사람을 노릴 가능성이 더 크다. 나무 뒤에 숨는 것은 효과적인 방어 전략이 아니지만, 동료들이 그 방법이 효과적이라고 믿고 있다면 나무 뒤에 숨으려 할 것이다.

이제 다음은 부상자 후송에 대해 살펴보자. 지상에서 벌어지는 총격은 피할 수 있지만, 공중에서 감시하는 드론은 다르다. 보통 보병들은 목표물이 되는 것을 피하기 위해 흩어져 이동하지만, 부상자를 운반하는 몇 명의 병사가 함께 모여 이동하면, 드론 공격의 좋은 표적이 된다. 이들은 이동 중에 비교적 쉽게 식별될 수 있다.

FPV 드론을 활용하는 또 다른 방식은 아군의 공격과 연계하여 대량의 FPV 드론을 마치 유도 박격포탄처럼 운용하는 것이다. 방어군이 공격군을 향해 사격하여 자신의 위치를 드러내면, FPV 드론들이 급강해 방어군을 타격한다. 물론, 공격군 역시 공격 과정에서 자신의 위치가 노출되기 마련이다. 그렇게 되면 이제 방어군의 드론 운용자들에게는 많은 목표물이 생기게 된다. 공격이 잦아들고 전장이 다시 조용해지면, 드론은 다시 원래처럼 발견하는 목표물을 하나씩 저격하는 임무로 돌아간다.

FPV 드론을 운용하는 세 번째 방식은 유인 또는 무인 벙커나 기타 방어시설을 직접 공격하는 것이다. 적이 해당 시설을 더 이상 엄폐물로 사용할 수 없을 때까지 계속 공격해서 결국 적이 그것을 포기하고 철수하게 만드는 것이다. 이러한 전술은 박격포나 포병 화력을 함께 사용하여 실시하는 경우가 많다. 하지만 충분한 수량의 FPV 드론이 확보되어 있다면, FPV 드론 단독으로도 이러한 전술 수행은 가능하다.

특히 주목해야 할 표적은 이동식 대공무기이다. 일반적으로 이동식 대공무기는 레이더를 사용하기 때문에 자주 위치를 옮겨야 한다. 이동 중에는 외형상 눈에 띄기 쉽고, 기종에 따라 이동 모드에서 작동이 불가능한 경우 드론 공격의 손쉬운 표적이 될 수도 있다.

유인 공격 헬리콥터를 대상으로 FPV 드론을 활용하려는 시도가 있었지만, 헬리콥터의 속도가 너무 빨라서 추격할 수 없었다. FPV 드론은 300km/h가 넘는 속도로 빠르게 비행할 수 있지만, 이렇게 빠른 속도로 비행하려고 시도했던 드론들조차도 헬리콥터를 따라잡기에는 충분하지 않았다.

이론적으로 FPV 드론은 속도를 줄이고 건물 내부로 진입할 수 있다. 추정컨대, 이것을 시도했지만 실패한 것 같다. 가장 간단한 이유는 드론이 지상으로 낮게 내려가거나 벽으로 차단되면 무선 연결이 끊기기 때문이다. 또 다른 이유는 드론이 속도를 줄이고 목표물에 근접하면 쉽게 격추될 수 있기 때문이다. FPV 드론은 소음이 크기 때문에 가까이 접근하면 반드시 소리가 들릴 수밖에 없다. 마지막으로, 문이나 커튼 같은 장애물로도 드론의 진입을 차단하기에 충분하기 때문이다.

우크라이나는 미국제 스위치블레이드 공격 드론을 지원받았다. 스위치블레이드 공격 드론은 배터리로 구동되는 소형 특수 목적 공격 드론이다. 우크라이나군은 이를 성공적으로 운용했으나, 보안상의 이유로 공격 영상을 거의 공개하지 않았다.

러시아가 운용하는 란셋 공격 드론은 상당한 성과를 거두었다. 란

●●● 미 해병대원이 스위치블레이드 공격 드론을 발사하고 있다. 우크라이나는 소형 배터리로 작동되는 이 공격 드론을 지원받았다. 〈사진 출처: WIKIMEDIA COMMONS | U.S. Marine Corps | Public Domain〉

●●● X자형 날개를 가지고 있는 란셋 드론은 대부분의 각도에서 표적 면적이 넓게 보이기 때문에 우크라이나군은 총으로 격추하기가 비교적 쉽다고 판단했다. 〈사진 출처: WIKIMEDIA COMMONS | Nickel nitride | CC0 1.0〉

셋 드론은 두 가지 유형이 존재한다. 소형 모델은 1kg 탄두를 탑재하고 있지만, 장갑 목표물에 대한 효과가 제한적이었다. 반면, 대형 모델은 3kg 또는 5kg 탄두를 장착하여 보다 강력한 공격력을 갖추고 있다. FPV 드론과 달리, 란셋 드론은 미리 설정된 위치로 비행한 다음 운용자에게 영상을 송출하기 시작한다. 그러나 우크라이나군이 사용하는 FPV 드론과 마찬가지로, 란셋 드론 역시 최종 급강하 시점에서 영상 신호가 끊길 가능성이 있다. 란셋 드론은 때로는 목표물을 발견하고 목표물이 파괴되었는지 확인하는 데 도움을 줄 수 있는 다른 보조 드론을 운용하기도 한다.

란셋 드론의 주요 단점은 FPV 드론에 비해 가격이 비싸다는 것이다. 러시아군은 란셋 드론을 주로 장갑차, 대포, 레이더 기지와 같은 우선순위가 높은 목표물에 사용했다. 이로 인해 우크라이나군은 이러한 목표물들을 운용하고 보호하는 방식을 변경해야 했다. 우크라이나군은 란셋 드론을 총으로 격추하기가 비교적 쉽다고 판단한 것으로 알려졌다. 추측컨대, 이는 란셋 드론의 X자형 날개와 관련이 있는 것 같다. X자형 날개는 대부분의 각도에서 표적 면적$^{target\ area}$이 넓게 보여서 격추하기 쉽기 때문이다.

수십 킬로그램에 달하는 대형 공격 드론은 정교한 센서를 장착하고 있음에도 불구하고, 양측 모두 사용하지 않은 것으로 보인다. 적어도 이와 관련해 공개된 보고 사례는 거의 없다.

기본 FPV 드론의 변형된 운용 방식 중 하나는 FPV 드론을 더 큰 드론에 실어서 작전 지역의 발사지점까지 운반하는 것이다. 이렇게 하면

FPV 드론이 좀 더 적진 깊숙이 침투해서 공격하기 수월하다. 운반 드론$^{Carrier\ drone}$은 단순히 관측 드론 역할을 하는 것뿐만 아니라, FPV 드론에 무선 링크를 제공하는 역할도 한다. 이 방식은 고가의 대형 드론이 갖는 긴 항속거리와 FPV 드론의 저렴한 비용이라는 두 가지 장점을 결합한 것이다. 여기서 발생할 가능성이 있는 문제는 무선 링크의 추가 지연으로 인해 이미 불안정한 드론의 운용이 더 어려워질 수 있다는 점이다. 우크라이나군이 이 전술의 시연 영상을 공개했기 때문에, 이를 실전에서 유용한 것으로 평가하고 있는 것으로 보인다. 또한, FPV 드론을 탑재한 대형 '바바 야가$^{Baba\ Yaga}$' 헥사콥터[158]가 FPV 드론의 항속거리를 훨씬 넘어 러시아군 목표물을 공격하는 영상도 등장했다.

 FPV 드론 공격의 성공률은 보고마다 큰 차이를 보인다. 어떤 보고에서는 10번 중 1번 성공이라고 하고, 다른 보고에서는 90% 명중률을 주장하기도 한다. 그러나 이러한 수치의 대부분은 신뢰하기 어렵다. 일반적으로 볼 때, 10% 명중률이 더 현실적인 것으로 보인다. 목표물은 높은 명중률에 직면하면 행동을 바꾸는 경향이 있기 때문이다. 반면, 일부 목표물은 행동을 바꾸는 것이 제한될 수 있으므로 대략 전체 공격 중 3분의 1~2분의 1 정도를 유효한 공격으로 추정할 수 있다. 저렴한 FPV 드론이 충분히 확보된 경우, 공격을 보다 적극적으로 감행할 수 있으며, 명중률이 낮더라도 큰 문제가 되지 않는다. 반면, 고가의 정

---

[158] 바바 야가 헥사콥터: 바바 야가는 러시아와 동유럽의 전통적인 민속 설화에 등장하는 마녀를 일컫는 속칭이다. 우크라이나군에서 사용된 대형 드론의 강력한 전투력과 다목적성을 강조하기 위해 민속 설화에 등장하는 마녀의 속칭을 차용한 것으로 보인다.

밀 드론은 보다 신중하게 운용되며, 성공률이 더 높게 유지되는 경향이 있다.

FPV 드론 공격이 실패하는 주된 원인은 연결 끊김 때문인 것으로 보인다. 드론이 목표물을 향해 급강하할 때, 조종기 안테나와의 가시선이 차단되면 영상이 끊기는 경우가 흔히 발생한다. 그러나 이보다 훨씬 이전에 연결이 끊어지는 경우도 있다. 일반적으로 재밍이 주요 원인이고 그 외에도 배터리가 소진되거나 목표물을 찾는 데 실패하거나 단순히 목표물을 놓치는 경우 등이 원인이 될 수 있다.

게다가 FPV 드론의 조립 품질이 상당히 낮은 경우가 많다. 기억해야 할 것은 이 드론들 중 상당수가 취미활동가들이 대충 조립한 것을 개조한 것으로, 대량생산을 위한 고가의 설비를 사용할 여건이 안 되고 품질 관리 절차도 체계적이지 않은 소규모 제작업체들이 과로 상태에서 생산한 것이라는 점이다. 이러한 품질 문제는 온도가 낮아지거나, 습도가 증가하거나, 비행 중 진동이 발생할 때 더욱 영향을 미친다. 이로 인해 단순한 품질 문제만으로 하늘에서 추락하는 드론이 상당수 존재할 것으로 추정된다. 그러나 이는 큰 문제가 아닐 수도 있다. 그냥 다른 드론을 사용하면 되기 때문이다. 대부분의 경우 제대로 작동하기만 한다면, 그것으로 충분하다.

FPV 드론이 장갑차량을 상대로 많은 성과를 거두고 있지만, 느본에 효과적인 능동방호체계[APS, Active Protection Systems]가 없다는 점을 기억해야 한다 그러나 FPV 드론을 방어할 수 있는 능동방호체계와 유사한 시스템이 등장하는 것은 그리 오랜 시간이 걸리지 않을 것이다. 지금은 드론이 황금기를 맞고 있지만, 이것이 영원히 지속되지는 않을 것이다. 한편, FPV 드론의 운용을 방해하는 재머 또한 현재 황금기를 맞고 있다. 그러나 머지않아 FPV 드론이 더 강력한 군용 통신 링크를 채택하면 재밍이 더욱 어려워질 것이다. 언제나 그렇듯이 대응과 역대응이 반복되고 있는 것이다.

공격 드론은 소량의 폭발물을 투하하는 데 많은 인력이 필요하다는 점도 기억해야 한다. 순수하게 화력 측면에서만 보면, 포병 화기가 훨씬 더 뛰어나다. 또한, 포병 화기는 적에게 화력을 투사하는 데 있어 비용 대비 효율성이 훨씬 더 좋으며, 재밍의 영향을 거의 받지 않는다는 강점도 있다. 전통적인 간접사격 indirect fire[159]이 공격 드론이 따라올 수 없을 정도로 제압사격 suppressive fire[160]에 유용한 것은 바로 이러한 우수한 비용 대비 효율성 때문이다.

- 순항 미사일 -

순항 미사일은 미리 알고 있는 고정된 위치의 목표물을 향해 설정된 경로를 따라 날아간다. 순항 미사일에도 여러 파생형이 존재하지만, 이것은 일반적인 순항 미사일의 작동 방식이다. 순항 미사일과 드론의 가장 큰 차이점은 순항 미사일에는 실시간 영상을 전송하는 카메라가 없으며, 운용자와 미사일 간의 통신 링크도 존재하지 않는다는 것이다.

---

[159] 간접사격: 적을 조준기로 직접 조준하지 않고 좌표 같은 정보를 통해 포탄이 목표 지점에 떨어지도록 간접적으로 사격하는 화포 사격술.

[160] 제압사격: 적의 이동이나 사격을 막거나 중단하기 위한 사격.

러시아가 사용하는 이란제 샤헤드-136은 흔히 드론으로 불리지만 본질적으로는 순항 미사일이다. 샤헤드-136은 엔진 소리가 잔디 깎는 기계 엔진 소리와 비슷해서 '하늘을 나는 잔디 깎는 기계$^{flying\ lawn\ mower}$'라고도 불린다. 샤헤드-136은 저렴한 가격, 장거리 비행 능력, 그리고 상당한 크기의 탄두를 갖추고 있다. 대량으로 운용될 경우, 여전히 상당한 피해를 입힐 수 있다.

이러한 유형의 무기가 가진 주요 약점은 목표물의 위치를 사전에 알아야 한다는 것이다. 순항 미사일은 목표물을 향해 순항하며 도달하는 데 시간이 걸릴 수 있기 때문에, 목표물은 거의 고정된 상태여야 한다. 이러한 이유로 순항 미사일은 주로 전선에서 멀리 떨어진 대형 목표물을 공격하는 데 사용된다.

가장 중요한 목표물들은 대개 방어체계로 보호되고 있을 가능성이 크다. 방어군은 어떤 목표물을 어떤 시스템으로 방어할지 선택할 수 있다. 순항 미사일은 종류에 따라 격추 난이도가 다르다. 만약 순항 미사일이 낮고 빠르게 비행하고 스텔스 성능까지 갖춘 채 최종 단계에서 회피 기동을 한다면, 요격하기가 매우 어렵다. 반면, 샤헤드-136처럼 속도가 느리고 단순한 순항 미사일이 직선으로 천천히 날아오는 경우는 비교적 요격하기 쉽다. 우크라이나군의 보고에 따르면, 샤헤드-136의 약 90%가 요격되었다고 한다.

순항 미사일의 유용한 기능 중 하나는 임무 진행 상황을 실시간으로 보고하고, 목표물의 변경된 위치에 대한 명령을 받을 수 있는 능력이다. 러시아는 샤헤드-136에 아주 기본적인 휴대전화를 장착하는 것으로 이 기능을 구현했다. 이 휴대전화에는 우크라이나의 SIM 카드가 삽입되었는데, 이를 통해 러시아군은 미사일이 목표물로 이동하는 동안, 현지 이동통신망을 이용해 미사일과 직접 교신할 수 있었다. 휴대전화에 음성 인식 및 음성 합성을 위한 앱을 설치하면, 해당 휴대전화 번호를 알고 있는 누구든 미사일과 대화하며 임무에 대한 지시를 내릴 수 있다. 우크라이나군은 곧 이 휴대전화 사용 사실을 알아냈고, 이에 대한 대책을 신속히 마련해야 했다.

- 드론으로부터 탐지 회피 -

드론이 공중에 많이 떠 있을 경우, 가장 중요한 교훈은 은폐와 위장이 필수적이라는 점이다. 모든 드론에 대한 주요 방어 수단은 위장이다.

특히 우크라이나처럼 개방적이고 평평한 지형에서 숲은 엄폐물을 제공하므로 전술적으로 중요한 자산이 된다. 나무가 우거진 숲은 엄폐물을 제공함과 동시에 특정 지역을 감시하는 데도 아주 유용하다. 건물 또한 엄폐물과 온기를 제공하지만, 주변의 도로와 길에는 엄폐물이 없는 경우가 많아 병사들이 출입할 때 쉽게 발각될 수 있다. 지면이 단단한 도로는 차량이 이동할 때 부드러운 지면처럼 흔적을 남기지 않기 때문에 매우 유용하다. 드론 운용자뿐만 아니라 인공지능도 움직임을 포착하는 데 능숙하기 때문에 일반적으로 이동은 어렵다.

참호와 개인호는 파편으로부터 보호해주지만, 공중에서 쉽게 발견될 수 있다. 이를 효과적으로 사용하려면 반드시 은폐하고 위장해야 한다. 그렇게 한다 하더라도 최근에 땅을 판 흔적은 쉽게 드러난다. 또한, 참호는 호버링하는 드론에서 투하되는 수류탄에 대해서는 방호 효과가 떨어지는데, 호버링하는 드론은 조준 정밀도가 높아 수류탄을 참호 안으로 정확하게 떨어뜨릴 수 있기 때문이다. 따라서 참호를 더 깊이 파거나, 참호 위에 강화된 덮개를 추가하면 더 나은 방호 효과를 얻을 수 있다.

위장의 중요성을 고려할 때, 참호 자체를 숨기고 참호 내부의 움직임을 감추기 위해 참호에 덮개를 씌우는 등 참호를 위장하는 데 더 많은 노력을 기울이지 않은 것은 이해하기 어렵다. 참호는 공중에서 사실상 보이지 않을 정도로 잘 위장할 수 있다. 여기에서 문제는 전투 중인 병사들이 빈 탄약상자 등 많은 폐기물을 만들어낸다는 점이다. 특히 러시아군의 참호는 야외에 쓰레기가 많이 널려 있는 등 전반적으로 관리가 미흡한 경우가 많았다. 그러나 전쟁이 진행되면서 위장 수준이 크게 향상되었으며, 참호 덮개도 점점 더 많이 사용되었다. 어느 우크라이나 포병은 직설적으로 "위장을 제대로 하지 않으면, 바로 공격당한다"라고 말했다.

날씨가 드론 운용을 어렵게 만들 수도 있다. 이 경우에는 날씨가 곧 일종의 보호 수단이 된다. 안개, 낮은 구름, 또는 비는 가시성을 감소시킨다. 드론에 발견되지 않고 공격하기 좋은 때는 떠오르는 태양이 아침 안개를 걷어내기 전이다. 또한 날씨는 사용하는 주파수에 따라 무선 통신 범위를 줄일 수도 있다. 게다가 많은 드론이 강한 바람에 대처하는 데 어려움을 겪는다. 특히 소형 드론은 바람에 매우 민감하다.

숨어야 한다는 압박을 계속 받으면, 사람은 지치게 마련이다. 드론의 위협은 늘 존재한다. 드론은 보이지도, 들리지도 않는 경우가 많기 때문에, 언제나 상공에 떠 있다고 가정해야 한다. 전방뿐만 아니라 후방에 있는 병사들도 이러한 압박을 어느 정도 받는다. 그렇기 때문에 결코 긴장을 늦출 수 없고, 항상 숨어 지내거나 지하에서 생활해야 하며, 그에 따른 불편함, 열악한 위생, 각종 질병 등이 병사의 신체적·정신적 건강을 조금씩 갉아먹는다. 게다가 전쟁이 남긴 잔해를 먹고 사는 다양한 '야생 생물'들도 존재한다. 제1차 세계대전 당시에는 참호에서 고양이를 키우는 일이 흔했는데, 이는 설치류 개체수를 줄이는 동시에 군인들이 새끼 고양이를 돌보는 데서 위안을 찾았기 때문이다. 이러한 상황은 지금도 반복되고 있다.

실질적인 문제는 쥐와 들쥐가 드론과 관련 장비, 특히 케이블을 갉아먹는 것을 좋아한다는 것이다. 이는 분명히 심각한 문제이며 해결이 필요하다. 고양이가 먹을 수 있는 쥐의 수에는 한계가 있고, 쥐약은 고양이에게도 위험하다. 또한, 쥐가 용기 윗부분을 밟으면 기울어져 용기 속으로 떨어지게 만드는 장치와 같은 대용량 쥐덫은 설치와 유지관리가 힘들다. 따라서 드론 관련 장비를 보관할 수 있는 설치류 침입 방지용 보관함이 필요할 수도 있다.

- 드론 방어 -

가볍고 속도가 느린 FPV 드론은 위장망으로도 막을 수 있는데, 이는 망 자체의 강도 때문이다. 철망이나 금속망 울타리도 또 다른 대안이 될 수 있다. 목표물이 위장망으로 보호되고 있는지는 드론이 쉽게 확인하기 어려운 경우가 많다. '슬랫 아머[slat armor]'[161] 또는 '코프 케이지[cope cage]'[162]는 이동 중인 장갑차량을 보호하는 또 다른 방법이다. 차량 전체를 슬랫 아머나 대형 코프 케이지로 덮을 수도 있지만, 그럴 경우 기동성이 저하될 수 있다.

개량된 러시아 란셋 드론은 슬랫 아머와 코프 케이지를 무력화하기 위해 탄두가 목표물에서 몇 미터 떨어진 거리에서 폭발하도록 설계되었다. 란셋 드론은 성형작약탄[shaped charge warhead]의 일종인 폭발성형관통탄[EFP, Explosively Formed Penetrator]을 장착하고 있어 경장갑 목표물에 여전히 효과적이었다. 또한, 목표물까지의 거리는 소형 라이다[lidar] 장치를 통해 측정되도록 설계되었다.

다소 절박한 방어 방법 중 하나는 소총이나 심지어 산탄총을 들고 경계 근무를 서는 것이다. 드론이 가까이 올 때까지 기다렸다가 사격하면 명중 가능성이 어느 정도 높아지지만, 아마도 상당한 침착함이 필요할 것이다. 물론, 이 방법은 단순히 하늘을 감시하기 위해 병사들을 배치할 만한 가치가 있는 목표물을 방어할 때만 실행 가능하다.

또 다른 방어 방법은 디코이를 설치하는 것이다. 그러나 저고도로 정찰하는 드론을 속이려면 디코이를 상당히 정교하고 정밀하게 만들어

---

161 슬랫 아머: 격자형 장갑으로, 특히 장갑차나 전차를 대전차 투기로부터 보호하기 위해 사용하는 밭형 장갑이다. 큼속 막대나 철망을 일정한 간격으로 배열하여 구성하며, 적의 RPG 등 로켓 추진 유탄이나 성형작약탄두(Shaped Charge Warhead)의 위력을 줄이기 위해 설계했다.

162 코프 케이지: 차량, 특히 전차나 장갑차가 공중에서 투하되는 대전차 무기, 예를 들어 재블린(Javelin), 스위치블레이드 드론, 기타 상부 공격(TOP Attack) 탄두로부터 보호하기 위해 설계한 임시 방어 장치로, 철제 또는 다른 재료로 된 프레임 구조물을 차량 상부에 설치하는 간이 방어 장비이다.

야 한다. 이 방법이 그 자체로 방어 수단은 아니지만, 적이 값비싼 탄약을 허비하게 만들 수는 있다. 다만 이 방법은 적이 란셋과 같은 고가의 무기를 사용해 공격할 정도로 디코이를 진짜 가치가 있는 목표물인 것처럼 만들 때만 의미가 있다.

소형 드론에 대한 최상의 방어 수단은 재밍인 것으로 밝혀졌다. 특히 러시아군에게 재밍은 유용했는데, 우크라이나군이 재밍하기 쉬운 민간용 드론을 대량으로 사용했기 때문이다. 그러나 러시아군의 재머 공급은 제한적이었다. 사용 가능한 재머는 대개 소형 상업용 드론을 상대로 사용하기에는 필요 이상으로 전파방해 범위가 너무 넓었다. 대부분의 경우는 사용할 수 있는 재머가 아예 없었다. 적의 재머가 등장하면 드론 운용은 훨씬 더 어려워진다. 드론은 여전히 비행할 수 있지만, 재머의 성능에 따라 적진 깊숙이 침투하는 것은 불가능해질 수도 있다.

이후 전투는 재머를 억제하는 방향으로 발전했다. 재머 자체는 방어가 가능하지만, 이를 위해서는 다른 장비와 병력이 추가로 필요하므로 시스템이 복잡해지고. 그 결과 전방 가까이에 이들을 배치하기에는 현실적 제약이 있다. 따라서 재머를 성공적으로 파괴하거나 최소한 전방에서 충분히 멀리 밀어내어 무력화할 수 있다면, 정상적인 드론 운용이 다시 가능하다. 다음 단계는 소형 소모용 무인 재머를 전선 가까이에 배치하는 것이다. 지상에 설치된 재머는 기존의 방법으로 쉽게 탐지하고 파괴할 수 있다. 그에 비해, 드론에 탑재된 재머는 무력화하기 어렵지만, 중량과 출력 제한 때문에 성능에 한계가 있다.

한 가지 변칙적인 방법은 기본적인 재머를 아예 목표물 자체에 설치하는 것이다. 이 방법은 FPV 드론들이 목표물을 향해 급강하할 때 통신이 끊기기 쉬운 약점을 이용한 것이기 때문에 FPV 드론을 상대할 때 효과적일 수 있다. 이 방법은 멀리 있는 FPV 드론의 통신을 끊어 정확도를 떨어지게 만든 데 많은 재밍이 필요하지 않다. 러시아군은 일부 차량에 재머를 장착했지만, 그 효과는 크지 않았던 것으로 보인다. 우크라이나군이 이를 우회하는 방법을 찾아냈기 때문인 것으로 추정된다.

드론에 장착된 카메라를 이용해 종말 유도$^{terminal\ guidance}$[163]를 하면 어떤 형태의 단거리 재밍$^{short\text{-}range\ jamming}$이든 무력화할 수 있다. 예를 들어, 운용자가 화면을 터치하는 방식으로 드론에게 목표물을 지정해주었다고 가정하자. 그러려면 해당 목표물을 추적할 수 있는 소프트웨어가 드론에 설치되어 있어야 하는데, 소프트웨어 설치는 비교적 간단하다. 이러한 방식은 이미 사용된 사례가 있으며, 앞으로 훨씬 더 보편화될 것으로 예상된다.

드론이 반드시 무선 링크를 갖출 필요는 없다. 무선 링크가 없다면 무선 신호 정보$^{radio\ intelligence}$를 이용한 재밍이나 탐지가 불가능하다. 무선 링크가 없는 드론은 사전에 프로그래밍된 경로를 따라 비행하며, 촬영된 영상은 메모리 카드에 저장된다. 이 방식의 주요 단점은 영상을 확보하는 데 시간이 더 걸린다는 것이다. 그러나 이러한 드론은 상대적으로 임무를 더 오래 수행할 수 있다.

---

[163] 종말 유도: 표적 부근에서 중간 궤도부터 도착점까지 도달하는 유도 미사일에 적용하는 유도.

- 드론 격추 -

러시아 방공망은 거의 가동되지 않는 것처럼 보였다. 우크라이나 공군이 아주 특별한 경우에만 출격한 데다가 러시아 방공망이 원래 상대하도록 설계된 우세한 서방 세계 공군보다도 훨씬 더 전력이 약했기 때문이다. 러시아 공군도 비슷한 이유로 활발하게 투입되지 않았기 때문에 우크라이나의 방공망도 거의 가동되지 않았다. 양측은 실제로 등장한 위협, 즉 드론에 대응하기에 적절하지 않은 방공망을 갖추고 있었던 셈이다.

휴대용 대공 방어 시스템^{MANPADS}은 드론, 특히 대형 전술 드론에 효과적으로 사용되었다. 배터리로 작동하는 소형 드론은 열을 거의 방출하지 않기 때문에 열 추적 미사일로 격추하기 어려웠다.

많은 영상에서 병사들이 소형 드론을 격추하려고 소총으로 사격하는 모습을 볼 수 있는데, 이러한 방법이 때때로 성공을 하기도 한다. 또 어떤 영상에서는 병사들이 FPV 드론을 막기 위해 돌을 던지거나 막대기를 휘두르는 장면도 볼 수 있는데, 이는 실질적인 효과는 거의 없고 드론 운용자나 영상을 보는 사람들에게 재미만 제공할 뿐이다.

전투 현장에서 전술 드론을 상대로 이동식 대공포가 사용되었다는 보고는 거의 없었다. 주목할 만한 것은 이 부분에 대한 언급이 없다는 것이다. 그 대신 독일의 게파르트^{Gepard}와 같은 대공방어 시스템이 순항 미사일로부터 도시를 방어하는 데 사용되었다. 이에 대한 여러 가지 설명이 가능하기 때문에 명확한 결론을 내리기는 어렵다. 그러나 이러한 유형의 시스템이 현재 개발 중인 여러 대드론 시스템 가운데 인기 있

●●● 러시아-우크라이나 전쟁에서 독일의 게파르트와 같은 대공방어 시스템이 전술 드론이 아닌 순항 미사일로부터 도시를 방어하는 데 사용되었다. 그러나 이러한 유형의 대공방어 시스템이 현재 개발 중인 여러 대드론 시스템 가운데 인기 있는 선택지라는 점에서 여전히 주목할 만하다. 〈사진 출처: WIKIMEDIA COMMONS | AFU Joint Forces Command | CC BY 4.0〉

는 선택지라는 점에서 여전히 주목할 만하다.

- 드론 밀도, 손실률 및 교체율 -

2023년 5월에 발표된 RUSI[164] 보고서 "미트그라인더: 우크라이나에서의 러시아 전술Meatgrinder: Russian Tactics in Ukraine"에 따르면, 우크라이나군은 전선 10km당 약 25~50대의 드론을 운용했다. 이는 전선에 드론이 지나치게 많아서 아군 드론과 적군 드론을 구분하기 어려웠다는 우크라

---

164 RUSI: Royal United Services Institute의 약어로, 1831년에 설립된 영국의 국제 안보 싱크탱크이다.

이나 군인들의 증언과도 일치한다. 드론의 움직임을 보고 피아를 구분했을 것으로 추정된다.

같은 보고서에 따르면, 러시아군은 전선 10km마다 대략 1개 전자전 부대를 전선에서 약 7km 후방에 배치했다. 우크라이나군은 한 달에 1만 대 이상의 드론을 잃거나 소모한 것으로 추정된다. 그러나 이후의 보고서에 따르면, 이 마지막 수치는 다소 과장되었을 가능성이 있다.

우크라이나 공식 소식통에 따르면, 러시아군의 드론 손실은 한 달에 약 300대로, 우크라이나군에 비해 훨씬 적은 편이나, 이는 러시아군이 값싸고 수량이 많은 민간용 드론을 우크라이나군보다 훨씬 적게 사용하기 때문이다.

러시아 관영 통신사 타스[TASS]에 따르면, 러시아군은 2030년까지 67만 대의 드론을 조달할 계획이라고 한다. 이 중 대부분은 소형 드론, 특히 쿼드콥터가 될 것이며, 중형 또는 대형 드론은 1만 6,000대에 불과할 것이다. 이들 대부분은 러시아 부품을 사용하여 러시아에서 생산될 예정이다. 같은 소식통에 의하면, 이 프로젝트의 예산은 122억 5,000만 달러로, 이는 드론 1대당 평균 약 1만 8,000달러에 해당하는 금액이다. 약 1년간의 전투 경험을 바탕으로 2023년 4월에 발표된 이 프로젝트는 분명히 저비용 드론에 초점을 맞추고 있다.

우크라이나의 공식 소식통에 따르면, 2023년 6월 3일 CNN과의 인터뷰에서 우크라이나는 연말까지 20만 대의 드론을 구매할 계획이라고 밝혔다.

2023년 10월 30일 우크라이나 웹사이트 Censor.net에 게재된 우크라이나 드론 제조업체 에스카드론Eskadron 대표와의 인터뷰에 따르면, 당시 우크라이나의 드론 생산량은 월 1만 2,000~1만 5,000대였다. 같은 인터뷰에서 그는 이를 월 3만 대로 늘릴 필요가 있다고 언급했다.

2023년 12월 19일, 우크라이나 젤렌스키Volodymyr Zelensky 대통령은 2024년에 우크라이나가 100만 대의 드론을 생산할 것이라고 선언했다. 이를 위해 특별 부대를 창설하고, 드론 운영을 위한 전담 인프라도 구축할 예정이다. 전략산업부 장관 알렉산더 카미신Alexander Kamyshin은 100만 대라는 수치는 FPV 드론의 생산 대수이며, 여기에 더해 1만 대 이상의 중거리 드론과 1,000대 이상의 장거리 드론을 추가로 생산할 예정이라고 밝혔다. 연간 100만 대는 155mm 포탄의 소비량과 비슷한 수준이라는 점도 주목할 만하다.

이러한 수치가 놀라울 수도 있지만, 매년 출하되는 수천만 대의 민간용 드론에 비하면 여전히 미미한 수준이다.

- 지휘·통제 -

드론이 전선 상공에 상시 배치되고 적절히 네트워크로 연결되면서 부대 지휘 방식도 변했다. 이제는 중대장이나 대대장이 최전방에 있는 것이 더 이상 최선의 선택이 아닐 수도 있다. 오히려 참호 안에서 여러 드론이 전송한 영상 스트림을 보면서 지휘하는 것이 더 효과적일 수 있다. 그러나 이렇게 되면 중대장과 대대장이 소대 및 분대와 물리적으로 가까이 있지 않기 때문에 문제가 발생할 수 있다. 따라서 소대장과 분대장도 유사한 네트워크에 연결되어야 하는 필요성이 생겼다. 예를 들어, 명령을 수신하고 보고를 전송하며 유용한 영상 스트림을 볼 수 있는 태블릿 같은 장비가 필요하게 된 것이다.

스페이스X의 스타링크^{Starlink} 시스템은 군을 포함한 우크라이나 전역에 제공되었다. 스타링크는 단순히 인터넷 접속만 제공하지만, 드론 영상 스트림을 포함한 모든 종류의 애플리케이션을 가능하게 하여 군사적 목적으로 매우 유용한 것으로 입증되었다. 우크라이나는 10만 대 이상의 스타링크 단말기를 보유하고 있으며, 각 단말기는 연결된 장비에 고속 인터넷 접속을 제공한다. 군사적 중요성을 인식한 미 국방부는 우크라이나군이 스타링크 시스템에 안정적으로 접근할 수 있도록 보장하기 위한 '스타쉴드 계획$^{Starshield\ initiative}$'을 수립했다.

- 전자전 -

전자전$^{electronic\ warfare}$을 둘러싼 전쟁의 안개$^{fog\ of\ war}$는 너무 짙어서 넘기 어려운 담과도 같다. 러시아 측은 이에 대해 실질적인 정보를 거의 공개하지 않았다. 우크라이나 측도 자신들이 수행한 전자전에 대해서는 보고하지 않았지만, 러시아의 재밍 활동과 관련하여 관찰한 일부 내용은 보고한 바 있다.

전자전은 또한 작은 변화가 전쟁에 큰 영향을 미칠 수 있는 영역이기도 하다. 특정 미사일의 탐색기^{seeker}가 새롭게 개량되기만 해도, 적군은 전쟁 수행 방식을 획기적으로 변경하지 않으면 핵심 시스템의 심각한 손실을 감수해야 하는 상황에 놓이게 된다.

일반적으로 드론이나 무전기 등 모든 민간 기기는 재밍에 취약하다.

휴대전화는 도청이나 원치 않는 메시지 수신에 취약하다. 반면, 군용 장비는 재밍을 고려하여 설계되었기 때문에 훨씬 더 높은 저항성을 갖추고 있다.

위성통신은 재밍의 영향을 크게 받지 않는 것으로 보인다. 러시아군은 스타링크 시스템을 방해하기 위해 사용자 단말기에 악성 코드를 삽입하려 했지만, 스페이스X가 신속하게 이러한 취약점을 보완했다.

러시아는 민간 GPS 수신기에 대한 재밍과 스푸핑을 오랫동안 수행해온 역사를 가지고 있으며, 이번 전쟁 이전에도 여러 차례 이를 입증한 바 있다. 러시아군은 날아오는 GMLRS 로켓의 군용 GPS 수신기를 재밍할 수 있는 것으로 보이는데, 그렇게 되면 GMLRS 로켓은 정확도가 낮은 관성항법장치에 의존하게 된다. GPS 수신기에는 여러 종류가 있는데, 우크라이나군에 제공된 로켓에 장착된 GPS 수신기가 얼마나 최신형이고 재밍에 강한지는 명확하게 알려져 있지 않다. 아마도 초기에는 성능이 떨어지는 GPS 수신기가 장착된 구형 로켓이 사용되었을 가능성이 크다. GPS 유도 포탄에 대한 재밍 보고 사례가 상대적으로 적은데, 이는 어찌 보면 당연하다. 많은 포탄이 발사된 데다가 발사된 포탄 대부분이 유도 기능이 없는 일반 포탄이어서 재머가 어떤 포탄을 재밍해야 할지 식별하기 어려웠을 것이다. 반면, 포탄에는 관성항법장치가 탑재되는 경우가 드물기 때문에 GPS 수신기가 교란되면 이를 보완할 수단이 없어 재밍에 더 취약하다.

재머를 켜면 재밍을 하려는 목표물뿐만 아니라 모든 것에 영향을 미친다. 이로 인해 아군 피해가 흔히 발생한다. 실제로 적의 고의적인 재밍이 없더라도 많은 전자기기들이 같은 주파수를 사용하면 전자기 간섭Electromagnetic interference[165]으로 인해 아군 피해가 자주 발생한다. 이러한 전자기 간섭을 해결하려면 일정 수준의 소통과 팀워크가 필요하지만, 그것이 항상 가능하지는 않다. 러시아군은 대체로 이 문제를 해결하지 못했지만, 항상 그런 것은 아니었다. 예를 들어, 러시아군이 GPS 재밍을 갑자기 중단하면, 이는 곧 자국의 미사일이나 공격 드론이 접근 중이라는 신호로 해석될 수 있었다. 러시아는 자체 위성항법 시스템인 GLONASS를 보유하고 있지만, GPS와 유사한 주파수를 사용하므로 동일한 재밍의 영향을 받을 수 있다. 또한 많은 러시아 미사일과 드론은 GLONASS뿐만 아니라 GPS도 지원하는 서방의 마이크로칩으로 만든 수신기를 사용하며, 중복성을 높이기 위해 가능한 경우 GPS도 사용할 가능성이 높다. 러시아군만 GPS 재밍을 하고 있기 때문에 러시아군은 자군의 GPS 재밍을 해제하기만 하면 언제든지 재밍 없이 GPS를 사용할 수 있다. 이는 모든 군대가 자군이 사용하는 항법체계를 포함하여 모든 항법체계를 재밍할 수 있는 능력을 갖춰야 한다는 것을 의미한다.

전자전은 쫓고 쫓기는 고양이와 쥐의 추격전game of cat and mouse과 상당히 유사하다. 한쪽의 행동은 다른 쪽의 반격으로 빠르게 이어진다. 전술은 매일 변할 수 있다. 양측 모두 유연성과 빠른 대응 속도에 의존한다. 언

---

[165] 전자기 간섭: 전자기기로부터 부수적으로 발생된 전자파로, 그 자체의 기기 또는 다른 기기의 동작에 간섭하여 영향을 미치는 현상이다.

제나 그렇듯, 빠르게 관찰하고, 판단하고, 결심하고, 행동하는 쪽이 우위를 점한다.

- 알려지지 않은 것들 -

먼저, 우리는 러시아군이 무능하다고밖에 표현할 수 없다는 점을 인정해야 한다. 좀 더 자세히 표현하면 러시아군은 적절한 군사원칙을 적용하는 데 소극적이었다. 이러한 군사원칙은 러시아의 군사교리와 구분하기 어려운 경우가 많다. 러시아군은 제병협동작전 수행 능력을 보여주지 못했다. 기본적인 조율조차 이뤄지지 않았고, 전술은 전반적으로 미흡했다. 의사결정은 느리고 지루할 정도로 되풀이되는 경향이 있었으며, 특히 하급 지휘 수준에서 의사결정 주기$^{\text{decision loop}}$에 심각한 문제가 있는 것이 명확히 드러났다. '루프^{loop}'라는 개념을 적용할 수 있는 여지가 있다고 해도 인해전술은 결국 그냥 인해전술일 뿐이다. 전쟁이 진행되면서 상급 지휘부는, 예를 들어 포병 및 드론 운용과 같은 분야에서 개선된 모습을 보였다. 현재까지 알려진 바에 따르면, 러시아군은 야간투시장비, 무전기, 그리고 심지어 컴퓨터나 서면 명령용 프린터 같은 기본적인 인프라조차 부족했던 것으로 보인다. 이는 러시아군이 보유한 드론을 효과적으로 사용하는 데 큰 영향을 미쳤을 것이다. 또한 이는 의도치 않게 러시아군을 우크라이나군의 드론 작전에 취약하게 만들었을 것이다. 이것이 러시아 드론의 효율성, 즉 인지된 효과와 실제 효과에 얼마나 큰 영향을 미쳤는지 추정하기는 어렵다.

양측 모두 중고도 장기 체공 드론이나 고고도 장기 체공 드론을 크게 활용하지 않은 것으로 보인다(우크라이나군이 처음 사용한 것을 제외하고). 그것들이 투입되었다고 해도 쌍방 방공망의 유효사거리 밖에 있었던 것으로 보인다. 러시아군과 우크라이나군 모두 강력한 대공방어 시스템을 갖추고 있었으나, 어느 쪽도 제공권을 확보하지 못했다. 전선에 너무 가까이 접근한 드론들은 큰 손실을 입었다.

지휘^{command} · 통제^{control} · 통신^{Communication}(C3) 분야에 대해서는 공개적으로 알려진 정보가 거의 없다. 우군 부대 위치추적장치 등과 같은 군사 네트워크와 드론을 통합하는 것에 대해서는 알려진 바가 거의 없다. 우크라이나 측에서 스타링크와 인터넷은 어느 정도 통합이 이루어져 표준 솔루션으로 자리 잡은 것으로 보인다. 그러나 대부분의 소형 상용 드론은 어떤 것과도 통합되지 않은 상태로 운용된 것으로 보인다.

대공 레이더나 대포병 탐지 레이더와 같은 다양한 레이더 시스템의 실제 전투효율성, 특히 소형 드론에 대한 효율성에 대해서는 공개된 정보가 거의 없다. 마찬가지로, 레이더 재머나 대레이더 미사일$^{anti\text{-}radiation\ missile}$의 보급 수준이나 효과에 대해서도 알려진 바가 많지 않다.

전쟁을 연구할 때, 눈에 보이는 것과 보이지 않는 것이 있다. 눈에 보이는 것들은 대체로 많이 연구된다. 예를 들어, 재블린^{Javelin} 미사일이 T-72 전차를 명중시킬 때 정확히 무슨 일이 일어나는지를 보여주는 드론 영상이 많이 있다. 미사일, 발사대, 전차, 그리고 폭발로 인해 포탑이 하늘 높이 튕겨 올라가는 장면은 결국 세계 곳곳의 박물관에 눈에 잘 띄게 전시될 것이다.

재머는 다르다. 재머의 작동 방식이나 그 결과를 보여주는 극적인 드론 영상은 없다. 보여줄 극적인 장면도 없을 뿐만 아니라 신호 및 전자공학 학위가 있어도 어떻게 작동하는지 이해하기 어려운 경우가 많다. 재머의 작동 방식과 효과는 대개 기밀로 유지된다. 보이지 않고, 이해하기 어려운 것이라면 기밀로 유지하는 것이 당연하다. 모든 흥미로운 세부 사항을 설명하는 화려한 포스터와 함께 박물관에 자랑스럽게 전시되는 재머는 거의 없다. 현지 가이드조차도 재머를 가리키며 기본적인 정보만 간략히 설명한 뒤, "이것은 매우 중요한 장비였습니다"라고 말하고는 곧바로 다음 전시물로 이동할 것이다.

전자전은 현대 전장에서 매우 중요한 요소이다. 그럼에도 불구하고, 이에 대해 공개된 정보는 거의 없다. 안타까운 일이지만, 이 상황이 바뀔 가능성은 낮다. 전자전은 모호하고, 실체가 없으며, 미묘한 차이를 지닌, 마법사들이 행하는 마법과 같은 주제일 뿐이다. 아마도 이 분야는 향후 50~75년, 혹은 그보다 더 오랜 시간이 지나 기밀이 해제되기 전까지는 대부분 베일에 싸인 채 남아 있을 것이다. 그리고 마침내 기밀이 해제되더라도, 그 시대의 전문 역사학자들 중 실제로 무슨 일이 벌어졌는지 제대로 이해할 수 있는 사람은 거의 없을 것이다. 왜냐하면 그들은 전자전 시스템 엔지니어가 아니라, 역사학자이기 때문이다. 따라서 이 전쟁에서 실제로 일어난 많은 일들은 기밀에 접근할 수 있는 권한과 기술적 지식을 모두 갖춘 소수의 전문가 집단 제외하면 제대로 알기 어렵다.

CHAPTER 15

드론 기술의 미래 발전

Future Developments of Drone Technology

체공시간

여기서 먼저 주목해야 할 점은 조종사가 없다면 음식, '소변주머니^{piddle} ^{bags}' 또는 기저귀 등과 같은 조종사의 참을성을 요하는 생리적 요구사항을 고려할 필요가 없다는 것이다. 드론의 체공시간^{Endurance}은 생물학이 아닌 물리학의 문제이다.

추진력은 배터리나 내연기관에 의해 제공된다. 배터리와 내연기관은 둘 다 드론의 체공시간과 크기를 엄격하게 제한한다. 이러한 제한은 반드시 지켜져야 한다.

배터리는 더 높은 에너지 밀도가 필요하지만, 획기적인 돌파구가 열릴 것이라는 주기적인 발표에도 불구하고 진전은 느린 편이다. 연소기관은 이미 최적화된 오래된 기술이므로 더 이상 큰 발전은 없을 것이다.

수소는 가솔린의 약 2.5배에 달하는 뛰어난 에너지 밀도를 가지고 있다. 연료전지는 효율적이어서 체공시간이 길고 열방출이 적다. 그러나 수소는 다루기 어려운 연료이며, 물류가 큰 문제이다. 따라서 수소는 틈새 민간 분야에 더 적합하다.

속도

기본 추진장치의 발전 속도가 느리더라도, 그 적용 방식은 확실히 발전할 수 있다. 지금까지 사용된 드론은 민간용 드론을 용도에 맞게 개조한 것이거나 감시용으로 설계된 기계가 대부분이었다. 이 두 유형 모두 속도보다는 체공시간을 더 중요하게 여긴다.

드론 전쟁이 진화함에 따라, 전술적·작전적 측면에서 속도가 유용할 것이라고 가정할 만한 이유가 있다. 이 경우 제한 요소는 유인 항공기와 동일하다. 미니어처^{miniature} 제트 엔진은 분명히 존재하며, 오랫동안 무선조종$^{R/C}$ 애호가들 사이에서 널리 사용되어왔다.

●

스텔스

음향 탐지에 대한 스텔스^{Stealth}는 실현 가능하다. 연소기관에 소음기를 장착하면 적은 비용으로 효율성을 높일 수 있다. 민간용 드론은 종종 필요 이상으로 시끄럽다. 드론의 중량에 따라 일정량의 음향 에너지$^{sound\ energy}$[166]는 방출되어야 하지만, 프로펠러 설계를 개선하면 사람의 귀에 들리는 소음을 크게 줄일 수 있다.

전자광학 카메라에 대한 스텔스는 주로 크기에 달려 있다. 드론은 하늘에서 눈에 띄지 않는 색으로 도색해야 한다. 연한 회색으로 칠한 후 날개와 기체를 투명하게 만드는 것 외에는 할 수 있는 일이 많지 않다.

적외선 카메라에 대한 스텔스는 열 배출과 관련이 있다. 드론이 무겁고 빠를수록 추진을 위해 더 많은 동력이 필요하다. 같은 추진력을 낼 때 전기 모터, 피스톤 엔진, 터빈 엔진 중에서 발생하는 열이 가장 적은

---

[166] 음향 에너지: 진동하는 물체를 통해 전달되는 에너지로, 우리가 소리로 인식하는 것이다. 이는 고체, 액체, 기체 등을 통해 전달될 수 있는 기계적 에너지의 한 형태이다.

것은 전기 모터이고, 그 다음은 피스톤 엔진, 터빈 엔진 순이다. 한번 열을 배출하면, 그것에 대해 사실상 할 수 있는 일은 많지 않다. 할 수 있는 일은 열을 가능한 한 넓게 분산시키는 것이다. 이렇게 하면 열 센서가 감지하는 열의 대비가 줄어들어 탐지하기 더 어려워진다.

레이더에 대한 스텔스는 실현 가능성이 더 높다. 드론은 주변의 새와 구분하기 어려울 정도로 너무 작아서 탐지하기 어렵다. 스텔스 성능은 대부분 설계와 재료에 달려 있기 때문에 민간용 드론을 제외한 군용 드론은 착수 단계부터 이를 설계에 반영해야 한다. 그 다음 어떤 종류의 레이더, 즉 탐색용 레이더와 조준용 레이더 중 어느 레이더를 상대로 할 것인지, 그리고 그 이유는 무엇인지 결정해야 한다. 이것은 기본적으로 레이더 탐지 회피에 그만한 스텔스 비용을 들일 만한 가치가 있느냐의 문제로 귀결된다.

결국 스텔스와 관련하여 가장 중요한 요소는 바로 크기이며, 이것이 소형 드론이 큰 영향을 발휘할 수 있었던 주요 이유 중 하나이기도 하다. 이 점은 더 적극적으로 활용할 수 있다.

●

생존성

드론이 점전 더 보편화됨에 따라, 내느톤 제계도 함께 보편화될 것이다. 이에 따라 드론의 생존성이 더욱 중요해질 것이다.

벼룩은 코끼리보다 출력 대 중량 비율$^{\text{power-to-weight ratio}}$이 더 높다. 이것은 기본적인 물리학의 원리이다. 크기가 커질수록 힘은 면적의 제곱만큼 증가하지만, 중량은 면적의 세제곱만큼 증가한다. 이것이 코끼리가 땅에 머무는 동안 날아다니는 곤충이 흔한 이유이다. 이 원리는 항공기에도 그대로 적용된다. 적어도 소형 드론에는 더 강력한 모터나 엔진을 장착하는 것이 가능하다. 이는 중량을 추가할 여유가 있다는 뜻이다. 그렇게 되면 체공시간과 항속거리는 줄어들 가능성이 높지만, 그 외에 큰 문제는 없다. 이렇게 확보된 중량 추가 예산은 드론을 더 견고하게 만들거나 중요한 부품 주위에 장갑을 추가함으로써 드론 격추를 어렵게 만드는 데 사용할 수 있다.

또 다른 접근 방식은 중복성^{redundancy}을 추가하는 것이다. 옥토콥터나 헥사콥터는 쿼드콥터보다 생존성이 더 높다. 독립적인 이중 배터리 팩과 제어 시스템을 탑재하는 것도 생존성을 높이는 데 도움이 된다. 이러한 중복성은 전반적인 신뢰성 향상이라는 추가적인 이점을 제공한다.

●

센서

영상 센서는 발전 속도가 느리다. 관련된 물리 법칙이 안정적이어서 획기적인 기술 약진을 기대하기 어렵기 때문이다. 하지만 이러한 영상 센서들은 이제 매우 우수하고, 아주 작으며, 저렴하기까지 해서 드론에 활용하기에 기본적으로 한계가 없다. 스마트폰 카메라의 성능이 워낙 좋아져서 소형 카메라 시장이 90~95%나 줄어든 것이 좋은 예이다.

발전 가능성을 보여주는 한 가지 사례는 소형 드론을 포함해 열영상 장비가 더 광범위하게 채택되고 있다는 것이다. 이는 주로 비용의 문제와 관련이 있으며, 어쩌면 중량의 문제와 관련이 있을 수도 있다.

꽤 오래되고 여러 면에서 성숙한 기술임에도 불구하고, 레이더는 여전히 많은 잠재력을 가지고 있다. 능동전자주사식위상배열 레이더^{AESA}와 합성개구레이더^{SAR} 기술은 장비가 점점 더 작아지고 지능화되고 있으며, 비용도 낮아짐에 따라 드론에도 적용되고 있다. 이 분야에 대한 활발한 연구와 개발이 진행되고 있다. 적절한 고도에서 비행하는 드론 기반 레이더는 다른 드론처럼 저공비행하는 목표물을 탐지하는 데 매우 효과적이다. 또한 합성개구레이더 기술을 활용하면 위장된 참호나 지뢰밭과 같은 지상 목표물도 탐지할 수 있다.

레이더는 능동형 장비이기 때문에 재밍과 신호 정보 수집에 취약하며, 적의 공격 대상이 되기 쉽다. 끊임없이 움직이며 스텔스 성능까지 갖춘 드론에 레이더를 장착하고 간헐적으로 신호를 송신하면 레이더의 생존 가능성을 높일 수 있을 것이다.

신호 정보는 매우 유용한 또 다른 분야이다. 신호 처리 비용이 감소함에 따라 다양한 유형의 수신기를 드론에 탑재해 전장을 더 넓고 효과적으로 감시할 수 있게 되었다.

센서의 크기와 비용이 줄어들면서 소형 드론과 대형 드론 간의 성능 격차도 줄어들 가능성이 크다. 대형 드론이 가진 이점은 점차 줄어드는 반면, 소형 드론은 목표물에 더 가까이 접근할 수 있다는 비교 우위를 갖고 있다. 또한 소형 드론은 격추될 위험이 크지만, 비용이 저렴하기 때문에 이러한 손실은 수용할 수 있다.

원시 센서 데이터의 신호 처리 작업을 드론 자체에 더 많이 할당하면 전송해야 할 데이터의 양이 줄어든다. 이를 통해 수신 측의 작업 부담이 줄어들고 통신 링크에 필요한 대역폭도 감소한다.

● 통신

최신 반도체 기술은 작고 저렴하며 견고한 통신 링크를 구현하는 데 사용된다. 반도체는 암호화와 복호화 모두에 매우 뛰어나지만, 복호화보다 암호화하는 것이 훨씬 쉽다. 대역 확산과 같은 기술을 활용하면 드론은 다른 시스템과 안전하게 통신할 수 있다. 안테나를 더 정교하게 만들고 인공지능을 활용하면 재밍을 더 빠르고 효과적으로 회피할 수 있다.

통신 링크는 항상 주도권을 가진다는 점에서 비슷한 이점을 가지고 있다. 언제, 어디서, 어떤 주파수 대역에서 어떤 파형을 사용해 통신할지를 결정하는 것은 통신 링크이다. 재머는 결코 주도권을 가질 수 없다.

드론은 통신 링크가 일반적으로 드론과 운용자 사이에서만 데이터를 주고받을 수 있도록 연결해주는 통로 역할을 한다는 점에서 근본적인 이점이 있다. 이것은 통신 링크의 특성을 변경해도 다른 부분에 영향을 주지 않는다는 의미이다. 이는 예를 들어 어떤 변경 사항이 수십억 개의 기기에 영향을 미치고 그것을 구현하는 데 수년이 걸리는 GPS와는 대조적이다. 원칙적으로 소형 전술 드론은 모든 종류의 특이하고 다양한 파형을 자유롭게 사용할 수 있으며, 심지어 각 임무마다 새로운 파형을 선택할 수도 있다.

현재 사용되고 있는 소형 전술 드론 중 상당수가 일반 민간용 통신

장비를 기반으로 제작되었기 때문에 실제로 필요 이상으로 재밍에 민감하게 반응하여 재밍의 효과가 과장되어 보이는 경향이 있다.

정지궤도 위성 통신 장비는 이제 비교적 작은 드론에 장착할 수 있을 정도로 소형화되었다. 또한 현재는 수천 개의 저궤도 위성들로 이루어진 위성군도 존재한다. 이러한 위성들은 정지궤도 위성처럼 높은 전력이나 비용 부담 없이 통신을 제공할 수 있다는 장점이 있다.

이보다 복잡한 통신 전략들은 지상 기지의 한계와 취약성을 피하기 위해 중계기^{relay}나 메시 네트워킹$^{mesh\ networking}$[167]이 필요한데, 경우에 따라서 드론을 중계기나 메시 네트워킹에 활용하기도 한다. 적의 재밍으로 인해 일시적으로 통신 거리나 대역폭이 줄어드는 상황이 발생할 수도 있지만, 최종적으로 메시지는 반드시 전달되어야만 한다. 이것은 주로 시간과 비용의 문제이다.

●
항법

GPS를 비롯한 유사한 시스템들은 재밍에 대한 저항력을 높이기 위해 업그레이드되고 있다. 또한 관성항법장치는 점점 더 성능이 향상되고 가격이 저렴해지고 있어서 교란하기 어려워지고 있다.

---

[167] 메시 네트워킹: 다중 노드로 구성된 네트워크에서 각 노드가 서로 직접 통신하거나 다른 노드를 통해 데이터를 전달하는 네트워크 구조를 말한다. 드론, 군사 통신, 사물 인터넷, 재난 대응 등에서 많이 활용되는 유연하고 견고한 것이 특징이다. 전통적인 중앙집중식 네트워크 구조와 달리, 분산형 네트워크로 데이터를 효율적으로 전달하고, 연결성을 극대화하는 방식이다.

대규모 저궤도 위성군은 해당 저궤도 위성들의 허가나 협조와 상관없이 다양한 정확도로 항법에 활용할 수 있다. 이러한 위성들은 약 2만 km 고도에 위치해 있는 항법 위성에 비해 훨씬 낮은 약 500km 고도에 위치해 있기 때문에 신호 강도가 훨씬 강하기 때문에 재밍을 하기가 훨씬 더 어렵다.

위성은 실제로 꼭 궤도에 있을 필요가 없다. 지상에 설치할 수도 있고, 차량이나 드론 등 이동 수단에 탑재한 상태로 이동시킬 수도 있다. 물론 이 경우 항법 알고리즘이 더 복잡해지기는 하지만, 과거의 비#위성 기반 무선 항법 시스템과 마찬가지로 작동한다. 심지어 꼭 위성일 필요도 없으며, 정확도는 다를지라도 거의 모든 송신기를 항법에 사용할 수 있다.

지형적 특징에 기반한 다양한 항법 시스템도 존재한다. 이렇게 다양한 항법 시스템으로부터 얻은 항법 데이터들은 마지막에 통합하는 것이 가능하다.

이런 모든 항법 시스템 덕분에 드론은 재밍이나 스푸핑 시도에 거의 영향을 받지 않고 계속해서 비행할 수 있다. 하나의 항법 시스템이 무력화되더라도 대체할 수단이 존재한다. 설사 사용할 수 있는 외부 시스템이 없더라도 관성항법장치에 의존하면 된다. 이것은 물리학의 문제가 아니라, 시간과 비용의 문제이다.

무장

드론이 목표물을 발견하면, 그것을 발견한 드론이 직접 해당 목표물을 파괴하는 것이 합리적이다. 이렇게 하면 킬 체인이 짧고 빠르게 유지되지만, 드론의 비용이 상당히 저렴해야 한다. 소형 전술 드론은 몇 킬로그램 정도의 탄두만 탑재할 수 있다. 탄두는 성형작약탄, 파편탄, 또는 공중폭발탄일 수 있다.

특히 러시아-우크라이나 전쟁에서는 다른 플랫폼용으로 개발된 무기를 드론에 장착해 사용하는 사례를 많이 볼 수 있었다. "목표물 위에서 호버링하면서 수류탄을 떨어뜨리는" 방식은 확실히 비효율적이다. 조준은 이보다 더 빠르고 정확하게 이루어져야 한다. 고정익 드론을 사용할 경우에는 호버링 자체가 불가능하기 때문에 이러한 방식은 아예 적용할 수 없다.

이러한 무기들은 소형 전술 드론에서 조준하고 발사할 수 있도록 적합하게 설계되어야 한다. 경기관총, 다양한 유형의 로켓, 그리고 성형작약탄과 같은 특수한 무기가 그 예가 될 수 있다.

지뢰는 전쟁이 벌어질 때마다 그 유용성이 다시금 재발견되는 무기 중 하나이다. 멀티로터 드론은 특히 야간이나 도로 교차로에 지뢰를 투하하는 데 매우 유용하다. 지뢰는 드론에 어떻게 장착할 것인지, 그리고 투하한 후 어떤 식으로 숨기거나 위장할 것인지 등을 고려하여 드론이 투하하기 적합하게 설계할 필요가 있다.

소프트웨어와 AI

소형 드론도 충분한 연산 능력을 갖고 있다. 모든 드론은 수백만 줄의 코드와 테라바이트급 데이터를 처리할 수 있는 멀티코어, 멀티 GHz, 64비트 컴퓨터를 장착할 수 있다. 이런 시스템-온-칩[SoC, System-on-a-Chip][168]은 중량이 몇 그램밖에 되지 않지만, 체스나 바둑 같은 게임에서 인간을 능가한다.

드론이 비행, 감지, 목표물 인식의 많은 부분을 자율적으로 수행할 수 있게 되면서 운용자 한 명이 동시에 드론 여러 대를 운용하는 것이 가능해졌다. 이는 정찰 드론과 공격 드론 모두에게 중요한 발전이다. 그 덕분에 공격 드론은 주요 약점인 화력의 부족을 보완할 수 있게 되었다.

AI는 목표물 인식에 유용하다. 하지만 AI의 성능은 훈련 정도와 목표물의 특성에 따라 달라진다. 목표물이 잘 위장되어 있다면, AI가 이를 찾아내는 데에는 효과가 떨어질 가능성이 높지만, 위장이 잘 되어 있지 않은 상황도 많이 있다. 일반적으로 전장 환경에서 위장된 목표물을 탐지하는 것은 인간이 AI보다 더 뛰어난 편이다. 드론에 어떤 센서를 탑재했는지, 특히 열영상 카메라가 있는지의 여부에 따라 많은 것이 달라진다. 열원은 일반적으로 탐지하기 쉽지만, 그것이 정확히 무엇인지 식별하는 것은 훨씬 어렵다. 만약 전술적 상황에서 정확한 식별이 꼭 필

---

[168] 시스템-온-칩: CPU, GPU, 메모리, 입출력 장치, 전력 관리, AI 및 신호 처리 등의 기능이 칩 하나에 통합된 시스템으로, 컴퓨터나 전자기기의 주요 부품을 모두 포함하는 기술이다.

요하지 않다면, AI만으로도 충분할 수 있다.

AI는 지휘 및 통제 분야에서도 매우 유용하다. 임무 수행 이전에 드론에는 이용 가능한 정보로부터 도출된 계획이 탑재된다. 임무 수행 중에 드론은 자신의 센서를 통해 수집한 정보를 AI를 이용해 해석한다. 드론은 그 해석 결과를 바탕으로 적절한 확률 분포와 미리 정한 탐색 전략을 사용해 스스로 비행하면서 목표물을 탐색한다. 이러한 방식으로 자율 드론은 인간 운용자보다 더 많은 작업을 더 효과적으로 수행할 수 있으며, 동시에 재밍의 영향을 받지 않는다.

하지만 "더 나은better" 것이 곧 "더 똑똑한smarter" 것을 의미하지는 않는다. AI의 약점은 훈련받지 않은 새로운 상황에 맞닥뜨렸을 때 어떻게 반응해야 하는지 모른다는 것이다. AI는 표적 인식이나 센서 융합처럼 예측 가능하고 명확하게 정의된 작업에는 매우 적합하다. 반면에, 더 개방적이고 예측 불가능한 상황에는 적합하지 않다. AI는 '이해'나 '창조'와 같은 인지 능력에서 어려움을 겪는 경향이 있다. 전술적 감각, 적응력, 창의성, 주도성 등 흔히 범용 지능general intelligence으로 이해되는 능력에 문제가 있다. 이러한 능력을 모방하도록 훈련시킨다면 모방할 수는 있지만, 더 깊은 차원의 범용 지능은 아예 존재하지 않는다. AI는 본질적으로 기존 지식을 활용해 지능적인 것처럼 보이게 하는 것이다. "될 때까지 속여라Fake it until you make it".[169] 그것이 곧 인공지능의 본질이다.

---

169 "Fake it until you make it": 진짜가 아니더라도 진짜인 것처럼 행동하다 보면, 실제로 그렇게 될 수 있다"는 의미이다.

가장 뛰어난 AI조차 얼마나 우스울 정도로 어리석을 수 있는지를 보여주는 예로, "대답하지 마세요"라고 요청해보라. 이 상황을 어떻게 처리해야 하는지 구체적으로 지시받지 않았다면, AI는 "알겠습니다, 대답하지 않겠습니다"와 같은 대답을 할 것이다. 이해 부족으로 인해 발생할 수 있는 의사결정의 또 다른 예는, 제2차 세계대전 이후 남태평양 지역에 생겨난 '화물 숭배$^{Cargo\ Cult}$'이다. 그 지역 원주민들은 전쟁 중 물자 수송기들이 가져다준 물건들을 더 원했다. 그래서 수송기를 다시 끌어들이기 위해 임시 활주로와 관제탑처럼 보이는 오두막을 만들고, 그 안에 앉아 "탱고 알파 폭스트롯$^{Tango\ Alpha\ Foxtrot}$, 1번 활주로에 착륙 허가" 같은 말을 계속 반복하며 기다렸다. 하지만 비행기는 끝내 착륙하지 않았다.

생성형 AI$^{generative\ AI}$[170]—텍스트나 이미지를 생성할 수 있는 AI의 일종—의 경우, 실제로 하는 일은 텍스트와 이미지를 계속 생성하여 선택한 주제에 대해 더 이상 개선할 수 없는 수준에 도달할 때까지 더 나은 시도를 하는 것이다. 비교할 수 있는 충분한 양의 텍스트나 이미지, 그리고 연산 능력이 충분하다면, 그 결과물은 꽤 인상적일 수 있다. 이러한 과정은 고도로 패키지화된 결과를 생성하는 일종의 검색 엔진처럼 보일 수도 있다.

AI는 주어진 주제에 대해 이미 저장된 정보를 검색하는 것뿐만 아니라, 네트워크로 연결된 센서나 기타 이용 가능한 적에 관한 데이터도

---

[170] 생성형 AI: 텍스트, 이미지, 기타 미디어를 생성할 수 있는 약인공지능으로, 단순히 기존 데이터를 분석하는 것이 아닌, 새로운 콘텐츠를 만드는 데 초점을 맞춘 인공지능 분야를 말한다.

검색할 수 있다. AI가 관찰-판단-결심-행동으로 구성되는 우다 루프 OODA Loop에서 관찰 단계에 해당하는 정보를 제공받았다면, 이제 판단과 결심 단계에서 도움을 줄 수 있다. 기존의 AI는 '판단' 단계에서 확실히 유용하다. 생성형 AI는 그 유용성이 확대되어 판단 단계는 물론이고 더 나아가 '결심' 단계에서도 유용하다. 생성형 AI가 자신이 하는 일을 실제로 이해하고 있는지의 여부는 중요하지 않을 수도 있다. 예를 들어 작전 계획과 같은 결과물은 빠르게 생성될 수 있다. 하지만 여기서 중요한 질문은 그 결과물이 실제로 쓸 만큼 충분히 좋은가, 아니면 단지 또 다른 '화물 숭배'에 불과한가이다. 인간이 일일이 검토하고 수정해야 한다면, 그것은 아마도 그만한 노력을 들일 가치가 없을 수 있다. 따라서 더 나은 질문 방식은 "어떤 상황과 활용 사례에서 AI의 결과물이 유용한가?"를 묻는 것이다.

행동 단계로 넘어가기 전에, 운용자는 AI가 제어하는 드론이 무엇을 하고 있는지 계속해서 파악할 필요가 있다. 어떤 형태로든 통신 링크는 여전히 필요하다. 드론 자체에서 대부분의 신호 처리가 이루어지기 때문에 고대역폭의 실시간 영상 링크는 필요하지 않으며, 재밍에 강하고, 장거리 통신이 가능한 저대역폭 링크 정도면 충분할 수 있다. 드론이 보고해야 할 내용은 단지 목표물의 좌표 및 종류, 신뢰도 추정치, 그리고 검증용 이미지 정도면 될 것이다.

자율 드론에 대해 논의할 때는 범용 지능과 관련된 AI의 한계, 예상치 못한 사건에 대한 반응의 신뢰성 부족, 시스템으로서의 취약성을 항상 염두에 두어야 한다. 이와 관련하여, AI의 변화 속도, 즉 필요할 때 얼마나 빠르게 업데이트할 수 있는지도 중요한 요소로 고려해야 한다.

합법성과 윤리

드론은 위협적일 수 있다. 전장을 돌아다니며 눈에 보이는 모든 것을 죽이는 '킬러 로봇killer robot'의 모습을 떠올리기 쉽다. 특히 자율 드론과 군집 드론이 AI로 구동될 때 그 공포는 더욱 커진다.

합법성과 윤리 관점에서 볼 때, 인간의 개입이 없는 것이 오히려 나을 수도 있다. 그것은 결함이 아니라, 하나의 기능일 수 있다. 예를 들어, 일부 자율주행차는 인간보다 사고율이 낮은 것으로 입증되었다. 컴퓨터는 프로그래밍된 대로 규칙을 따르고, 지치지 않으며, 난폭운전을 하지 않는다. 마찬가지로, 자율 드론도 아군, 민간인, 해당 표시가 있는 구급차나 병원을 공격하지 않도록 교전 규칙Rules of Engagement을 따르도록 프로그래밍할 수 있다.

인간의 뇌는 자신이 보고 싶거나 기대한 것을 보려는 경향이 있어 결국 눈에 실제로 보이는 것을 왜곡하여 받아들이게 된다. 시력이 완벽한 사냥꾼조차도 운동 중인 사람이나 트랙터처럼 움직이는 다른 대상을 사냥감으로 착각하고 쏘거나 조종사가 명확하게 아군으로 표시된 부대를 공격하는 것도 이러한 이유에서이다. AI는 물론 한계를 가지고 있지만, 인간보다 더 신뢰할 수 없기 때문에 오히려 더 윤리적일 수 있다. 실제로 AI가 더 강력하고 정교해질수록 신뢰할 수 있는 윤리적 판단 능력도 향상될 수 있다.

CHAPTER 16

드론 전쟁의 미래

The Future of Drone Warfare

결론을 내리는 것이 이 책의 목적이 아니다. 이 책의 목적은 독자에게 드론 전쟁이 어떻게 이루어지는지 이해시키는 것이다. 결론은 독자가 스스로 내리기 바란다. 결론은 조건, 요구사항, 그리고 예산에 따라 달라질 수 있기 때문이다. 그럼에도 불구하고 논의에 도움이 될 수 있는 몇 가지 철학적 주제가 있다.

보이드$^{John\ Boyd}$의 우다 루프$^{OODA\ loop}$(관찰, 판단, 결심, 행동으로 이어지는 의사결정 모델)에 대해서는 1장에서 이미 언급했다. 우다 루프는 겉보기에 단순하고 당연해 보일 수 있지만, 이 개념이 얼마나 중요한지는 강조할 필요가 있다. 단순함에는 강력한 힘이 있다. 최근의 전쟁들은 빠른 의사결정, 즉 신속한 판단과 반응 속도가 얼마나 중요한지를 잘 보여주는 훌륭한 사례이다. 효과적인 전투를 위해서는 끊임없이 자신의 행동을 변화시키고 가능한 한 예측 불가능하고 민첩하며 은밀하게 행동하는 등 다양한 수단을 통해 적의 의사결정 속도를 늦춰야 한다.

그래서 우리는 더 빠르게 의사결정을 할 필요가 있다. 그러려면 어떻게 해야 할까? 그 해답은 바로 시스템 통합이다. 시스템 통합은 군수지원만큼이나 지루하고, 석공 작업만큼이나 느리고 복잡하다. 달리 말하면, 시스템들이 서로 소통하며 정보를 주고받을 수 있도록 연결되어 있어야 한다는 것이다. 한마디로 정보처리 능력을 향상시켜야 한다는 것이다. 여기서 '정보기술$^{information\ technology}$'이라는 단어를 쓰기 쉽지만, 정보처리 능력은 기술보다 훨씬 더 많은 것을 의미한다. 사실, 기술 자체는 쉬운 것일 수 있다. 어려운 것은 대개 사람들이 팀을 이뤄 함께 일할 수 있도록 하기 위해 해결해야 할 조직 문제, 관리 문제, 경제 문제, 그리고 정치 문제들이다.

　드론이 보편화되면서 전쟁을 수행하는 군대의 하위 제대에서 사용할 수 있는 기술이 점점 더 정교해지고 있다. 전장의 최전선이 점점 더 정교해지고 있는 것이다. 소대platoon 수준에서도 운용자들은 드론을 어떻게 활용해야 하는지에 대한 충분한 이해를 갖추어야 한다. 군대는 더 많은 권한을 하위 제대에 위임할 필요가 있다. 권한은 역량을 필요로 하며, 동시에 역량은 권한을 부여한다.

　러시아의 우크라이나 침공 이후, 우크라이나군은 민간 기업들에게 드론 개발과 제작에 참여하도록 장려해왔다. 이 민간 기업들은 대부분 규모는 작지만 다양한 종류의 드론을 빠르게 개발해냈다. 혁신의 속도는 과거에도, 지금도 여전히 빠르다. 이는 중앙집중식 의사결정 문화를 가진 러시아의 방식과 대조된다. 드론 기술은 결국 성숙 단계에 도달할 것이다. 드론은 점점 더 정교해지고 개발 비용도 증가할 것이다. 장기적으로는 소수의 드론 유형을 표준화한 후 대량생산하는 것이 더 효율적일 수 있다. 스탈린Iosif Stalin의 유명한 말처럼, "양이 곧 질"이 될 수 있기 때문이다.

　제2차 세계대전 당시, 무기류의 가격은 톤당 약 2,000달러(항공기의 경우 톤당 5,000달러)였다. 이 수치는 소총부터 전함까지 모든 무기들에 놀라울 정도로 정확하게 적용되었다. 기본적으로 강철 또는 알루미늄의 가격이 기준이었다. 정확한 수치가 무엇이든, 중요한 점은 당시에는 비용이 수량에 비례했다는 것이다. 하지만 오늘날은 상황이 다르다. 단위당 비용이 더 이상 지배적인 요소가 아니다. 현대 무기체계는 일반적으로 개발 비용이 높다. 좋은 예가 소프트웨어이다. 소프트웨어의 단위당 비용은 사실상 0이다. 이로 인해 무기체계를 생산하고 조달하는 방식이 바뀌게 된다. 고정 비용이 큰 구조에서는 그 비용을 가능한 한 많은 수량에 분산시키는 것이 중요해진다. 그리고 무기체계가 국가안보와 관련되어 있다는 점에서, 방산업계의 다양한 이해관계자들과 좋은 관계를 유지하는 것 역시 중요하다. 개발 비용을 분산시키기 위해서는 동맹국, 특히 세계 경제와 기술 분야를 주도하는 서방 국가들과 협력하는 것이 바람직하다.

군용 항공기는 지난 50년 동안 점점 더 비싸졌으며, 무엇보다 상대적인 측면에서 그 비용이 크게 증가했다. 제2차 세계대전 당시 항공기는 훨씬 저렴했다. 전쟁이라는 냉정한 현실에서 항공기는 본질적으로 탄약처럼 취급되었다. 항공기의 손실은 곧 조종사의 희생을 의미했기 때문에, 이 사실이 항상 공개적으로 언급된 것은 아니었다. 항공 전력의 경제성이 극단적으로 실현된 사례는 오직 가미카제뿐이었다. 가미카제 공격은 연합군 함대에 대한 종래의 공습보다 조종사 한 명당 더 많은 피해를 입혔다. 오늘날의 현대 제트 전투기는 매우 고가이다. 이제 더 이상 단순한 탄약으로 간주할 수 없다. 전투기의 수가 급격히 줄어들어서 이제는 전투기를 신중하게 사용해야 하는 전략 자산으로 여기게 되었다. 이로 인해 더 저렴하고 소모 가능한 항공 전력에 대한 틈새시장이 열렸다. 드론은 이러한 틈새를 메우며 점점 더 전통적인 항공 전력의 임무를 대체하고 있다. 여러 면에서 드론은 제2차 세계대전 시기의 항공 전력과 유사하다. 드론의 경제성이 탄약의 경제성에 가까워지고 있기 때문이다. 본질적으로 공중우세는 한번 달성하면 그냥 유지되는 것이 아니라, 그 수단을 미리 비축해두고 필요 시에 소비해 달성하는 것이다.

현재 항공기가 탑재하는 많은 무기들은 이제 항공기가 아닌 지상 발사 플랫폼에서도 발사할 수 있게 되었다. 그중 하나가 지상 발사 소구경 폭탄GLSDB, Ground Launched Small Diameter Bomb이다. 지상 발사 소구경 폭탄은 항공기가 아닌 로켓을 사용해 목표물로 발사되는 소구경 폭탄이다. 헬파이어Hellfire나 브림스톤Brimstone과 같은 공중 발사 대전차 미사일들도 지상 발사형 버전으로 제공된다. 물론, 지상에서 발사할 경우 에너지 면에서는 불리한 점이 있다. 하지만 추진보조장치boosters를 사용하면 이 문제를 보완할 수 있다. 지상에서 미사일을 발사할 때 가장 큰 장점은 의사결정부터 실제 발사까지 걸리는 시간이 매우 짧다는 것이다. 조종사 탑승부터 시작해서 고속 제트기 발진·비행·조종에 필요한 모든 과정을 거칠 필요가 없다. 항공기를 사용하는 경우는 적이 비행장의 움직임을 감시함으로써 조기에 징후를 파악할 수 있지만, 지상 발사 플랫폼은 너무 다양하고 분산되어 있어 적이 모든 발사 수단을 추적하기는 불가능하다. 항공기 대신 지상에서 미사일을 발사하는 것은 최고의 스텔스 항공기라고 할 수 있다. 실제로는 항공기가 존재하지 않기 때문이다.

유인 항공기가 공중전을 위해 시계외 밖으로 이동하고 장거리 스탠드오프 무기long-range stand-off weapon[171]를 사용해야만 생존이 가능하다면, 조종

---

[171] 장거리 스탠드오프 무기: 공격 플랫폼(전투기, 함정, 지상 차량 등)이 적의 반격이 가능한 위협 범위

사가 왜 항공기에 탑승해야 할까? 조종사가 조종석 밖을 직접 보지 않고 주로 기내 시스템을 관리한다면, 결국 조종사가 어디에 앉아 있느냐는 기본적으로 통신 기술의 문제이다. 탑재된 항공전자장비가 대부분의 감지 작업, 센서 통합, 그리고 상황 판단에 필요한 정보 요약을 수행하고 그 결과를 기호화^{symbology}해서 디스플레이에 시현해주기 때문에 해당 정보를 다른 곳으로 전송하는 데는 많은 대역폭이 필요하지 않다. 그럼에도 불구하고, 조종사가 탑승한 유인 항공기는 독립적으로 작전 수행이 가능하다는 점에서 여전히 강력한 솔루션이다.

드론과 장거리 정밀유도탄$^{Precision\text{-}guided\ munitions}$은 매우 강력한 조합이다. 드론은 지속적인 감시 및 정찰을, 정밀유도탄은 짧은 준비 시간으로도 필요한 화력을 즉각 제공할 수 있어 시한성 표적$^{Time\text{-}sensitive\ targets}$[172]을 타격하는 데 매우 중요하다. 지상군 지원 측면에서 이 조합은 사실상 공중우세와 동일한 기능을 제공한다. 다소 이해하기 어렵지만, 양측 모두가 동시에 동일한 장소에서 이러한 '사실상의 공중우세'를 확보할 수 있다. 적이 이러한 지상 지원을 받지 못하게 하려면, 드론과 장거리 정밀유도탄을 사용하지 못하게 막는 수밖에 없다.

그리고 이제 우리는 FPV(1인칭 시점) 드론을 갖게 되었다. FPV 드론은 숙련된 운용자를 필요로 할 수 있지만, 유도 시스템에 인간이 포함된다는 것은 미사일이나 포탄이 절대 가질 수 없는 비인공지능$^{non\text{-}artificial}$

안에 진입하지 않고 적 방어체계의 위협 밖에서 적의 목표물을 타격할 수 있도록 설계된 무기를 말한다.

172 시한성 표적: 짧은 시간 내에 식별되고 즉시 타격하지 않으면 기회를 놓치게 되는 고가치 표적을 의미한다.

intelligence을 부여한다는 뜻이다. FPV 드론은 스스로 목표물을 탐색할 수 있으며, 예상하거나 예상치 못한 단순한 속임수에 속을 가능성이 적다. 또한 첫 번째 공격 시도가 불확실할 경우 공격을 중단하고 다시 시도할 수 있다. 목표물이 나타날 때까지 착륙한 채로 기다려 배터리를 절약하는 것도 가능하다. 그리고 어느 방향에서든 공격이 가능하며, 목표물의 가장 약한 지점을 노릴 수 있다. 미사일과 달리, FPV 드론은 '영리하고 인내심 있는' 무기이다. 가장 중요한 것은 유도 시스템을 훨씬 더 빠르게 업데이트하고 우다 루프를 더 빠르게 돌릴 수 있게 되었다는 것이다. 운용자에게는 최신 전술이나 기법을 알려주기만 하면 된다. FPV 드론과 이와 유사한 공격 드론이 이제 대량으로 투입되어 효과를 내고 있는 데에는 그만한 이유가 있다. 실제로 FPV 드론과 이와 유사한 공격 드론은 일부 지원 임무에서 박격포와 포병을 대체하기 시작했다.

정찰용이든 공격용이든, 소형 드론과 전통적인 항공 전력은 여러 면에서 여전히 차이가 있다. 드론은 기술의 게임이라기보다 숫자의 게임이다. 전통적인 항공 전력은 주로 정밀타격을 위해 동원되는 경향이 있으며, 그 성패는 대부분 기술에 달려 있다. 반면, 드론은 지속적인 압박을 가하는 수단에 더 가깝다. 한쪽이 드론을 더 많이 보유할수록 드론으로 상대방을 더 강하게 압박할 수 있다.

전통적인 공중 지원은 고속 전투기의 속도와 무장 탑재 능력, 그리고 거기서 비롯되는 작전상의 유연성 측면에서 강점을 가지고 있다. 드론과 정밀유도탄의 조합은 지상군 내에서 어떻게 운용되느냐에 따라 동일한 수준의 작전 유연성을 가질 수도 있고, 그렇지 않을 수도 있다.

적이 공중우세를 차지한 상황에서는 전력을 집중하거나 대규모 기동을 하는 것은 기본적으로 불가능하다. 드론의 압박 또한 이와 거의 유사한 효과를 가져올 수 있다. 무엇을 상대하든 간에 기동전을 수행하기 어려워진다. 드론의 압박을 줄이지 못하면, 남은 선택지는 진지전positional warfare과 소모전attritional warfare뿐이다.

좀 더 철학적인 관점에서 보면, 드론은 공중전과 지상전을 통합한 것이다. 이 둘은 이제 과거의 경계를 넘어 하나로 통합되었고, 그 과정에서 드론은 지배적인 무기가 되었다. 과거에 우리는 나무에서 내려와서 서로에게 막대기와 돌을 던지며 싸웠다. 그러나 이제는 참호 속에 앉아 조종기를 만지작거리며 서로에게 드론을 날린다. 모든 것이 변한 것 같지만, 그 본질은 달라지지 않는다.

| 부록 1 |

다양한 드론 제작 방법

Different Approaches to Building Drones

● 상황

어느 군대가 수천 대의 드론을 보유하고 있는 상황이라고 해보자. 그중 대부분은 저비용의 전술 장비로서, 다양한 항공전자장비, 센서, 무선장비, 그리고 경우에 따라 무기도 탑재하고 있다. 이들 중 상당수는 반드시 영상 링크를 필요로 하지 않으며 자율적으로 임무를 수행할 수 있다고 가정한다.

투입된 수량을 고려할 때, 이들이 저비용이라는 것은 분명하다. 하지만 저비용이라고 해서 반드시 단순하다는 의미는 아니며, 이들이 실행하는 소프트웨어는 얼마든지 복잡할 수 있다.

● 빠른 의사결정 주기

전쟁은 대책^{measures}, 대책에 대한 대응^{countermeasures}, 그리고 대응에 대한 추가 대응$^{counter\text{-}countermeasures}$이 끊임없이 이어지는 싸움이며, 시스템을 더 빠르게 발전시키는 쪽이 우위를 점하게 된다. 이것이 시스템에 적용되는 우다 루프이다.

드론은 다양한 역할을 수행할 수 있다. 이들이 수행하는 임무의 세부 사항은 적의 특성과 운용자의 필요에 따라 달라진다. 적은 다양한 유형의 목표물을 제공할 수도 있고 그렇지 않을 수도 있다. 또한 적은 이러한 드론의 임무 수행을 저지하기 위해 다양한 형태의 대응책을 취할 수도 있고, 취하지 않을 수도 있다.

적의 어떤 행동에든 신속히 대응해야 한다는 것은 소프트웨어, AI 모델, 그리고 무선 파형$^{radio\ waveform}$173을 빠르게 업데이트할 수 있어야 한다는 것을 의미한다. 컴퓨터, GPS, 지상 기반 무선, 위성통신, 또는 전자광학/적외선 장비와 같은 하드웨어는 과도한 시간이나 비용을 들이지 않고 쉽게 업데이트할 수 있어야 한다.

이를 위해 필요한 몇 가지 요소가 있다. 첫 번째 요소는 특정 임무에 맞는 하드웨어 구성을 선택하여 드론의 모든 구성 요소가 효과적으로 작동할 수 있게 해야 한다는 것이다.

두 번째 요소는 임무 자체를 프로그래밍하는 것이다. 즉, 임무를 통해 무엇을 달성할 것인지, 임무를 어떻게 수행할 것인지, 그리고 임무 수행 중에 발생할 수 있는 다양한 상황들을 어떻게 처리할 것인지를 프로그래밍하는 것이다. 이러한 임무 매개변수들은 이후 어떤 방식으로든 드론에 전달되어야 한다.

드론은 또한 피드백을 제공할 수 있어야 한다. 이는 드론의 작동 방식과 운용 방법을 개선하는 데 필수적이다. 피드백 루프$^{feedback\ loop}$174 측면에서 볼 때, 이 루프는 닫힌 루프$^{closed\ loop}$(폐쇄 루프)175이어야 한다. 이

---

173 무선 파형: 군사나 통신 분야에서 무선 파형은 무선통신 방식 전반을 의미하는데, 이는 사용하는 주파수 대역, 변조 방식, 암호화 방식, 데이터 전송 속도, 통신 프로토콜, 주파수 도약(Frequency Hopping) 같은 재밍 대응 기법 등 모든 것을 아우르는 통신 시스템의 기술적 특성 집합을 뜻한다.

174 피드백 루프: 어떤 시스템의 출력(output: 제어 결과)이 다시 입력(input: 제어 동작)으로 돌아와 시스템을 조정하고 개선하는 과정을 말한다.

175 닫힌 루프(폐쇄 루프): 제어 시스템의 출력(제어 결과)을 피드백하여 제어 동작에 반영한다. 이와 달리 열린 루프(개방 루프)는 제어 시스템의 출력(제어 결과)을 제어 동작에 반영하지 않는다.

것을 간단한 예로 설명하면, 드론이 임무 중 촬영한 영상은 임무 종료 후 분석에 사용할 수 있어야 한다는 것이다.

●

상용 드론

전 세계 드론 시장의 규모는 2023년 약 345억 달러로 추산되었으며, 2032년에는 1,000억 달러를 넘어설 것으로 예상된다. 추정치는 다양하지만, 이 수치는 미국의 컨설팅 및 맞춤형 시장 조사 회사인 Market.us의 2023년 12월 보고서에서 발췌한 것이다. 시장 가치 측면에서, 소비자용 드론이 시장의 약 절반을 차지하며, 상업용 및 군사용 드론이 각각 약 4분의 1씩을 차지한다. 상업용 드론 시장에서 가장 큰 두 분야는 건설과 농업이다. 판매 대수 기준으로, 다수의 멀티로터 소비자용 드론을 판매하는 중국 제조업체들이 시장을 주도하고 있다.

선진국들 간의 주요 분쟁에서는 수십만 대의 드론이 필요할 것이다. 그럼에도 불구하고 민간 시장이 군사 시장보다 훨씬 더 크다. 이는 드론 관련 연구 개발이 대부분 이미 민간 시장에서 이루어졌음을 의미한다. 따라서 군이 민간용 드론을 군용으로 개조해 사용하려는 시도는 충분히 이해할 만하다.

상업용 드론은 종종 고객이 필요로 하는 기능을 수행할 수 있는 소프트웨어를 구축할 수 있는 방법을 제공한다. 가장 쉬운 방법은 해당 소프트웨어를 조종장치에서 실행하는 것이다. 이 조종장치는 맞춤형 장비일 수도 있지만, 일반적으로는 표준 태블릿이나 휴대전화인 경우가 많다. 휴대전화의 경우는 공통의 모바일 앱을 개발하기만 하면 된다.

필요하다면, 해당 소프트웨어를 드론 자체에서 실행할 수도 있다. 이는 드론에 탑재된 소프트웨어와 더 밀접하게 통합된다는 것을 의미한다. 드론 업체들은 사용자 소프트웨어에 어떤 기능을 공개할지 결정해야 하므로 이에 대해 신중한 입장을 보이고 있다.

상업용 드론을 기반으로 무언가를 구축하는 데에는 위험이 따른다. 드론 제조업체는 향후 펌웨어firmware[176] 업그레이드 시 '샌드박스sandbox' 기능[177]을 추가할 수 있는 가능성이 있다. 특히 중국이 상업용 드론 시장을 지배하고 있기 때문에 그들이 판매하는 드론은 중국의 이익에 반하는 용도로 사용될 가능성이 낮다고 가정해야 한다. 군사용 애플리케이션의 경우는 소프트웨어가 사용자의 완전한 통제 하에 있는 것이 훨씬 덜 위험하다. 이러한 드론은 오픈 소스 소프트웨어open-source software[178]를 기반으로 해야 한다.

때로는 소프트웨어를 수정하는 것만으로는 충분하지 않다. 때로는 하드웨어에 기능을 추가해야 한다. 수류탄 투하 기능을 추가하는 것은

---

[176] 펌웨어: 컴퓨터나 전자장비에 내장된 하드웨어를 제어하고 동작시키는 소프트웨어이다. 펌웨어는 하드웨어가 어떻게 작동할지를 정해주는 '하드웨어용 운영 소프트웨어'로서, 보통 플래시 메모리, ROM 또는 EEPROM 등에 저장된다. 일반 사용자가 자주 수정하지는 않지만, 필요시 업데이트 가능하다.

[177] 샌드박스 기능: 소프트웨어나 시스템의 동작을 제한된 환경 안에서 격리하는 기능을 의미한다. 샌드박스는 일반적으로 보안 목적으로 사용되며, 사용자가 소프트웨어 또는 드론의 핵심 시스템에 접근하거나 변경하지 못하도록 제한하는 환경을 제공한다.

[178] 오픈 소스 소프트웨어: 소프트웨어의 소스 코드를 공개하여 누구나 제한 없이 사용·수정·배포할 수 있도록 하는 소프트웨어이다. 이러한 소프트웨어는 다양한 사용자와 개발자들이 협력하여 개발되며, 이를 통해 소프트웨어의 품질과 보안이 향상된다.

그리 어렵지 않다. 이보다 더 어려운 것은 군용 무선통신과 통합하거나 군용 GPS로 업그레이드하는 것이다. 민간용 드론들은 지원하는 위성항법 시스템과 재밍 및 스푸핑 처리 능력에 있어서 차이가 난다. 상대방은 이러한 약점을 알고 활용하려 할 것이다. 만약 더 광범위한 변경이 필요하다면, 처음부터 새로 만드는 것이 더 좋다. 그럼에도 불구하고 많은 경우에 상업용 드론은 요구사항의 98%를 충족시키는 군용 드론을 새로 만드는 것에 비해 훨씬 더 저렴한 비용으로 요구사항의 80%를 충족시킬 수 있는 실용적인 대안이다.

또 다른 방법은 완성된 상용 드론을 구매하지 않고 이를 구성하는 부품과 하위 조립체만을 구매하는 것이다. 최종 조립과 필요한 개조는 최종 사용자가 직접 수행한다. 이것은 공격 드론으로 사용되는 FPV 드론에서 흔히 사용되는 방식이다. 중국이 드론 시장을 지배하고 있으며, 대량생산에 필요한 제조 역량을 가진 나라도 중국뿐이기 때문에 현실적으로는 중국에서 부품을 구매해야 한다. 다양한 중국 제조업체들은 이러한 상황을 분명히 인지하고 있다. 하지만 완성된 드론이 아니라 부품만 수출하는 것이기 때문에 수출 규제를 피하기 더 쉽다.

DIY 드론

드론 제작에 대한 진입 장벽은 매우 낮다. 어느 정도의 기술을 가진 취미활동가라면 누구나 실전 투입이 가능한 전투용 드론을 조립할 수 있다. 이러한 낮은 진입 장벽 때문에 현재 많은 회사들이 드론을 제작하고 있다. 이 회사들은 소규모 전문 제작업체부터 급속도로 성장하여 시장을 확보하려는 대기업에 이르기까지 다양하다.

멀티로터 드론이나 고정익 드론에 필요한 모든 기계 부품은 지역 취미용품점뿐만이 아니라 온라인 상점에서도 쉽게 구할 수 있다. 일반적으로 많이 사용되는 재료로는 탄소섬유막대carbon-fiber rod나 탄소섬유 튜브carbon-fiber tubing, 폼보드foam-board, 테이프, 글루건, 그리고 3D 프린터로 제작된 부속품 등이 있다. 폼보드를 폼스트립 위에 접어 붙이면 기능적인 날개 부분이 만들어진다. 약간의 조립만 하면 쉽게 완성할 수 있는 키트들도 시중에 판매되고 있다.

전자부품도 마찬가지이다. 비행 제어, 항법, 무선통신은 물론 배터리, 모터, 센서, 액추에이터actuator와의 연동까지 처리할 수 있는 전용 모듈들이 이미 시중에 나와 있다. 비행 제어 소프트웨어로는 아두파일럿Ardupilot, 베타플라이트Betaflight, INAV 등이 널리 사용된다. 기본 짐벌에 장착된 고해상도 카메라(일부는 열영상 카메라 포함)도 저렴한 가격에 구입할 수 있다. 취미로 드론을 제작하는 사람이라면 누구나 쉽게 구할 수 있는 부품을 사용하여 하루 만에 새로운 디자인의 드론을 조립할 수 있다.

대규모 프로젝트의 경우는 보통 리눅스Linux 기반 운영체제로 구동되는 인기 있는 범용 단일 보드 컴퓨터를 사용하여 구축할 수 있다. 특히 드론이나 기타 로봇 공학을 위한 경우에는 기본 운영체제 위에 로봇운영체제ROS, Robot Operating System라는 미들웨어middleware[179]를 사용할 수 있다.

---

[179] 미들웨어: 운영체제와 응용 프로그램 사이에 위치하는 중간 소프트웨어 계층으로서, 이질적인 시

여기서 어떤 선택을 하든 그것은 개발과 유지 보수의 속도와 비용에 큰 영향을 미치기 때문에 매우 중요하다.

더 복잡한 수준으로 올라가서, 더 정교한 드론은 본질적으로 프로펠러가 달린 스마트폰에 가깝다. 이것은 곧 스마트폰에 사용되는 많은 기술들이 드론에도 재활용될 수 있다는 뜻이다.

결국 이 모든 것의 핵심은, 군이 전술 드론을 자체적으로 제작할 수 있는 다양한 수준의 복잡한 구성 요소를 가진 부품 생태계가 이미 갖춰져 있다는 점이다. DIY 전술 드론의 가장 큰 장점은 요구사항이나 전술이 바뀔 때마다 그것에 맞게 구성 요소나 설계를 쉽게 바꿀 수 있다는 것이다.

드론 자체, 즉 기본 플랫폼만 놓고 보면, 민간용 드론과 군용 드론, 특히 전술 드론 사이에는 큰 차이가 없다. 군용 드론은 대체로 동일한 기체, 배터리, 모터, 비행 제어 하드웨어를 사용한다. 차이가 있다면 내부 전자장비가 다를 뿐이다. 군용 드론의 경우, 핵심 요소는 군용 GPS와 통신장비이다.

군용 애플리케이션의 경우 어려움이 있음에도 불구하고 머신 러닝 machine learning[180]과 신경망 neural networks[181]을 활용한 목표물 인식이 특히 주목

스템, 네트워크, 데이터, 서비스를 효율적이고 통합적으로 연동할 수 있도록 해주는 역할을 한다.

[180] 머신 러닝: 인공지능의 핵심 기술 중 하나로, 컴퓨터가 사람처럼 데이터를 통해 스스로 학습하고 판단하게 만드는 기술로, 사람이 일일이 명령을 내리지 않아도 컴퓨터가 데이터를 분석하면서 규칙이나 패턴을 스스로 찾아낸다.

[181] 신경망: 인공지능과 머신 러닝의 핵심 기술 중 하나로, 사람의 뇌 구조를 모방해 만든 알고리즘 모델이다. 복잡한 데이터를 스스로 학습하고 패턴을 인식해 결정을 내릴 수 있도록 설계된다.

받고 있다. 이 분야는 기술 변화가 매우 빠르게 일어나는 영역이기도 하다. 타인이 학습시킨 신경망을 사용하는 것도 하나의 방법이지만, 업데이트가 지속적으로 신속하게 이루어져야 하며, 동시에 그 출처가 신뢰할 수 있는지도 확인해야 한다.

전자전은 적의 전술 변화에 대응하여 지속적인 업데이트가 요구되는 또 다른 분야이다. 소포품처럼 운용되는 소형 전술 드론은 적의 목표물 가까이에서 수행되는 '전방 재밍foreground jamming'[182]에 적합하며, 낮은 전력으로도 큰 효과를 낼 수 있다.

군용 드론

군사 시스템을 조달하는 전통적인 방식은 요구사항 명세서를 발표하고, 입찰 경쟁을 통해 가장 우수한 제안을 채택하는 것이다. 계약을 수주한 업체는 요구사항 명세서에 따라 군사 시스템을 제작하게 된다. 이 방식은 군은 전투력 유지에 집중하고, 기술 개발은 체계업체에게 맡길 수 있다는 장점이 있다.

이렇게 구축된 군사 시스템은 계약을 수주한 업체가 이미 보유하고 있는 하위 시스템과 인터페이스를 사용해야 하는 경우가 많다. 그러면

---

[182] 전방 재밍: 적의 전자장비나 통신 시스템을 교란시키기 위해 드론을 활용하여 적의 최전선 또는 가까운 거리에서 재밍(전파 방해)을 수행하는 것을 의미한다. 이는 일반적인 전자전(Electronic Warfare)에서 백그라운드 재밍(background jamming)과 대조되는 개념으로, 백그라운드 재밍은 더 멀리 떨어진 안전한 위치에서 광범위한 교란을 수행하는 방식이다.

그 군사 시스템은 해당 업체 시스템의 통제를 받게 되고, 시스템에 대한 모든 변경은 해당 업체를 통해서만 가능하게 된다. 이 때문에 다른 업체로 바꾸고 싶어도 바꿀 수가 없게 된다. 게다가 일반적으로 시스템을 바꾸려면 시스템 전체를 다시 검증해야 한다. 결과적으로, 시스템을 바꾸려면 변경 속도는 느리고 비용이 많이 들 수밖에 없다. 심지어 아주 사소한 시스템 변경이라도 마찬가지이다.

시스템이 점점 더 복잡해지고, 다른 시스템과의 연동 필요성이 증가하고, 시스템을 더 자주 바꿔야 하는 상황에서 이러한 단점들은 더욱 문제가 된다.

이러한 문제에 대한 해답은 더 모듈화되고 접근방식에 있어서 더 개방적인 시스템을 구축하는 것이다. 시스템을 가능한 한 느슨하게 결합된 모듈들로 분해하고, 이것들을 잘 정의된 표준 인터페이스를 사용해 연결한다. 이렇게 하면 각 모듈을 서로 다른 공급업체로부터 조달할 수 있으며, 필요에 따라 혼합하여 사용할 수도 있다. 변경 사항은 하나의 모듈로 제한되므로 구현이 더 쉽다. 모듈 간 인터페이스가 안정적이라면 다른 모듈에는 영향을 주지 않는다. 이러한 방식을 일찍 도입한 사례로는 스웨덴의 JAS 39 그리펜^{Gripen} 전투기와 노르웨이의 NASAMS 지대공 미사일 시스템이 있다. 현재는 다수의 방위산업 프로젝트들이 이와 같은 접근방식을 채택하고 있다.

이러한 접근방식의 단점은 구매자가 전체 군대라는 더 큰 맥락에서 시스템을 구축하고 통합하는 방법에 더 많이 관여해야 한다는 것이다. 이는 대개 상당한 경험이 필요한 어려운 문제여서 시스템을 구축하는 데 시간이 많이 걸린다.

이러한 점은 드론에도 적용된다. 드론 역시 다른 군사 시스템들과 마찬가지로, 더 많이 변화하고 진화해야 한다. 실제로 군은 훨씬 더 큰 민간 시장의 흐름을 따라가고 있기 때문에 민간에서 사용되는 동일한 모듈과 인터페이스를 많이 활용하고 있다. 결과적으로 군도 앞서 설명한 DIY 방식으로 전환할 수밖에 없다. 이 경우, 군과 민간 사이에 가장 큰 차이점은 군이 일부 분야에서 민간보다 훨씬 더 엄격한 요구조건을 가지고 있다는 점이다.

군용 드론은 전투 작전에 수반되는 일상적인 혹독한 환경에서도 살아남을 수 있어야 한다. 흔히 말하듯이, 총알을 막는 것은 쉬워도 병사들의 손에서 살아남는 것은 더 어렵다. 드론이라는 새로운 무기에 동기 부여된 훈련받은 전문 인력은 드론을 애지중지하는 경향이 있다. 드론을 대량으로 보급해서 일반 병사들이 다른 무기처럼 여기고 거칠게 사용할 경우, 드론은 그것을 견딜 수 있어야 한다. 병사들이 장비를 망가뜨리는 능력은 가히 전설적이기 때문이다.

●
획득 및 군수

군대가 보유한 전술 드론의 수를 고려할 때, 무전기보다 전술 드론이 적다고 가정하는 것이 합리적이지만, 그 차이는 크지 않다. 예를 들어, 병사 2명당 무전기 1대를 보유한다면, 병사 10명당 전술 드론은 1대 정도일 수 있다. 이 수치는 러시아-우크라이나 전쟁의 데이터와 다른 무기체계 대비 전술 드론의 가격을 모두 고려한 것이다.

이러한 드론의 수는 상당한 투자가 이루어졌음을 의미한다. 드론에만 나타나는 고유한 문제는 필요 수량이 많을 뿐만 아니라 요구사항이 상대적으로 알려지지 않았다는 점이다. 요구사항이 알려지지 않은 이유는 드론 기술이 빠르게 발전하고 있고, 드론을 활용할 수 있는 방식이 너무나 다양하기 때문이다. 무전기나 대전차 미사일은 용도가 명확하게 정해져 있다. 물론 이 장비들도 업그레이드가 가능하지만, 기본적인 용도 자체는 변하지 않고 일정하다. 그러나 드론은 이와 달리 매우 다양한 임무에 사용할 수 있다.

모듈화^{modularity} 방법을 사용하거나 드론 본체를 저비용으로 만들 수 있는 방법이 해결책이 될 수는 있겠지만, 여전히 전체 비용에서 가장 큰 비중을 차지하는 것은 특정 임무에 특화된 추가 장비들이다. 그러나 모듈화 같은 해결책이 없다면, 재고를 비축하고 생산량을 늘리는 방법으로 다시 되돌아갈 수밖에 없다.

부록 2

비용
Costs

주의사항

여기에 제시된 수치들은 어디까지나 참고로 받아들이기 바란다. 군사 장비의 가격은 단순히 상업적인 이유 때문만이 아니라 항상 아주 민감한 주제이기 때문이다. 여기에 제시된 수치는 드론 비용과 비교했을 때 관련 비용을 대략적으로 보여주는 지표일 뿐이다. 모든 내용은 공개된 자료를 기반으로 작성했다. 특별한 언급이 없는 한, 모든 비용은 이 책 발간 시점의 미국 달러를 기준으로 했다.

드론

가장 일반적인 유형의 전술 드론은 가격이 약 2,000달러인 일반 소비자용 DJI 매빅^{Mavic}과 같은 민간용 드론을 다른 목적에 맞게 개조한 것이다. 더 큰 상업용 및 전문가용 DJI 매트리스^{Matrice} 시리즈는 가격이 약 1만 5,000달러에 달한다. 군사적 목적으로 특수 제작된 전술 드론은 훨씬 더 고가이다. 러시아의 오를란-10 드론은 가격이 약 10만 달러로 비교적 저렴하다.

미국의 프레데터, 터키의 바이락타르 TB2, 러시아의 포르포스트-R과 같은 일반적인 중고도 장기 체공 드론이 가격은 약 500만 달러 수준이다. 가장 고가인 고고도 장기 체공 드론인 미국의 리퍼의 가격은 약 3,000만~5,000만 달러 이상이다.

전형적인 아음속 전익기$^{flying\ wing}$[183] 형상의 전투용 드론은 수천만

●●● 2007년 파리 에어쇼에 등장한 전투용 드론(무인전투기) 뉴런(Neuron). 뉴런은 프랑스 다소(Dassault) 사가 주 계약자로 전체 사업의 50%을 담당하고 스페인 EADS CASA 사, 이탈리아 Alenia 사, 그리스 HAI 사, 스웨덴 SAAB 사, 스위스 RUAG 사 등이 함께 개발에 참여하고 있다. 뉴런 드론의 가격은 약 2,500만 유로로 추산된다. 〈사진 출처: WIKIMEDIA COMMONS | Captainm | CC BY-SA 3.0〉

유로에 달한다. 한 가지 예로, 유럽에서 개발한 뉴런^{Neuron} 드론은 약 2,500만 유로에 달할 것으로 추정된다.

공격 드론의 가격대는 매우 다양하다. 저가형으로는 약 500달러에 구입할 수 있는 개조형 FPV 레이싱 드론이 있다. 이 가격은 민간 시장에서 구입한 기본 드론의 부품 가격인 것으로 알려져 있다. 공격 드론으로 개조해 사용하기 위해서는 이 가격에 현지 공장에서 노동력을 투입해 개조용 부품들을 생산하는 비용뿐만 아니라 현장에서 탄두를 포함해 이 부품들을 조립하는 비용이 추가된다. 그 다음으로는 약 3만

---

183 전익기: 동체와 꼬리날개가 없고, 날개 자체만으로 구성된 항공기 형태로서, 공기역학적 효율성과 레이더 스텔스 성능이 뛰어나며, 주로 스텔스 항공기나 특정 무인 전투용 드론 디자인에 쓰인다. 대표적 예로는 미국의 B-2 스텔스 폭격기, X-47B 무인기, 유럽의 뉴런 무인전투기 등이 있다.

5,000달러 정도의 러시아 란셋-3와 같은 더 전문적인 용도로 제작된 공격 드론이 있다. 고가형으로는 약 500만 달러에 달하는 이스라엘제 하롭이 있다.

순항 미사일

러시아의 칼리브르^{Kalibr}나 미국의 토마호크^{Tomahawk}와 같은 대형 고속 순항 미사일은 1발당 100만~200만 달러에 달한다. 반면, 더 작고 속도가 느려 격추가 비교적 쉽고 위력이 낮은 순항 미사일은 2만 달러(이란 샤헤드 136의 추정 가격)에 구입할 수 있다.

경공격기, 공격 헬리콥터, 고속 제트기

프로펠러로 구동되는 경공격기$^{\text{light attack aircraft}}$는 가격이 대략 1,000만 달러 수준이며, 비행시간당 운용비용이 약 1,000달러이다. 공격 헬리콥터$^{\text{attack helicopter}}$는 가격이 약 3,000만~5,000만 달러이며, 비행시간당 운용비용은 수만 달러에 달한다. 제트 전투기는 모델과 연식, 기능에 따라 가격이 매우 다양하지만, 최신 기종의 경우 약 3,000만~1억 달러이다. 비행시간당 운용비용은 수만 달러 수준으로 매우 높다.

비행시간당 운용비용이 2만 달러이고, 2대의 항공기 편대가 2시간의 타격 임무를 수행하며 두 항공기 모두 격추될 확률이 0.1%라고 가정하자. 운용비용은 2대×2시간×2만 달러 = 8만 달러, 격추위험비용은 각 항공기 가격을 5,000만 달러로 할 때, 0.1%의 손실위험비용은 2

대×5,000만 달러×0.1% = 10만 달러로서, 총 임무 비용은 18만 달러가 된다. 여기에 실제로 투하되는 폭탄의 비용도 포함해야 하지만, 유도 기능이 없는 재래식 멍텅구리 폭탄을 사용하는 경우에는 이 비용을 무시해도 된다(이는 '폭탄 트럭'처럼 단순히 폭탄만 실어 나르는 개념이기 때문이다). 이러한 계산은 다양한 수치를 적용해 여러 가지 방법으로 수행할 수 있다. 이것은 단지 다른 수치와 비교할 수 있는 하나의 예시일 뿐이다.

이것은 달리 표현하면, 하루 3회의 임무를 수행하고 각 임무에서의 손실률이 1%라고 가정할 경우, 단 3주 만에 전체 공군 전력의 절반이 사라진다는 것이다. 공군 전력은 신중하게 사용해야 하는 값비싼 자산이다. 전투기나 공격 헬리콥터는 워낙 가격이 비싸기 때문에 방공 미사일 시스템으로 이들에게 충분한 피해를 입혀 비행 작전을 위축시키는 것은 비교적 쉬운 일이다. 만약 이러한 상황이 오래 지속된다면, 공군은 예상보다 낮은 투자 수익을 거둔 것이다.

소모품으로 사용할 수 있다는 점은 드론의 큰 장점이다. 드론은 전장에서 적의 방공망에 맞서 사용할 수 있고, 공격적으로 운용할 수도 있기 때문에 수천 대가 필요하다.

●

대전차 미사일

보병이 휴대할 수 있는 현대적이고 정교한 최고의 대전차 미사일로는 NLAW와 재블린Javelin이 있는데, 이 두 대전차 미사일의 가격은 각각 약

4만 달러와 17만 달러이다.

공대지 미사일 및 폭탄

전차나 기타 장갑차량, 혹은 경장갑차량 등을 파괴하는 데 사용되는 레이저 또는 레이더 유도 미사일의 가격은 약 10만~20만 달러 수준이다. 동력이 없는 자유낙하폭탄이나 활공폭탄$^{glide\ bomb}$에 레이저 또는 GPS 유도 키트를 추가로 장착하는 데 드는 비용은 약 2만 달러이다.

지대지 로켓 및 포탄

다연장유도로켓체계$^{GMLRS,\ Guided\ Multiple\ Launch\ Rocket\ System}$에서 발사하는 GPS 유도 로켓은 10만 달러로 상당히 비싸다. GPS로 유도되는 155mm 포탄 역시 비슷한 가격이다. 정밀유도키트$^{PGK,\ Precision\ Guidance\ Kit}$는 비유도 포탄을 GPS 유도 포탄으로 변환해주는 장치로, 정밀도는 다소 떨어지지만 약 1만 4,000달러로 비용이 저렴하다. 기본적인 비유도 포탄은 개당 약 500달러부터 시작하며, 120mm 박격포탄 역시 비슷한 가격대이다. 다만, 비유도 포탄의 가격은 정확한 모델에 따라 크게 달라질 수 있고, 일부는 상당히 정교한 신관을 장착할 수 있다.

포탄의 가격은 제조 연도와 품질에 따라서도 달라진다. 추진장약과 폭약은 원래 품질이 좋더라도 시간이 지남에 따라 성능이 저하된다. 오래되었거나 품질이 낮은 포탄은 명중률이 떨어지고, 불발이 발생할 확률이 높으며, 심지어 발사 시 포신 내부나 포구를 벗어난 직후 폭발하는 경우도 있다. 이러한 포탄은 적보다 오히려 사용자에게 더 위험할 수 있다. 포병 운용자들은 이를 잘 알고 있기 때문에 생존에 더 집중하게 되어 결과적으로 운용 효율이 떨어지게 된다. 마지막으로, 대규모 전쟁이 진행되는 동안 수요가 공급을 초과하게 되면서 포탄 가격이 급격히 상승하는 경우도 있다.

대공 미사일

보병이 휴대 가능한 단거리 방공 미사일[MANPADS, man-portable air-defense system]은 개당 약 10만 달러 수준이다. 여기에는 열 추적 및 빔 유도 미사일이 모두 포함된다. 중거리 방공 미사일의 경우, 적외선 유도 모델은 개당 약 50만 달러 수준이며, 레이더 유도 모델은 개당 100만~200만 달러이다. 장거리 대공 미사일은 개당 약 300만~500만 달러에 이르는데, 여기에는 시스템 내 다른 구성 요소가 포함되지 않는다.

차량

차량을 여기에 제시한 이유는 차량이 전술 드론의 주요 목표물이기 때문이다. 이는 드론의 가격과 드론이 직접 운반하거나 드론의 유도 하에 다른 무기체계가 사용하는 무기의 가격과 비교하기 위한 것이다.

기본형 험비[Humvee]와 같은 군용 차량은 업그레이드가 전혀 안 된 경우

약 10만 달러 수준이며, 업그레이드가 된 차량은 약 20만 달러 정도이다. 이보다 더 크고 장갑이 강화된 4륜 차량이라도 가격은 대략 50만 달러 수준이다. 8륜 또는 궤도식의 장갑병력수송차^{APC}나 보병전투차 ^{IFV}는 약 100만~500만 달러이며, 주력 전차는 약 300만~1,000만 달러에 달한다. 트럭에 탑재된 자주포$^{truck\text{-}mounted\ howitzer}$는 약 500만~1,000만 달러, 궤도식으로 방호력이 강화된 자주포는 약 1,000만~2,000만 달러이다. 견인포$^{towed\ howitzer}$의 가격은 약 100만~300만 달러이며, 120mm 박격포는 약 40만 달러이다.

지상 기반 레이더 시스템$^{ground\text{-}based\ radar\ system}$의 비용은 크기와 성능에 따라 크게 달라지는데, 작은 서류가방 크기의 소형 레이더는 약 20만 달러부터 시작하며, 더 크고 성능이 뛰어난 시스템은 수백만 달러에 달한다. 탐색 및 사격통제 레이더$^{search\ and\ fire\text{-}control\ radar}$를 자체적으로 갖춘 완전한 자주식 대공포 차량$^{self\text{-}propelled\ antiaircraft\ gun\ vehicle}$의 가격은 약 1,000만~1,500만 달러이다. 여기에 미사일까지 추가된 시스템의 경우 비용은 최대 1억 달러에 달할 수 있다.

| 부록 3 |

다른 유형의 드론

Other Types of Drones

무인지상차량

공중에서 운용되는 드론은 그저 비행만 하면 되기 때문에 그나마 쉬운 환경에서 임무를 수행한다. 날씨가 변할 수 있지만, 그 외의 환경은 예측 가능하다. 그러나 지상차량은 상황이 전혀 다르다. 심지어 대형 궤도 차량조차도 종종 숙련된 운전자가 있어야 험지에 빠지지 않고 이동할 수 있다. 차량의 크기가 작을수록 지형의 변화, 요철 구간, 그리고 예측 불가능성에 더 민감해진다. 특히 작은 지상차량의 비교적 낮은 지상고 low ground clearance 와 높은 무게중심 high center of gravity 은 큰 문제가 된다. 그러나 도로와 같은 평평한 지형에서는 작은 지상차량도 훌륭하게 작동한다.

지상에서 운용되는 무인지상차량 UGV, Unmanned Ground Vehicles 은 어린아이도 쉽게 할 수 있는 차량 위로 담요 던지기와 같은 간단한 전술을 구사하는 성가신 민간인들도 상대해야 한다.

그럼에도 불구하고 무인지상차량에 적합한 임무들이 있다. 그중 하나는 경계 임무이다. 이 임무는 주로 지속적인 감시가 필요할 뿐 험한 지형에서 높은 기동성을 요구하지 않는다. 또 다른 비교적 간단한 임무는 보급품을 실어 부대에 보급하는 일이다. 정찰, 지뢰 제거, 폭발물 처리 등 더 위험한 임무는 무인으로 운용하여 저비용 소모품처럼 활용할 수 있다는 것이 큰 장점이다.

이러한 무인지상차량은 일반적으로 무선으로 제어되며, 특히 운용거리가 짧기 때문에 주로 지상 무선통신 terrestrial radio 이 사용된다. 자율적으로 작업을 수행할 수 있는 기능은 항상 유용하지만, 비교적 간단하고 반복적인 작업에서만 신뢰할 수 있는 경향이 있다.

●
무인수상함정

무인수상함정USV, Unmanned Surface Vehicles은 각각 다른 임무를 수행하도록 설계된 두 가지 기본 유형으로 나눌 수 있다. 첫 번째 유형은 항구나 기타 귀중한 목표물 주변을 순찰하는 경계임무용 무인수상함정이다. 지루하고 반복적인 이 임무는 유인 선박으로도 충분히 수행할 수 있지만, 무인수상함정이 비용이 적게 든다.

두 번째 유형은 현대판 화공선fire ship[184]이라고 할 수 있는 무인수상함정으로, 소형 발사체에 불을 붙인 후 이것을 무인 및 무유도 방식으로 적 함대 방향으로 발사한다. 이러한 방식은 고대부터 사용되어왔으며 가까운 거리에서 목재 선박을 공격하는 데 효과적이었다. 제2차 세계대전 중에 이탈리아군은 폭발물을 실은 빠른 모터보트를 사용해 적의 함정에 충돌 공격을 감행했다. 모터보트 조종사는 충돌 직전에 모터보트 밖으로 몸을 던져 피신했다. 이탈리아군은 이러한 충돌 공격으로 영국의 중순양함 HMS 요크York 함을 침몰시키는 데 성공했다. 미 해군 구축함 USS 콜Cole에 대한 폭탄 공격도 이와 유사한 자살 공격의 사례로 볼 수 있다.

---

[184] 화공선: 가연성 물질과 폭발물을 적재하고 적 함선과 충돌하여 적 함선을 파괴하거나 적군에게 혼란을 주거나 진법을 깨뜨리는 용도로 사용한 배로, 화선(火船)이라고도 불린다.

러시아와의 전쟁에서 우크라이나군은 수백 킬로그램의 탄두를 실은 소형 모터보트나 개인용 제트 스키$^{jet\ ski}$를 성공적으로 사용했다. 그것들이 선체에 충돌하면 수면 위에서 폭발하기 때문에 물속에서(또는 더 나은 경우 선체 아래에서) 폭발하는 것보다 피해가 크지 않다. 중형 전함이라면 측면에 구멍이 뚫릴 수는 있지만, 침몰시키려면 한 번 이상의 타격이 더 필요할 가능성이 크다. 이러한 공격 수단은 수면 위를 달리기 때문에 비교적 쉽게 발견되어 파괴될 수 있다. 하지만 실제로는 적절한 레이더나 야간투시장비 없이는 발견하기 어려울 수 있다. 일단 발견되더라도, 많은 군함은 이를 효과적으로 파괴할 수 있는 적절한 함포나 사격통제 시스템을 갖추고 있지 않은 경우가 많다.

상업용 선박은 이러한 유형의 위협에 매우 취약하다. 그들이 사용하는 레이더는 작은 표적을 가까운 거리에서 탐지하도록 설계되거나 배치되어 있지 않다. 그나마 할 수 있는 일은 기관총으로 무장한 감시원을 배치하는 것이지만, 어두운 밤에는 큰 도움이 되지 않는다. 반면, 유조선, 벌크선, 컨테이너선과 같은 대형 선박은 그 크기 때문에 이러한 유형의 공격에서 살아남을 수 있다. 정말 거대한 선박의 경우, 공격을 받은 후에도 선원들이 그 영향을 인지하기까지 시간이 걸릴 수도 있다. 물론, 작은 연안 어선이라면 공격을 받는 즉시 산산조각 날 것이다.

기본적인 공격용 무인수상함정은 저렴하다 비용이 많이 드는 것은 전자장비이다. 우크라이나군이 흑해에 있는 러시아 해군 기지를 공격하는 데 사용한 무인수상함정은 위성 통신으로 연결된 비디오 카메라를 통해 조종되었다. 공식 자료에 따르면, 이 무인수상함정의 대당 가격은 1,000만 우크라이나 흐리브냐^{hryvnia}, 달러로 환산하면 약 27만 달러에 달한다고 한다.

비록 무인수상함정은 아니지만, 가장 성공적인 유형은 마약 밀수에 사용되는 반잠수정$^{semi-submersibles}$인 것으로 보인다. 반잠수정은 수년간 사용되어왔으며 지금도 계속 사용되고 있다. 그만큼 성능이 충분히 뛰어나 제작할 가치가 있는 것으로 보인다. 반잠수정은 수면에 아주 낮게 떠 있어 육안은 물론, 레이더나 소나^{SONAR}(음파탐지기)로도 탐지하기 어렵다. 후기형 모델은 엔진 배기가스를 공기 중으로 방출하기 전에 선체 바닥을 따라 배기가스를 흘려보내 열 신호를 줄임으로써 열영상 장비로 탐지하기 어렵게 만들었다. 그리고 수 톤에 달하는 화물을 운반할 수 있는 능력을 갖추고 있어 항속거리가 매우 길며, 대형 탄두를 실을 수 있다. 단점은 속도가 느려 항구나 교량처럼 고정된 목표물에만 유용하다는 것이다.

●

무인잠수정

무인잠수정$^{UUV,\ Unmanned\ Underwater\ Vehicles}$은 원격조종되거나 자율운행을 할 수 있다. 수중 통신은 본질적으로 느리기 때문에 원격조종 선박은 대개 케이블로 연결된다. 많은 유형의 자율 드론들과 마찬가지로 신뢰성이 문제이다. 무인잠수정은 일반적으로 배터리나 공기 불요 추진$^{air-independent\ propulsion}$[185] 방식으로 구동된다. 그렇지 않다면, 일정한 간격으로 수면 위로 올라와야 한다. 어떤 경우든, 무인잠수정은 물리적 한계와 은밀성을 유지하기 위해 필연적으로 속도가 느릴 수밖에 없다.

무인잠수정은 초기에 기뢰 탐지 및 제거에 활용했다. 무인잠수정은 장거리 어뢰 또는 일종의 자항 기뢰$^{mobile\ mine}$[186] 역할을 할 수도 있다. 탑재되는 탄두는 원하는 만큼 크게 만들 수 있다. 또한 무인잠수정은 적의 잠수함이나 해저 케이블, 파이프 라인과 같은 수중 시설을 대상으로 한 정보 수집 및 정찰 임무에도 유용하다. 무인잠수정의 주요 장점은 유인 선박에 비해 비용이 적게 들고 지속적으로 운용이 가능하다는 것이다.

무인잠수정은 민간 분야에서 종종 해양 과학 연구에 사용되며, 군사적 응용도 가능하다. 해상 석유 탐사 및 채굴은 거대한 사업이기 때문에 이 분야의 선두주자는 석유산업 출신인 경우가 많다.

●

항공모함 탑재 드론

항공모함을 비롯한 전함들은 지상군처럼 근거리 전투를 벌이지 않는다. 이들은 장거리 무기체계이다. 장거리라는 것은 일정한 최소 규모를 갖추고 있어야 한다는 뜻으로, 이는 드론이 지상전만큼 해상전에서는 혁신적이지 않다는 것을 의미한다.

---

[185] 공기 불요 추진: 내연기관의 작동에 필요한 대기 중의 산소를 흡입하기 위해 부상 또는 스노클 항주를 하지 않고도 수중에서 추진력을 유지할 수 있게 해주는 추진 방식이다. 이 방식은 외부 산소 없이도 연료전지, 폐쇄식 디젤 시스템, 스털링 엔진 등의 방식을 이용해 수중 작전 시간을 수일에서 수주까지 연장할 수 있으며, 재래식 잠수함의 생존성과 은밀성을 획기적으로 향상시킬 수 있다.

[186] 자항 기뢰: 투하된 후 부설 위치까지 자체 추진력으로 이동하도록 설계된 기뢰.

●●● 이란 혁명수대가 2025년 2월에 진수한 세계 최초의 드론 항공모함 샤히드 바게리(Shahid Bagheri). 상선을 개조해 만든 드론 항공모함 샤히드 바게리는 스키 점프대 방식의 길이 180m인 활주로가 있고, 최대 60기의 드론을 탑재할 수 있으며, 30대의 고속정과 수중용 드론도 탑재할 수 있다. 〈사진 출처: WIKIMEDIA COMMONS | Masomeh Paybarjay | CC BY 4.0〉

●●● 헬리콥터 드론인 MQ-8 파이어 스카우트는 적 잠수함을 탐색하고 적 잠수함을 발견하되면 폭뢰나 어뢰를 사용해 격침하는 임무를 수행한다. MQ-8 파이어 스카우트의 가격은 1,500만 달러에 달한다. 〈사진 출처: WIKIMEDIA COMMONS | U.S. Navy | Public Domain〉

●●● 세계 최초 항공모함 기반 무인항공기인 보잉 MQ-25 T1 스팅레이 시험기(왼쪽)가 유인 F-35 라이트닝 II에 연료를 공중급유하고 있다. 〈사진 출처: WIKIMEDIA COMMONS | U.S. Navy | Public Domain〉

드론은 여전히 특수 임무에 유용하게 활용될 수 있다. 그중 하나는 공중조기경보^{AEW} 임무로, 일정 고도로 상승한 후 레이더를 사용해 저공 비행 위협을 감시하는 것이다. 또 다른 임무는 대잠전^{ASW} 임무로, 청음 장비를 사용해 적 잠수함을 탐지하는 것이다. 적 잠수함이 발견되면, 폭뢰나 어뢰를 사용해 격침시킨다. 이 두 임무 모두 헬리콥터 드론으로 수행할 수 있는데, 약 1,500만 달러의 비용이 드는 노스럽 그러먼$^{Northrop\ Grumman}$의 MQ-8 파이어 스카우트$^{Fire\ Scout}$가 대표적인 예이다.

드론은 공중급유 임무에도 유용하게 활용할 수 있다. 미 해군은 보잉^{Boeing} 사의 MQ-25 스팅레이^{Stingray}를 이 용도로 사용하고 있다.

마지막으로, 스텔스 공격 드론은 정찰 또는 심층 타격 임무에 사용할

수 있다. 이러한 유형의 예로는 노스럽 그러먼의 X-47B가 있지만, 비용 문제로 단 2대만 제작되었다.

●●● 미 항공모함 USS 해리 S. 트루먼(Harry S. Truman)의 비행갑판에 주기되어 있는 스텔스 공격 드론 X-47B의 모습(흰색 원으로 표시). X-47B와 같은 스텔스 공격 드론은 정찰 또는 심층 타격 임무에 사용할 수 있다. 〈사진 출처: WIKIMEDIA COMMONS | U.S. Navy | Public Domain〉

참고문헌

논문 및 보고서

Alexandersson, Mikael et al. *Militära PNT-system: Omvarldsbevakning* (in Swedish). Swedish Defence Research Agency (FOI), December 2023.

Aksu, Osman. *Potential Game Changer for Close Air Support—Enhancing UAS Role in Contested Environments*. JAPCC Journal Edition 33 (2021).

Blacknell, David, Luc Vignaud. *ATR of Ground Targets: Fundamentals and Key Challenges*. NATO Science and Technology Organization (September 2013).

Borghgraef, A. et al. *SET-260: A Measurement Campaign for EO/IR Signatures of UAVs*. NATO Science and Technology Organization (July 2021).

Borsari, Federico, Gordon Davis Jr. *An Urgent Matter of Drones: Lessons for NATO from Ukraine*. CEPA (October 2023).

Bowden, Mark. "The Tiny and Nightmarishly Efficient Future of Drone Warfare—Russia's war on Ukraine has given us just a peek of the world to come." *The Atlantic* (November 2022).

Brämming, Per, et al. *Forskningstrender för styrda vapen* (in Swedish). Swedish Defence Research Agency (FOI), March 2013.

Branzén, Erik, Karin Kraft. *Felsäkerhet för obemannade farkoster: Domänöversikt* (in Swedish). Swedish Defence Research Agency (FOI), March 2023.

Bronk, Justin, et al. *The Russian Air War and Ukrainian Requirements for Air Defence*. RUSI Special Report (November 2022).

Brynielson, Joel, et al. *Patrullering med poker-AI—Systematiskt oforutsagbar patrullering i sjö, mark och cyberrymd* (in Swedish). Swedish Defence Research Agency (FOI), January 2022.

Byrne, James, et al. *The Orlan Complex—Tracking the Supply Chain of Russia's Most Successful UAV*. RUSI Special Resource (December 2022).

Carlstedt, Arvid, et al. *Noteringar om anvandningen av patrullrobotar i Ukraina* (in Swedish), Swedish Defence Research Agency (FOI). April 2023.

Ciolponea, Constantin-Adrian. "The Integration of Unmanned Aircraft System (UAS) in Current Combat Operations." *Land Forces Academy Review*, Vol. XXVII No. 4(108) (2022).

Dominicus, Jacco. *New Generation of Counter UAS Systems to Defeat of Low Slow and Small (LSS) Air Threats*. NATO Science and Technology Organization (July 2021).

Dumitrescu, Catalin, et al. "Development of an Acoustic System for UAV Detection," *Sensors* (2020).

Felski, Andrzej. "Methods of Improving the Jamming Resistance of GNSS Receiver." *Annual of Navigation* 23 (2016).

Gaitanakis, George-Konstantinos, et al. "InfraRed Search & Track Systems as an Anti-Stealth Approach." *Journal of Computations & Modeling*, vol. 9, no. 1 (2019).

Glebocki, R. "Guidance impulse algorithms for air bomb control." *Bulletin of the Polish Academy of Sciences*, Vol. 60, No. 4 (2012).

Haridas, M. "Redefining Military Intelligence Using Big Data Analytics." *Scholar Warrior* (Autumn 2015).

Hengy, S., et al. *DEEPLOMATICS Project; Deep-Learning for the Real-time Multimodal Localization and Identification of small UAVs*. NATO Science and Technology Organization (February 2023).

Hintz, R.T., et al, *UAV Infrared Search and Track (IRST)/Eyesafe Laser Range Finder (ELR) System*. NATO Science and Technology Organization (October 2005).

Hinton, Patrick. *Uncrewed Ground Systems—Organisational and Tactical Realities for Integration*. RUSI Occasional Paper (2023).

Kamrani, Farzad, et al. *Attacking and Deceiving Military AI Systems*, Swedish Defence Research Agency (FOI), April 2023.

Kaushal, Sidharth, et al. *Pathways Towards Multi-Domain Integration for UK Robotic and Autonomous Systems*. RUSI Occasional Paper (October 2023).

Kilcullen, David. "The Evolution of Unconventional Warfare," *Scandinavian Journal of Military Studies* (2019).

Kindvall, Göran, Anna Lindberg (ed.). *Militärteknik 2045—Ett underlag till Försvarsmaktens perspektivstudie* (in Swedish), Swedish Defence Research Agency (FOI), November 2020.

Kjellén, Jonas. *Russian Electronic Warfare—The role of Electronic Warfare in the Rus-*

sian Armed Forces. Swedish Defence Research Agency (FOI), September 2018.

Kratky, Miroslav et al. *Commercial UAVs Multispectral Detection*, NATO Science and Technology Organization (July 2021).

Lushenko, Paul. "The Moral Legitimacy of Drone Strikes: How the Public Forms Its Judgments." *Texas National Security Review* Vol 6 Issue 1 (Winter 2022/2023).

McCrory, Duncan. Electronic Warfare in Ukraine—Preliminary Lessons for NATO Air Power Capability Development. *JAPCC Journal* (Edition 2023).

Mebrek, M.A., et al. "Configuration and the Calculation of Link Budget for a Connection via a Geostationary Satellite for Multimedia Application in the Ka band," *International Journal of Electronics and Communication Engineering* vol. 6 no. 4, (2012).

National Academy of Sciences. *Counter-Unmanned Aircraft Systems* (CUAS) *Capability for Battalion-and-Below Operations*. National Academic Press (2018).

Novak, Leslie M. *Advances in SAR Change Detection*. NATO Science and Technology Organization (September 2013).

Oriot, Hélène. *Activity Monitoring with Airborne SAR Imagery*. NATO Science and Technology Organization (November 2014).

Rahman, Samiur, Duncan A. Robertson. Radar micro-Doppler signatures of drones and birds at K-band and W-band. *Nature Scientific Reports* (2018).

Rantakokko, Jouni (ed.). *Obemannade farkoster och autonoma system—Årsrapport 2022* (in Swedish). Swedish Defence Research Agency (FOI), February 2023.

Rantakokko, Jouni (ed.). *Robust PNT—Slutrapport* (in Swedish). Swedish Defence Research Agency (FOI), March 2023.

Rassler, Don. *The Islamic State and Drones—Supply, Scale and Future Threats*. Combating Terrorism Center at West Point (July 2018).

Ulander, Lars M. H. *VHF-Band SAR for Detection of Concealed Ground Targets*. NATO Science and Technology Organization (December 2005).

Voskuijl, Mark. "Performance analysis and design of loitering munitions: A comprehensive technical survey of recent developments." *Defence Technology* 18 (2022).

Watling, Jack, Nick Reynolds. *Meatgrinder: Russian Tactics in the Second Year of Its Invasion of Ukraine*. RUSI Special Report (May 2023).

Wilkes, Thomas C., et al. "Ultraviolet Imaging with Low Cost Smartphone Sensors: Development and Application of a Raspberry Pi-Based UV Camera." *Sensors*, 16, 1649 (2016).

Zabrodskyi, Mykhaylo, et al. *Preliminary Lessons in Conventional Warfighting from Russia's Invasion of Ukraine: February-July 2022*. RUSI Special Report (November 2022).

Zaluzhnyi, Valerii. "Modern Positional Warfare and How to Win In It." *The Economist* (November 2023).

공문서

"A Comprehensive Approach to Countering Unmanned Aircraft Systems." Joint Air Power Competence Centre (January 2021).

"Counter-Unmanned Aircraft Systems (C-UAS)." Army Techniques Publication 3.01-81, Headquarters, Department of the Army (August 2023).

"Countering Air and Missile threats," Joint Publication 3-01. Joint Chiefs of Staff (May 2018).

"Joint Laser Designation Procedures (JLASER)." Joint Chiefs of Staff (June 1991).

"Joint Tactics, Techniques, and Procedures for Laser Designation Operations." Joint Chiefs of Staff (May 1999).

"Lärbok i telekrigforing för luftvarnet.Radar och radartaktik" (in Swedish). Swedish Armed Forces Headquarters (2004).

NATO Open Source Intelligence Handbook (November 2001).

"SIGMAN Camouflage SOP: A Guide to Reduce Physical Signature Under UAS." US Marine Corps Intelligence Schools (November 2020).

단행본

Antal, John. *7 Seconds to Die.A Military Analysis of the Second Nagorno-Karabakh War and the Future of Warfighting*. Philadelphia: Casemate Publishers, 2022.

Brose, Christian. *The Kill Chain: Defending America in the Future of High-Tech Warfare*. New York: Hachette Books, 2020.

Hammes, Thomas X. *The Sling and the Stone.On War in the 21st Century*. St. Paul, Minnesota: Motorbooks International, 2006.

McAuley, Alastair D. *Military Laser Technology for Defense.Technology for Revolutionizing 21st Century Warfare*. New York: John Wiley & Sons, 2011.

Osinga, Frans. *Science, Strategy and War.The Strategic Theory of John Boyd*. Delft,

The Netherlands: Eburon Academic Publishers, 2005.

Scharre, Paul. *Four Battlegrounds: Power in the Age of Artificial Intelligence*. New York: W. W. Norton & Company, 2023.

Skolnik, Merrill. *Radar Handbook 3rd Edition*. New York: McGraw-Hill, 2008. Spaniel, William. *Game Theory 101: The Complete Textbook*. CreateSpace Independent Publishing Platform, 2011.

한국국방안보포럼(KODEF)은 21세기 국방정론을 발전시키고 국가안보에 대한 미래 전략적 대안을 제시하기 위해 뜻있는 군·정치·언론·법조·경제·문화 마니아 집단이 만든 사단법인입니다. 온·오프라인을 통해 국방정책을 논의하고, 국방정책에 관한 조사·연구·자문·지원 활동을 하고 있으며, 국방 관련 단체 및 기관과 공조하여 국방 교육 자료를 개발하고 안보 의식을 고양하는 사업을 하고 있습니다. http://www.kodef.net

KODEF 안보총서 126

드론 전쟁

초판 1쇄 인쇄 | 2025년 8월 12일
초판 1쇄 발행 | 2025년 8월 19일

지은이 | 라르스 셀란데르
옮긴이 | 정홍용
펴낸이 | 김세영

펴낸곳 | 도서출판 플래닛미디어
주소 | 04013 서울시 마포구 월드컵로15길 67, 2층
전화 | 02-3143-3366
팩스 | 02-3143-3360
블로그 | http://blog.naver.com/planetmedia7
이메일 | webmaster@planetmedia.co.kr
출판등록 | 2005년 9월 12일 제313-2005-000197호

ISBN | 979-11-87822-98-1 03390